高等职业教育粮食类专业教材

中国轻工业“十四五”规划立项教材

粮油质量检验

主编
孙勤 曹川

中国轻工业出版社

图书在版编目（CIP）数据

粮油质量检验／孙勤，曹川主编．—北京：中国轻工业出版社，2024.8

ISBN 978-7-5184-4468-7

Ⅰ.①粮…　Ⅱ.①孙…②曹…　Ⅲ.①粮食—食品检验—质量检验②食用油—食品检验—质量检验　Ⅳ.①TS210.7②TS227

中国国家版本馆 CIP 数据核字（2023）第 106765 号

责任编辑：张　靓　王宝瑶

策划编辑：张　靓　　责任终审：劳国强　　封面设计：锋尚设计

版式设计：砚祥志远　　责任校对：吴大朋　　责任监印：张京华

出版发行：中国轻工业出版社（北京鲁谷东街 5 号，邮编：100040）

印　　刷：三河市国英印务有限公司

经　　销：各地新华书店

版　　次：2024 年 8 月第 1 版第 2 次印刷

开　　本：787×1092　1/16　印张：16.25

字　　数：220 千字

书　　号：ISBN 978-7-5184-4468-7　定价：48.00 元

邮购电话：010-85119873

发行电话：010-85119832　010-85119912

网　　址：http://www.chlip.com.cn

Email：club@chlip.com.cn

241481J2C102ZBW

本书编写人员

主　　编　孙　勤（安徽粮食工程职业学院）

曹　川（安徽职业技术学院）

副 主 编　李　娜（安徽粮食工程职业学院）

王小博（佛山职业技术学院）

熊素敏（山东商务职业学院）

潘　阳（安徽粮食工程职业学院）

编　　委　张君超（北京美正生物科技有限公司）

赵代彬（安徽芜湖皖南粮食质量检测有限公司）

刘　辉（安徽粮食工程职业学院）

王安杏（安徽职业技术学院）

张　园（中储粮合肥油脂库有限公司）

马玉侠（中央储备粮宿州直属库有限公司）

张乾坤（安徽阜阳国家粮食质量监测站）

前言 PREFACE

国以民为本，民以食为天。粮食是人类赖以生存的基本生活资料，是经济发展和社会稳定的基础，长期以来粮油质量检验工作在粮油购销、仓储等多环节起到关键性的作用，受到广大粮油工作者的普遍重视。在粮油市场化、国际化的今天，应对粮油质量检验工作有新的认识。强化粮油质量检验工作，不但可以充分发挥质量检验对粮油流通的基础性作用，有效贯彻国家颁布的各项粮油质量标准，而且可以有效指导国家粮油储备，确保库存粮油储存安全，确保粮油食品质量卫生安全。

本书为校企共建教材，遵循“以学生为本，育粮人匠心”的理念，与时俱进融入粮油检测领域的新标准、新技术、新理念，采取“识岗、跟岗、顶岗”的递进式培养路径，理论上突出“必需、够用、实用”的原则，侧重实操技术、检验方法，并坚持以“立德树人”为根本，将绿色、环保、低碳发展、坚持创新守正、培育创新文化与弘扬科学家精神等以课程思政二维码和实操要求等形式融入每个学习任务中，实现了“全员育人、全程育人、全方位育人”的“三全育人”目标，用二维码配套“拓展知识”，便于学生巩固相关理论知识和技能操作要点。本书编写过程中参考了大量文献与国家标准，并使用北京美正生物科技有限公司的企业标准，在此表示感谢。

本教材由孙勤和曹川任主编，李娜、王小博、熊素敏和潘阳任副主编，编写分工如下：曹川、刘辉编写绪论、项目八；李娜、赵代彬编写项目一；刘辉、潘阳编写项目二；熊素敏、马玉侠编写项目三；熊素敏、张乾坤编写项目四；刘辉、张园编写项目五、项目六；王小博编写项目七；曹川、张君超编写项目九。安徽职业技术学院曹川和安徽粮食工程职业学院孙勤负责统稿。

限于编者水平，书中难免存在不妥之处，敬请读者给予批评指正。

目 录 CONTENTS

绪论 …… 1

项目一　稻谷质量检验 …… 7

任务一　稻谷色泽、气味、口味的鉴定 …… 7

任务二　稻谷的类型和互混检验 …… 11

任务三　稻谷杂质和不完善粒、谷外糙米的检验 …… 17

任务四　稻谷出糙率和整精米率检测 …… 26

任务五　稻谷垩白度检测 …… 32

任务六　稻谷黄粒米和裂纹粒检验 …… 36

项目二　米类质量检验 …… 40

任务一　大米加工精度的检验 …… 40

任务二　米类杂质和不完善粒的检验 …… 45

任务三　碎米的检验 …… 50

任务四　大米黄粒米的检验 …… 55

任务五　大米色泽、气味、口味的鉴定 …… 59

任务六　直链淀粉含量的检测 …… 63

任务七　稻谷脂肪酸值的检测 …… 69

任务八　大米的品评 …… 75

项目三　小麦质量检验 …… 84

任务一　小麦色泽、气味、口味的鉴定 …… 84

任务二　小麦硬度指数的检测 …… 88

任务三　小麦杂质、不完善粒的检测 …… 93

任务四　小麦容重的检测 …… 99

项目四　小麦粉质量检验 …… 104

任务一　小麦粉加工精度的检验 …… 104

任务二　小麦粉含砂量的检测 …… 108

任务三　小麦粉磁性金属物含量的检测 …… 112

任务四　湿面筋含量的检测 …… 116

项目五　油脂物理检验 …… 123
任务一　油脂透明度、气味、滋味的鉴定 …… 123
任务二　油脂色泽的检验 …… 128
任务三　油脂相对密度的检测 …… 130
任务四　油脂折射率的检测 …… 135
任务五　油脂烟点的检测 …… 141
任务六　油脂磷脂含量的加热实验 …… 146

项目六　油脂化学检验 …… 150
任务一　油脂酸价检测 …… 150
任务二　油脂过氧化值的检测 …… 156
任务三　油脂含皂量的检测 …… 162
任务四　油脂皂化值的检测 …… 166

项目七　粮油食品的共性检验 …… 172
任务一　水分含量的检测 …… 172
任务二　灰分含量的检测 …… 177
任务三　粗脂肪含量的检测 …… 184
任务四　粗蛋白含量的检测 …… 191

项目八　粮食中真菌毒素和农药残留的检测 …… 200
任务一　粮食中脱氧雪腐镰刀菌烯醇的快速检测 …… 200
任务二　粮食中黄曲霉毒素 B_1 的快速检测 …… 205
任务三　磷化物检测的定性与定量分析 …… 210
任务四　有机氯农药残留量的检测 …… 216
任务五　有机磷农药残留量的检测 …… 222

项目九　粮油食品中金属元素的检测 …… 230
任务一　粮油食品中钙含量的检测 …… 230
任务二　粮油食品中镁含量的检测 …… 236
任务三　粮油食品中铁含量的检测 …… 241
任务四　粮油食品中镉含量的快速检测 …… 246

参考文献 …… 251

绪 论

粮食、油料及其制品是人类赖以生存的营养物质来源，粮油质量与安全是关系国计民生的大事，为了最大限度地满足人们对优质粮油产品的消费需求，必须从粮油生产的源头（田间）到消费终端（餐桌）进行严格的、全面的质量管理，而粮油检验是加强质量管理的基本保证。党的二十大报告提出："全方位夯实粮食安全根基，全面落实粮食安全党政同责，牢牢守住十八亿亩耕地红线，逐步把永久基本农田全部建成高标准农田，深入实施种业振兴行动，强化农业科技和装备支撑，健全种粮农民收益保障机制和主产区利益补偿机制，确保中国人的饭碗牢牢端在自己手中。"粮食安全是"国之大者"，这是基于粮食战略价值作出的重大判断，充分体现了国家对粮食安全的高度重视。

一、粮油质量与安全评价

粮油作为人体新陈代谢所需营养素和能量的重要来源，其营养成分及含量、有毒有害成分及含量是评判粮油质量与安全的重要指标。作为食品原料的粮食、油料及制品所具有的一些理化性质，不仅影响粮油及食品加工，还影响食品的适口性、风味及人们对食品的选择。此外，在粮油生产、运输、销售、储存、加工过程中，一些非可食性的杂质、有毒有害物质混入粮油产品中是不可避免的。因此，粮油产品的质量与安全评价内容，应包括物理特性评价、化学组成及营养评价、食用品质评价、储存品质评价和卫生安全评价。

（一）粮油物理特性评价

利用感官与物理特性检测仪器对粮油外观形态、色泽、气味、滋味等感官特性进行鉴别，对容重、折射率等物理指标进行检测，为粮油分类、定等、合理加工和利用、安全储存等提供依据。粮油物理特性评价是粮油质量评价的重要组成部分，具有其独特性。

（二）化学组成及营养评价

利用物理、化学、生物等方法，对粮油的主要营养成分、功能性成分及其营养价值进行评价，为粮油加工、资源合理利用、指导合理膳食提供依据。

（三）粮油食用品质评价

利用物性检测仪器及感官评价方法，对蒸煮、烘焙、流变学、质构等特性及粮油食品的色、香、味、形、结构、食用适口性进行分析，为评价粮油原料和食品加工工艺提供依据。

（四）粮油储存品质评价

利用物理、化学及感官评价方法，对粮油储藏过程中的品质变化进行评价，为指导粮油合理储存、延缓粮油品质变化和适时轮换提供依据。

（五）粮油卫生安全评价

利用物理、化学、生物学、感官等检验方法，对粮油产品中农药残留、有害元素、真菌毒素、食品添加剂、非法添加物、放射性物质，以及微生物、害虫、有毒植物种子、转基因品种等进行检测和评价，为确保粮油食品安全提供依据。

二、粮油检验的目的与任务

粮油检验是针对粮食、油料及其制品的理化性质，采用特定的工具，对其物理形状、化学成分含量、感官特性进行精确测定，为产品的质量与安全判定提供科学依据。在粮油流通过程中，因收购、销售、调运、储存、加工等不同业务环节的质量管理要求不同，检验任务及检测指标也不相同。

（一）粮油收购、销售和调运环节

在粮油收购环节中，针对质量管理的要求，检测影响产品质量的物理、化学成分指标，为产品的定等、作价提供依据，以贯彻国家优质优价的价格政策。常规检测指标有水分含量、粗蛋白质含量、粗脂肪含量、容重、杂质、不完善粒、异品种互混率、纯粮（质）率、色泽、气味、滋味等。此外，对于各类优质粮油品种，除常规检验指标外，还需要检验特定的质量指标。优质小麦检验指标有降落数值、粗蛋白质含量、湿面筋含量、面团稳定时间、烘焙品质评分等；优质稻谷检验指标有垩白粒率、垩白度、直链淀粉含量、胶黏度、食味品质等。

在粮油销售、调运环节中，检验指标除常规的质量指标、国家强制卫生指标外，还有购销合同约定的其他质量和卫生指标。

（二）粮油储存环节

按照“科学储粮、推陈储新、适时轮换”的管理要求，针对粮油储存过程中质量变化的特点，实施必要的检验。除水分食量、容重、杂质、不完善粒、品种互混率、色泽、气味、滋味等常规检验指标外，还有与储藏品质变化高度相关的敏感性指标酸价、过氧化值、面筋吸水量、脂肪酸值、品尝评分等储藏品质指标。

（三）粮油加工环节

在粮油加工环节中，除水分、容重、杂质、不完善粒等常规检验指标外，还有面筋含量及指数、面团稳定时间、拉伸特性、出糙率、整精米率以及加工精度等加工品质指标。

三、粮油检验的基本流程

明确的检验任务应包括目的要求和具体检验项目指标，从制定采样方案、选择指标测定方法做起。粮油检验的基本流程如下：

样品采集 → 制备试样 → 试样前处理 → 特性指标检测 → 数据处理 → 报告结果

检验的各个环节既有独立的工作内容和要求，又相互衔接、相互制约，每一个环节都应给予足够的重视。

检验结果（报告）就是粮油检验机构的“产品”，该产品最鲜明的特征就是准确、精密、可重复、可重现。保证检验结果的质量，需要对检验各个环节中的影响因素进行剖析，并制定严密的管控措施。在粮油检验的实际工作中，检验结果的质量保证来自国家、行业等各类标准检验方法。有时标准方法并不适用于所有的粮油产品，如果检验任务有相应的标准检验方法，优先使用国家标准检验方法，其次使用行业标准检验方法；如果国内没有适用于检验任务的标准方法，可参考选择相关国际组织制定的或技术先进国家制定的标准方法；如果国外也没有适用的标准检验方法，检验人员需要参考相关的科研成果，制定特殊的检验工作方案。

（一）样品采集

样品采集方案制定及样品采集是检验工作的第一步，目标是采集适量的、具有代表性的样品，即所采集的少量样品与大量被检对象的理化性状基本一致。

在粮油检验的实际工作中，常规检验项目均有相应的国家标准方法。在现行国家标准检验方法中，对各种粮食、油料及粮油制品的采样方法及数量均有相应规定。如果委托任务是送样检验，应直接对送检样品实施检验，并且检验结果只对来样负责。如果在各类样品采集标准方法中，没有适用的相关样品采集方法，检验人员应根据被检对象的质量随空间、时间的变化规律，分区设点、分层设点采集样品，保证所采集样品的物理性状和化学成分组成具有代表性。此外，样品采集方法与数量还取决于被检对象总体数量、颗粒大小、包装形式与大小，以及特性成分性质、含量范围和测定方法。

检验的目的与要求不同，样品采集的方法也不同。如果检验目的是市场管理，为了防止伪劣产品在市场中流通，采集样品的方法必须是选择性的，应针对特定区域、批次以及颜色、形态等外观性状异常的部分采集样品，以提高发现伪劣产品的概率。如果检验目的是质量普查，即了解产品的一般质量情况，应该采用随机采样的方法。

（二）样品制备

样品制备是对送检样品的混匀、缩分、分拣（去杂）或粉碎处理，将样品制备成适用于特性指标测定的状态。在样品混匀、缩分过程中，不得改变样品原来的理化性状。在样品粉碎时，不得改变样品的成分组成，还应避免交叉污染。样品制备方法与制备量，主要取决于样品品种、被检指标性质及测定方法。

对于色泽、气味、滋味及依据外观形态鉴别的品种、不完善粒、杂质等物性指标检测，样品不需要粉碎，只需要混匀、缩分或分拣（去杂）即可。对于粮食的流变学特性、烘焙特性、蒸煮品尝评分等物性或感官特性评价及化学成分测定，不仅要将样品混匀、缩分，还要进行分拣去除不可食杂质或进行脱壳、去皮处理，甚至要按检验方法要求将样品粉碎至不同的颗粒度。

（三）样品前处理

前处理是指对试样中待测目标成分的提取、净化、浓缩、掩蔽等处理，与化学成分测定方法相适应。试样前处理方法的选择，取决于待测成分的理化性质、含量、测定方法及与试样基体成分理化性质的差异。

1. 提取

提取是利用待测成分与试样基体成分理化性质差异进行的初步分离，常用的提取方法包括液固浸取法、液液萃取法、气液平衡法、蒸馏法、皂化与磺化法、灰化法、消解（酸解、酶解）法等。提取的目的是将待测成分与试样的主要基体成分分离。当待测成分与试样基体成分的理化性质差异较大时，提取分离效率高，经提取分离的试液可用于待测成分特性指标测定。例如，食用油溶剂残留测定时，采用顶空气液平衡法，试样经简单的一步处理即可适用于气相色谱法测定。如果待测成分与试样基体成分的理化性质差异较小，提取分离效率低，提取液需要进一步净化分离，使试液中共存物质的干扰降到最低。

2. 净化

一般情况下，提取方法的分离效能较低，需要利用目标成分与干扰成分的理化性质差异，进行进一步纯化分离，使试液能适用于目标成分测定。常用的净化方法，包括蒸馏法、液液萃取法、络合溶剂萃取法、沉淀（吸附沉淀）法、薄层层析法、柱层析法、固相萃取、免疫亲和法，以及氢化物生成、甲酯化衍生法等。在净化处理时，为了待测成分完全转移（或定量转移）至净化液中，往往净化操作要反复多次。提取方法与净化方法没有严格的界限。

3. 浓缩

在提取、净化处理过程中，常常出现待测成分稀释。为了满足测定灵敏度的要求，需要对提取液或净化液进行浓缩处理。常用的浓缩方法有气（多用氮气）吹法、K-D浓缩法和旋转蒸馏法。其中，气吹法适用于液体量较小的提取液；K-D 浓缩法和旋转蒸馏法处理液体量大，也可充氮气保护待测成分。而且，旋转蒸馏法的浓缩效率更高。

4. 掩蔽

在无机物测定中，常常利用一些试剂与干扰离子进行络合、沉淀、氧化还原等反应，降低干扰离子的有效浓度，以掩蔽（消除）或平抑共存物质的干扰。

（四）检验和检测

粮油检验工作内容复杂，检测指标繁多、方法各异，检验方法包括物理学（原理）方法、化学（原理）方法和感官评价方法。物理学（原理）方法简单、快速，其包括仪器测定方法和感官鉴定方法；化学（原理）方法烦琐，对操作人员要求较高；感官评价方法综合性强，受评价人员主观因素影响较大。

四、数据处理与结果评价

对于任何一种检测方法，无论是同一样品的同一指标的多次测定，还是采用不同方法测定或不同实验室的测定，结果往往都有差异。对这些测定数据及它们的差异如何进行分析评价，如何处理因测定方法的限制而无法保证其准确性的数据，或因过失所造成的错误数据，需要制定一定的规则并对数据进行处理，即由测定数据得到测定结果。数据处理是检验工作的最后一步，也是重要的一步。

数据处理就是运用统计学原理，找出测定误差的大小及根源，分析测定数据的可靠性、精密度。对大量数据进行“浓缩”，判断不同方法、不同实验室所获得数据的差异是否合理，决定测定结果的可靠程度，使获得的结果表达出明确的意义，以便更正确、更客观地反映出被调查对象总体的真实情况，达到检验的目的。统计学的方法还可以用于研究分析测定中各种因素的影响程度及相互关系，为改进实验方法提供依据及找寻规律性等，但是，统计学方法只有应用于良好数据才是有效的，即数据的处理必须建立在良好的测试数据基础之上，得出的结果才是准确、可靠的。

五、粮油质量检验的技术要点

（一）收购粮食质量检验

检验粮食质量时，首先，应重视对收购阶段粮食质量的检验。当前，国家就粮食检验出台了相关的政策与标准，要求粮食检验流程、方式等都要遵循国家粮食质量检验标准。其次，收购方应及时整理收购回来的粮食，将不同年度所收购的粮食依照不同规范来存放。通过对粮食质量的检验，发现粮食发生霉变，需要清理掉霉变的粮食，防止其他粮食被污染，还要做二次检验，避免出现粮食质量问题。最后，相关部门应对不同品质、类型的粮食进行单存与单收，便于控制收购粮食的质量。

（二）储存粮食质量检验

检验粮食储藏质量时，检查人员需要依照 GB/T 29890—2013《粮油储藏技术规范》来开展，检验容易出现质量问题的部位。检验粮食质量时，薄层色谱法、液相色谱法、质谱联用法与重金属检测技术等是最常使用的检测方法。检验粮食中是否含有重金属时，样品前期处理方法有液液萃取法、固相萃取法与消解法等，检验重金属的技术包括原子光谱法、紫外分光光度计法与电感耦合等离子体质谱法等，同时，还可使用生物传感器法、免疫检测法与电化学分析法等快速检测技术。

（三）粮食出库质量检验

储存粮食时，对于使用过化学药剂的粮食，应重点对其药剂残留量进行检验；若粮食出现气味、色泽异常，需加强卫生指标检验；省级粮食部门需要结合辖区中粮食可能受到真菌感染、有毒物质污染的情况，强化卫生检验。做好粮食出库检验是控制粮食质量的重要途径，也是粮食质量监管的主要内容。

（四）粮食卫生质量检验

检验粮食卫生质量是粮食部门的重要职责之一。在粮食卫生质量检验上，各地区的粮食部门需结合当地的粮食卫生标准和《中华人民共和国食品安全法》等法规对粮食开展卫生检验，结合粮食受污染度或霉变度来调整检验项目。若粮食卫生指标不合格，各个地区需要建立相关的卫生质量检查机制，结合实况作妥善的处理，防止不合格的粮食进入市场。在检验粮食卫生质量时，若粮食经营者未能履行质量义务，需结合相关规定予以处罚，或根据处罚的权限移交给相关部门。

（五）市场粮油质量检验

检验粮食质量时，检验机构需积极地协助工厂、质检部门、粮食部门等来监管粮食市场，结合《粮食质量监管实施办法》《粮食流通管理条例》等的具体规定来发挥人员、技术、设备等的优势。市场粮油质量的检测与监管，应加强市场准入机制建设，重视对粮油质量的安全抽检，避免有害、有毒粮油流入市场。检测市场粮油质量时，应运用色谱分析、免疫分析与光谱分析等优质的粮油质量安全检验新技术和主要掺伪鉴别检验技术来检验产品的质量。

思政案例：筑牢“大国粮仓”

项目一

稻谷质量检验

任务一 稻谷色泽、气味、口味的鉴定

学习目标

❖ 知识目标

1. 了解稻谷色泽、气味、口味鉴定的技术和方法。
2. 了解稻谷色泽、气味、口味鉴定的相关标准。

❖ 能力目标

1. 掌握稻谷质量指标色泽、气味、口味鉴定所用仪器的使用和维护方法。
2. 掌握稻谷质量指标色泽、气味、口味的鉴定原理、操作步骤和技能。

❖ 素质目标

1. 深刻体会“食以安为先、粮以质为先”的工匠精神，了解感官评定的重要性，树立坚定的理想信念，养成良好的爱国精神和食品安全意识。

2. 充分理解“全方位夯实粮食安全根基”，树立检验规则意识，团结协作，养成严谨认真的工作态度，增强良好的心理素质和职业道德素质。

任务描述

色泽、气味、口味的鉴定是借助检验者的感觉器官和实践经验对稻谷的色、香、味、形和口感的优劣进行评定，是一种感官检验方法。

知识准备

正常的稻谷具有其固有的色泽、气味和口味。通过色、气、味、形和口感的鉴定，可以初步判断稻谷的新陈度和有无异常变化。稻谷色泽、气味、口味的鉴定反映了稻谷外观价值、物理特性指标，是稻谷质量检验工作中常用的一种检验方法。执行标准按照 GB/T 5492—2008《粮油检验　粮食、油料的色泽、气味、口味鉴定》。稻谷色

泽、气味、口味的鉴定操作流程见表 1-1。

表 1-1　稻谷色泽、气味、口味的鉴定操作流程

序号	步骤	操作内容
1	准备	准备好相关样品、仪器设备
2	称量	分取 20~50g 稻谷样品
3	色泽鉴定	均匀地摊平，在散射光线下仔细观察其色泽
4	气味鉴定	用哈气或摩擦的方法提高试样的温度后，立即嗅其气味
5	口味鉴定	加工成成品粮后，再制成熟食品，品尝其口味
6	结果判定与表示	根据测定结果进行判定与表示

任务实施

一、准备工作

1. 仪器和用具

（1）天平：分度值 1g。

（2）谷物选筛。

（3）贴有黑纸的平板（20cm×40cm）。

（4）广口瓶。

（5）水浴锅。

2. 环境和实验室

环境应符合 GB/T 10220—2012《感官分析　方法学　总论》、GB/T 22505—2008《粮油检验　感官检验环境照明》、GB/T 13868—2009（ISO 8559：2007）《感官分析　建立感官分析实验室的一般导则的规定》。

二、试样制备

试样的扦样、分样按 GB/T 5491—1985《粮食、油料检验　扦样、分样法》执行。样品应除去杂质。

三、操作步骤

1. 色泽鉴定

（1）分取 20~50g 稻谷试样放在手掌中，均匀地摊平，在散射光线下仔细观察其色泽，并与参照样品进行对照，鉴定结果除用“正常”或“不正常”表示外。

（2）对色泽不易鉴定的样品，取100~150g的稻谷样品，在黑色平板上均匀地摊成15cm×20cm薄层，在散射光线下仔细观察样品的整体颜色和光泽。

2. 气味鉴定

（1）分取20~50g样品放在手掌中，用哈气或摩擦的方法提高试样的温度后，立即嗅其气味。

（2）对气味不易鉴定的样品，分取20g样品放入广口瓶中，置于盛有60~70℃温水的水浴锅中，盖上瓶塞，颗粒状样品保温8~10min，粉末状样品保温3~5min，开盖嗅辨气味。

3. 口味鉴定

稻谷的口味鉴定一般需加工成成品粮后，再制成熟食品，品尝其口味和滋味是否正常。

稻谷可按GB/T 20569—2006《稻谷储存品质判定规则》中附录B执行。

四、数据记录与处理

1. 结果表示

（1）稻谷色泽、气味鉴定的结果以“正常”或“不正常”表示，对“不正常”的应加以说明。

（2）稻谷口味鉴定的结果以“正常”或“不正常”表示。品尝评分值不低于60分的为“正常”，低于60分的为“不正常”，对“不正常”的应加以说明。

2. 数据处理

稻谷色泽、气味、口味的鉴定原始记录表见表1-2。

表1-2　稻谷色泽、气味、口味的鉴定原始记录表

鉴定项目	样品编号		
	1	2	3
色泽			
气味			
口味			
数据处理			
结论	该批稻谷样品色泽________，气味________，口味________		

任务评价

稻谷色泽、气味、口味的鉴定评分标准见表1-3。

表 1-3　　稻谷色泽、气味、口味的鉴定评分标准

任务内容	评价标准	评分标准/分	评分记录
试样制备	试样的扦样、分样按 GB/T 5491—1985 执行，样品应除去杂质	20	
色泽鉴定	色泽的判定准确性	20	
气味鉴定	气味判定准确性	20	
口味鉴定	口味判定的准确性	20	
数据记录与处理	结果分析等	20	

稻谷色泽、气味、口味的鉴定评价表见表 1-4。

表 1-4　　稻谷色泽、气味、口味的鉴定评价表

<table>
<tr><td rowspan="10">评价</td><td>自我评价</td><td colspan="7"></td><td>评分
（满分 10）</td></tr>
<tr><td rowspan="4">组内互评</td><td>学号</td><td colspan="2">姓名</td><td>评分
（满分 20）</td><td>学号</td><td colspan="2">姓名</td><td>评分
（满分 20）</td></tr>
<tr><td>1 号</td><td colspan="2"></td><td></td><td>2 号</td><td colspan="2"></td><td></td></tr>
<tr><td>3 号</td><td colspan="2"></td><td></td><td>4 号</td><td colspan="2"></td><td></td></tr>
<tr><td>5 号</td><td colspan="2"></td><td></td><td></td><td colspan="2"></td><td></td></tr>
<tr><td rowspan="3">小组互评
（除自己组以外）</td><td colspan="2">组号</td><td colspan="2">评分
（满分 20）</td><td>组号</td><td colspan="3">评分
（满分 20）</td></tr>
<tr><td colspan="2">________组</td><td colspan="2"></td><td>________组</td><td colspan="3"></td></tr>
<tr><td colspan="2">________组</td><td colspan="2"></td><td>________组</td><td colspan="3"></td></tr>
<tr><td rowspan="2">教师评价</td><td colspan="7" rowspan="2"></td><td>评分
（满分 50）</td></tr>
<tr><td></td></tr>
</table>

问题思考

1. 样品为什么要除去杂质？
2. 气味鉴定时，颗粒状样品和粉末状样品为什么保温时间不一样？

思政案例：奉献一生，只为祖国遍地稻谷香

任务二 稻谷的类型和互混检验

学习目标

❖ 知识目标

1. 了解稻谷类型和互混检验的技术和方法。

2. 了解稻谷类型和互混检验的相关标准。

❖ 能力目标

1. 掌握稻谷质量指标类型和互混检验所用仪器的使用和维护方法。

2. 掌握稻谷质量指标类型和互混的检验原理、操作步骤和技能。

❖ 素质目标

1. 继承发扬“宁流千滴汗、不坏一粒粮”精神，在急难险重任务中冲在前、作表率，用实际行动践行储粮报国的初心使命。

2. 提高对假冒伪劣食品的鉴别能力，强化粮食安全责任意识。强调任何不安全事故都是可以预防的，需自觉遵守检验规则，树立科学严谨的态度。

任务描述

粮食籽粒的类型是指因粮食籽粒的粒色、粒质的不同而独具的形状和特点。互混是指主体粮食中混有异类、异色粮食的现象。

稻谷的类型及互混检验是为了保证粮食、油料的纯度，有利于食用、种用、储存、加工和经营管理，包括外形特征检验、角质、粉质检验、糯稻和非糯稻的染色检验。检验时须根据不同的要求分别采取不同的方法，具体方法参照 GB/T 5493—2008《粮油检验　类型及互混检验》。

知识准备

一、外形特征检验

外形特征检验主要是根据各类粮食、油料国家标准中的分类要求，对其粒形、粒质、粒色等外形特征进行检验鉴别。

二、角质和粉质检验

在透射光下观察粮粒，或将粮粒从中部横向切断观察断面，籽粒或断面中呈玻璃状透明体和半透明体者为角质；呈粉状不透明体者为粉质。

三、糯稻和非糯稻的染色检验

有些粮种有糯性和非糯性之分，这两种籽粒所含淀粉的种类是有区别的。淀粉可分为直链淀粉和支链淀粉，一般粮食的淀粉中，直链淀粉占20%~25%，支链淀粉占75%~80%，糯稻、糯玉米、糯高粱等糯性籽粒中几乎不含直链淀粉。直链淀粉和支链淀粉在物理、化学性质上存在较大差别，通过对其结构的研究发现，淀粉分子卷曲成螺旋状，每六个葡萄糖残基形成一个螺旋，恰好包容一个碘分子，形成淀粉-碘配合物；直链淀粉分子为直链状，而支链淀粉分子呈树枝状，它们空间结构的不同，表现在对碘的吸附作用不同上，直链淀粉分子没有分支，聚合度大，与碘作用形成蓝色复合体；支链淀粉分子分支间聚合度较小，与碘作用一般形成紫红-红棕色复合体。由于淀粉与碘反应形成复合体的颜色与淀粉分子中螺旋数目有一定关系，不同品种籽粒所含淀粉的种类不同，所以鉴别糯性和非糯性籽粒可采用碘染色的方法。执行标准按照GB/T 5493—2008《粮油检验　类型及互混检验》。稻谷的类型和互混检验操作流程见表1-5。

表1-5　稻谷的类型和互混检验操作流程

序号	步骤	操作内容
1	准备	准备好相关样品、试剂、仪器设备
2	称量	取净稻谷10g，脱壳碾米后称量 m_a
3	外形检验	检出混入的异类粒型，称质量 m_1
4	角质、粉质检验	在透射光下观察粮粒，或将粮粒从中部横向切断观察断面，籽粒或断面中呈玻璃状透明体和半透明体者为角质；呈粉状不透明体者为粉质
5	染色检验	取出200粒完整粒，用清水洗涤后，再用0.1%碘-乙醇溶液浸泡1min左右，然后用蒸馏水洗净，观察米粒着色情况
6	糙米长度检验	随机数取完整无损的糙米试样两份，每份10粒将样品按照头对头、尾对尾，不重叠、不留隙的方式，紧靠直尺摆成一行，读出总长 $\sum L$
7	结果判定与表示	根据测定结果进行判定与表示

任务实施

一、准备工作

1. 仪器和用具

(1) 电子天平：分度值0.01g。

(2) 实验砻谷机。

(3) 实验碾米机。

(4) 分样器。

(5) 测量板（平面板上粘贴黑色平绒布）。

(6) 直尺。

(7) 镊子。

2. 试剂

0.1%碘-乙醇溶液（分析纯及以上，三级水）。

3. 照明要求

操作过程中照明条件应符合 GB/T 22505—2008《粮油检验　感官检验环境照明》的要求。

二、试品制备

试样的扦样、分样按 GB/T 5491—1985 执行。各类粮食油料异种粮粒互混检验最低试样量见表 1-6。

表 1-6　各类粮食油料异种粮粒互混检验最低试样量

原料规格	粮食、油料名称	最低试样量/g
小粒	芝麻、小米、油菜籽等	50
中粒	稻谷、小麦、高粱、小豆等	250
大粒	大豆、玉米、豌豆等	500
特大粒	花生果、花生仁、桐籽等	1000

注：当互混的粮食颗粒大小相差较大时，可适当增加试样量。

三、操作步骤

（一）外形特征检验

籼稻、粳稻、糯稻互混检验：取净稻谷 10g，经脱壳、碾米后称量（m_a），按 GB 1350—2009 中有关的分类规定，拣出混入的异类型粒，称取其质量（m_1）。

异色粒互混检验：按 GB/T 5494—2019 的规定，称取试样质量（m_b），在检验不完善粒的同时，按各粮种的质量标准的规定拣出混有的异色粒，称取其质量（m_2）。

异种粮粒互混检验：按规定制备试样并称量 250g，拣出粮食中混有的异种粮粒称量（m_3）。

（二）角质和粉质检验

在透射光下观察粮粒，或将粮粒从中部横向切断观察断面，籽粒或断面中呈玻璃状透明体和半透明体者为角质；呈粉状不透明体者为粉质。

（三）糯稻和非糯稻的染色检验

稻谷经砻谷、碾白后，制成符合国家标准适碾精度（GB/T 1354—2018《大米》）大米样品，不加挑选地取出 200 粒完整粒，用清水洗涤后，再用 0.1%碘-乙醇溶液浸泡 1min 左右，然后用蒸馏水洗净，观察米粒着色情况。糯性米粒呈棕红色，非糯性米粒呈蓝色。拣出混有异类型的粒数（n）。

(四) 糙米长度检验方法

随机数取完整无损的糙米试样两份，每份 10 粒将样品按照头对头、尾对尾，不重叠、不留隙的方式，紧靠直尺摆成一行，读出总长 $\sum L$。

四、数据记录与处理

1. 互混率计算

籼稻、粳稻、糯稻互混率按式（1-1）计算。

$$X = \frac{m_1}{m_a} \times 100 \tag{1-1}$$

式中 X——互混率（混入的异类型稻谷占试样总量的质量分数），%；

m_1——异类型稻谷的质量，g；

m_a——试样质量，g。

在重复性条件下，获得的两次独立检测结果的绝对差值不大于 1%，求其平均数即为检测结果。检测结果保留到整数位。

2. 异色粒率计算

异色粒率按式（1-2）计算。

$$Y = \frac{m_2}{m_b} \times 100 \tag{1-2}$$

式中 Y——异色粒率（异色粒占试样总量的质量分数），%；

m_2——异色粒质量，g；

m_b——试样质量，g。

在重复性条件下，获得的两次独立检测结果的绝对差值不大于 1.0%，求其平均数即为检测结果。检测结果保留到小数点后一位。

3. 异种粮粒含量计算

异种粮粒的含量按式（1-3）计算。

$$Z = \frac{m_3}{m_c} \times 100 \tag{1-3}$$

式中 Z——异种粮粒的含量（异种粮粒占试样总量的质量分数），%；

m_3——异种粮粒质量，g；

m_c——试样质量，g。

检测结果保留到小数点后一位。

4. 染色检验互混率计算

糯稻和非糯稻的染色检验互混率按式（1-4）计算。

$$R = \frac{n}{200} \times 100 \tag{1-4}$$

式中 R——糯稻和非糯稻染色检验互混率，%；

n——异类型粒数。

在重复性条件下，获得的两次独立检测结果的绝对差值不大于 1%，求其平均数即为检测结果。检测结果保留到整数位。

5. 糙米粒长度计算

糙米粒长度 L 按式（1-5）计算。

$$L = \frac{\sum L}{10} \tag{1-5}$$

式中 L——糙米粒长度，mm；

$\sum L$——10 粒糙米总长度，mm。

双实验结果允许差不超过 0.5mm，求其平均值即为检测结果，检测结果保留小数点后一位。

6. 数据处理

稻谷的类型和互混检验原始记录表见表 1-7。

表 1-7　　稻谷的类型和互混检验原始记录表

检测项目	样品编号		计算公式
	1	2	
试样质量（m_a）/g			$X=\frac{m_1}{m_a}\times100$
异类型稻谷的质量（m_1）/g			
异色粒质量（m_2）/g			$Y=\frac{m_2}{m_b}\times100$
试样质量（m_b）/g			
异种粮粒质量（m_3）/g			$Z=\frac{m_3}{m_c}\times100$
试样质量（m_c）/g			
异类型粒数（n）			$R=\frac{n}{200}\times100$
L/mm			$L = \frac{\sum L}{10}$
$\sum L$/mm			
数据处理			
结论	该批籼稻、粳稻、糯稻互混率为________%，异色粒率为________%，异种粮粒的含量为________%，糯稻和非糯稻染色检验互混率________%，糙米粒长度________ mm		

任务评价

稻谷的类型和互混检验评分标准见表 1-8。

表 1-8　　　　稻谷的类型和互混检验评分标准

检验内容	评价标准	评分标准/分	评分记录
外形特征检验	异色粒和异种粮粒的挑选准确性	20	
角质和粉质检验	角质与粉质的判断	20	
糯稻和非糯稻的染色检验	大米样品的制备、溶液的配制、操作手法	20	
糙米长度检验方法	糙米的制备、10 粒样品的摆放	20	
数据记录与处理	公式、计算、结果分析	20	

稻谷的类型和互混检验评价表见表 1-9。

表 1-9　　　　稻谷的类型和互混检验评价表

<table>
<tr><td rowspan="10">评价</td><td>自我评价</td><td colspan="5"></td><td>评分
（满分 10）</td></tr>
<tr><td rowspan="4">组内互评</td><td>学号</td><td>姓名</td><td>评分
（满分 20）</td><td>学号</td><td>姓名</td><td>评分
（满分 20）</td></tr>
<tr><td>1 号</td><td></td><td></td><td>2 号</td><td></td><td></td></tr>
<tr><td>3 号</td><td></td><td></td><td>4 号</td><td></td><td></td></tr>
<tr><td>5 号</td><td></td><td></td><td></td><td></td><td></td></tr>
<tr><td rowspan="3">小组互评
（除自己组以外）</td><td colspan="2">组号</td><td>评分
（满分 20）</td><td colspan="2">组号</td><td>评分
（满分 20）</td></tr>
<tr><td colspan="2">________组</td><td></td><td colspan="2">________组</td><td></td></tr>
<tr><td colspan="2">________组</td><td></td><td colspan="2">________组</td><td></td></tr>
<tr><td rowspan="2">教师评价</td><td colspan="5" rowspan="2"></td><td>评分
（满分 50）</td></tr>
<tr><td></td></tr>
</table>

问题思考

1. 当互混的粮食颗粒大小相差较大时，为什么要适当增加试样量？
2. 直链淀粉和支链淀粉与碘作用的原理是怎样的？

思政案例：普通大米摇身一变成“泰国香米”

任务三 稻谷杂质和不完善粒、谷外糙米的检验

学习目标

❖ 知识目标

1. 了解稻谷杂质和不完善粒、谷外糙米检验的技术和方法。

2. 了解稻谷杂质和不完善粒、谷外糙米检验的相关标准。

❖ 能力目标

1. 掌握稻谷质量指标杂质和不完善粒、谷外糙米检验所用仪器的使用和维护方法。

2. 掌握稻谷质量指标杂质和不完善粒、谷外糙米的检验原理、操作步骤和技能。

❖ 素质目标

1. 节约粮食要从粮食安全的高度来认识。收获的季节，当思“粒粒皆辛苦”，要有节约的自觉，以身作则，厉行节约，反对浪费。

2. 拥有“舍我其谁”的格调，汇聚自身“担当食粮”，尽职尽责做好检验工作。

3. 充分理解“量变会产生质变”，凡事都要讲究适度原则，增强逻辑思维、理论联系实际的能力，出具科学、可靠、真实、准确的检验数据。

任务描述

所谓杂质是指夹杂在粮食、油料中没有使用价值的物质和影响粮食、油料质量的异种粮粒。粮食、油料中混有杂质不但降低食用价值，而且往往由于杂质含水量高，存在微生物和虫卵，容易引起储粮生虫、霉变、发热，影响储粮安全。因此，入库粮食、油料的杂质含量是分等分级储存的依据之一。在粮食、油料加工中，杂质含量高，将影响出品率，根据杂质含量大小指导加工和应采取的除杂措施。此外，有些杂质、种子和针刺状金属物等，人、畜食用后会产生有害作用。因此，在粮食、油料的质量指标中杂质作为限制性项目，我国主要粮食、油料品种中除油菜籽规定其杂质不得大于3%外，其他的均规定其杂质含量不得大于1%。大米、小麦粉等成品粮限制更严。杂质按其性质可以分为三类：筛下物、无机杂质、有机杂质。检验杂质的试样分为大样、小样两种。大样是用于检验大样杂质，包括大型杂质和绝对筛层的筛下物。小样是从检验过大样杂质的样品中分出少量试样，检验与粮粒大小相似的并肩杂质。

不完善粒存在会使稻谷食用价值降低，易受虫、霉侵害，又影响商品外观和加工出品率，所以在纯粮（质）率的计算上将不完善粒折半计算；并且在某些粮食、油料的质量标准中还将不完善粒作为限制性项目。在小麦、玉米、大米等粮食、油料的质量指标中不同等级的不完善粒率要求不同。执行标准按照GB/T 5494—2019《粮油检验　粮食、油料的杂质、不完善粒检验》。

知识准备

一、杂质分类

（1）筛下物　筛下物是粮食、油料杂质的一种，通常指通过规定筛层的物质，如小麦通过 1.5mm，稻谷通过 2.0mm，玉米、花生仁、大豆通过 3.0mm，花生通过 5.0mm 圆孔筛的物质均属之。

（2）无机杂质　无机杂质是粮食、油料杂质的一种，一般指夹杂在粮食、油料中的泥土、砖瓦块及其他无机杂质。

（3）有机杂质　有机杂质是粮食、油料杂质的一种，一般指夹杂在粮食、油料中的无食用价值的粮油籽粒或异种粮粒、杂草种子，自然脱落的稻壳、植物体及其他有机杂质。

二、不完善粒

不完善粒是有虫蚀、病斑、生芽、霉变、破损、冻伤、热损伤或未熟等缺陷但仍有使用价值的粮食、油料颗粒的统称。

（1）未熟粒　未熟粒是发育不饱满、尚未成熟的粮食、油料籽粒。不同粮油品种的未熟粒，其具体定义由各自的标准作出不同的规定。

（2）虫蚀粒　虫蚀粒是被虫蛀蚀，伤及胚或胚乳（子叶）的颗粒。

（3）生霉粒　生霉粒是粒面生霉的颗粒。对于稻谷样品当粒面生霉，去壳后糙米表面有霉斑的颗粒判定为生霉粒。

（4）霉变粒　霉变粒是粒面明显生霉并伤及胚及胚乳（或子叶），无食用价值的颗粒。进行质量指标检验时，无食用价值、但有使用价值的霉变粒归属为不完善粒，无使用价值的霉变粒归属为杂质。

（5）病斑粒　病斑粒是粒面有病斑并伤及胚或胚乳（子叶）的颗粒，还包括小麦赤霉病粒和黑胚粒。

（6）赤霉病粒　赤霉病粒籽粒皱缩、呆白，有的粒面呈紫色，或有明显的粉红色霉状物，间有黑色的子囊壳。

（7）黑胚粒　黑胚粒籽粒胚部呈深褐色或黑色，伤及胚或胚乳的颗粒。

（8）生芽粒　生芽粒是芽或幼根突破种皮的颗粒。我国粮油质量标准中不同品种对生芽粒的定义有一定差异。

①稻谷生芽粒：芽或幼根已突破稻壳，或芽或幼根已突破糙米表皮的颗粒。

②小麦生芽粒：芽或幼根未突破种皮但胚部种皮已破裂，或芽或幼根突破种皮不超过本颗粒长度的籽粒。

③玉米生芽粒：芽或幼根突破种皮，或芽或幼根虽未突破种皮但胚部种皮已破裂或明显隆起有生芽痕迹的颗粒。

（9）破损粒　破损粒是压扁、破碎，伤及胚或胚乳（或子叶）的颗粒。

（10）冻伤粒　冻伤粒指经受严重冻伤的颗粒，如大豆籽粒透明，或子叶僵硬呈暗绿色的颗粒。

（11）霜损粒　霜损粒是被寒霜冻坏的颗粒。

（12）热损伤粒　热损伤粒是由于微生物或其他原因产热而改变了正常颜色的颗粒。例如，玉米籽粒储存期间过度呼吸或加热烘干而引起的表色或胚或胚乳显著变色的颗粒等。稻谷杂质和不完善粒、谷外糙米的检验操作流程见表 1-10。

表 1-10　稻谷杂质和不完善粒、谷外糙米的检验操作流程

序号	步骤	操作内容
1	准备	准备好相关样品、试剂、仪器设备
2	样品制备	准备 2kg 样品，并混匀缩分至 A、B 样各 500g，并称量记录（m）
3	筛选	将样品分两次倒入直径为 2.0mm 的圆孔筛层内，按规定方法进行筛选
4	大样杂质检验	拣出筛上大型杂质和筛下物合并称量（m_1）
5	小样杂质检验	按规定用量分取小样试样并称量（m_2），倒入分析盘中，按质量标准的规定拣出杂质，称量（m_3）
6	矿物质检验	从拣出的小样杂质中拣出矿物质，称量（m_4）
7	不完善粒测定	在小样中分取 20~25g 样品（m_6），精确值 0.01g。砻谷前需将生芽粒单独挑出剥壳称重，质量计入不完善粒中。稻谷砻谷脱壳后，按质量标准的规定拣出不完善粒，称量（m_5），精确至 0.01g
8	稻谷谷外糙检验	从检验过大样杂质的试样中，分取小样试样 50g，精确至 0.01g，倒入分析盘中，按质量标准的规定拣出谷外糙米，称量（m_7）
9	结果判定与表示	根据测定结果进行判定与表示

主要粮食不完善粒的具体标准见表 1-11。

表 1-11　主要粮食不完善粒标准

粮食品种	不完善粒内容
稻谷	未熟粒、虫蚀粒、病斑粒、生芽粒、生霉粒
小麦	虫蚀粒、病斑粒、生芽粒、生霉粒、破损粒
玉米	虫蚀粒、病斑粒、生芽粒、生霉粒、破损粒、热损伤粒
大豆	未熟粒、破碎粒、损伤粒（虫蚀粒、病斑粒、生芽粒、涨大粒、生霉粒、冻伤粒、热损伤粒）
大米	未成熟粒、虫蚀粒、病斑粒、生霉粒、糙米粒
油菜籽	生芽粒、生霉粒、未熟粒、热损伤粒
葵花籽	破损粒、生芽粒、生霉粒、虫蚀粒、病斑粒

注：糙米粒是完全未脱皮层的米粒。

任务实施

一、准备工作

1. 仪器和用具

（1）天平：感量 0.01，0.1，1g。

（2）谷物选筛。

（3）电动筛选器。

（4）砻谷机。

（5）分样器或分样板。

（6）分析盘、毛刷、镊子等。

稻谷杂质和不完善粒、谷外糙米的检验视频

2. 照明要求

操作过程中照明条件应符合 GB/T 22505—2008《粮油检验　感官检验环境照明》的要求。

二、试样制备

GB/T 5491—1985 规定的检验杂质的试样用量见表 1-12。

表 1-12　　检验杂质的试样用量标准

粮食、油料名称	大样质量/g	小样质量/g
小粒：如粟、芝麻、油菜籽等	约 500	约 10
中粒：如稻谷、小麦、高粱、小豆、棉籽等	约 500	约 50
大粒：如大豆、玉米、豌豆、葵花籽、小粒蚕豆等	约 500	约 100
特大粒：如花生、蓖麻籽、桐籽、茶籽、文冠果、大粒蚕豆等	约 1000	约 200
其他：甘薯片、大米中带壳稗粒和稻谷粒检验等	500~1000	

三、操作步骤

（一）杂质检验

1. 筛选

（1）电动筛选器法。按质量标准中规定的筛层套好（大孔筛在上，小孔筛在下，套上筛底）。按规定称取试放入筛上，盖上筛盖，放在电动筛选器上，接通电源，选筛自动地向左、向右各筛 1min，110~120r/min，筛后静置片刻，将筛上物和筛下物分别倒入分析盘，卡在筛孔中间的颗粒属于筛上物。

（2）手筛法。按照上法将筛层套好，倒入试样，盖好筛盖，然后将选筛放在光滑的桌面上，用双手以 110~120r/min 的速度，按顺时针方向和反时针方向各筛动 1min，筛动的范围，掌握选筛直径扩大至 8~10cm。筛后的操作与上法同。

2. 大样杂质检验

（1）将样品分两次倒入直径为 2.0mm 的圆孔筛层内，按规定方法进行筛选，然后拣出筛上大型杂质和筛下物合并称量（m_1）。

（2）从平均样品中，按照表 1-12 的规定用量分取大样试样并称量（m），精确至 1g，按规定的筛选法分两次进行筛选（特大粒粮食、油料分四次筛选），然后拣出筛上大型杂质和筛下物合并称量（m_1）。

3. 小样杂质检验

从检验过大样杂质的试样中，按照表1-12的规定用量分取小样试样并称量（m_2）。小样用量不大于100g时，精确至0.01g；小样用量大于100g时，精确至0.1g，倒入分析盘中，按质量标准的规定拣出杂质，称量（m_3）。

4. 矿物质检验

质量标准中规定有矿物质指标的（不包括米类），从拣出的小样杂质中拣出矿物质，称量（m_4）。

（二）不完善粒检验

实验砻谷机是仿胶辊砻谷机原理制成的，它利用两个胶辊相对差速运动，对稻谷粒产生摩擦力使稻谷脱壳。脱壳后的稻壳与糙米的密度不同，稻壳被风机吸走，糙米自然下落而达到壳糙分离。

如图1-1所示为一种常用的砻谷机，主要由电动机、风机、糙米抽斗、稻壳抽米分离抽斗等部件组成。

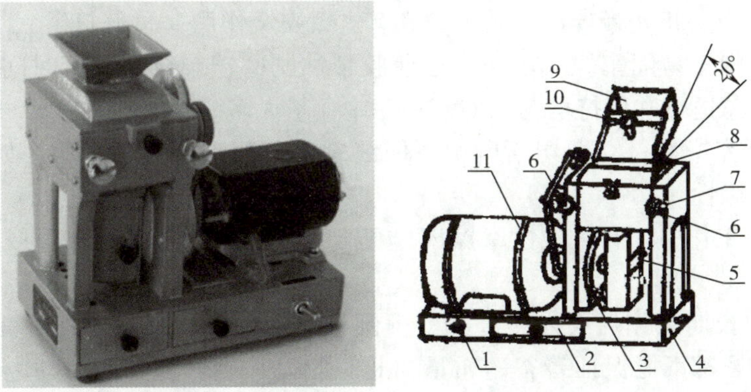

1—开关；2—稻壳抽斗；3—风机；4—糙米抽斗；5—观察窗；6，10—调节螺丝；7—固紧螺母；8—定位螺钉；9—进料斗；11—电动机。

图1-1　实验砻谷机外形及结构示意图

1. 砻谷机调试

使用前检查电源及传动系统，确保用电安全和胶带的松紧适度。电源线不得打折、裸露。加紧轮调整后要紧固靠牢。

清理砻心，调试砻辊，新的砻谷机两个胶辊间距要进行调整，调试到两辊面平行且刚接触的状态，切不要过紧或过松，松了壳脱不下来，紧了易碾碎稻米，影响出糙率结果。具体调试方法是：开机后取少量净稻谷倒入砻心中，观察稻壳抽斗与糙米抽斗中壳糙的分离状况。如有不完善的脱壳现象，则说明砻辊压力较小，此时应松开紧固螺母，顺时针方向调整螺钉，然后拧紧。若有壳与糙的粉碎现象，则说明砻辊压力过大，此时应按上述操作方法放松砻辊，直至认为砻谷效果满意为止（如果壳与糙分离不清，可调整蜗壳入口的大小）。间距调好后将固紧螺母拧紧。

2. 进料

调整就绪后，再次清理砻心、稻壳抽斗和糙米抽斗。清理后即可进行正式稻谷脱粒。在小样中分取20~25g样品（m_6），精确值0.01g。砻谷前需将生芽粒单独挑出剥壳称重，质量计入不完善粒中。

启动机器，要避免负载启动，即机器里有稻谷时不能启动，要把稻谷清理干净再启动。在脱壳时，使进料斗底部与机盖平面呈20°角，利用机器振动使样品缓缓匀速供料，样品倒入太快容易卡住。

3. 不完善粒的挑选

稻谷砻谷脱壳后，按质量标准的规定拣出不完善粒，称量（m_5），精确至0.01g。注意生芽粒在砻谷前捡出，单独剥壳，一起称重。

（三）稻谷谷外糙米检验

从检验过大样杂质的试样中，分取小样试样50g，精确至0.01g，倒入分析盘中，按质量标准的规定拣出谷外糙米，称量（m_7）。

四、注意事项

（1）由于砻谷机是带传动，其本身具有过载安全作用（过载打滑），操作中应避免这种现象，否则极易闷车烧坏电机，也使胶带加剧磨损，减少使用时间。因此，在供料时一定要注意适量并保持均匀，勿使料斗中存量太多。

（2）操作完毕后，立即切断电源，仔细检查砻糠内有无糙米粒，如有必须取出，确保结果的准确性。

（3）机器工作中如有机械性摩擦声，视声音部位可能是轴承故障或风机故障，应断电查看维修。

（4）胶辊长期工作后会发生磨损，由圆柱体变为锥体或鼓状等，无论怎样调整，两辊接触的松紧都不能保证砻谷的质量，此时应以平锉修复，即启动电机，使胶辊转起来，手持平锉保持轻而匀的压力，直至消除胶辊的形状偏差为止。

（5）接通电源后电机不动。如果是空载，即未向料斗供料时电机不转，若电机无异常声音，说明电源无电或电机至电源接线有问题；若电机嗡嗡作响，则说明砻谷机中的机件有松动、发生卡住或辊子调得过紧。如果是负载启动，电机嗡嗡声，说明稻谷将胶辊卡住，清理后重新启动。

（6）应避免砻谷机被雨淋或水浸，保持其清洁干燥。

（7）糙米与稻壳不分。机器其他部分完好，但不能将砻谷后混合的糙米与稻壳分开，应检查分离部分的故障，可能是叶片断裂或变形。

五、数据记录与处理

1. 大样杂质含量计算

大样杂质含量按式（1-6）计算。

$$A = \frac{m_1}{m} \times 100 \quad (1\text{-}6)$$

式中　A——大样杂质含量，大样杂质占试样总量的质量分数，%；

m_1——大样杂质质量，g；

m——大样质量，g。

在重复性条件下，获得的两次独立检测结果的绝对差值不大于0.3%，求其平均数即为检测结果，检测结果取小数点后一位。

2. 小样杂质含量计算

小样杂质含量按式（1-7）计算。

$$B = (100 - A) \times \frac{m_3}{m_2} \tag{1-7}$$

式中　B——小样杂质含量，小样杂质占试样总量的质量分数，%；

m_3——小样杂质质量，g；

m_2——小样质量，g；

A——大样杂质含量，%。

在重复性条件下，获得的两次独立检测结果的绝对差值不大于0.3%，求其平均数，即为检测结果，检测结果保留到小数点后一位。

3. 矿物质含量计算

矿物质含量按式（1-8）计算。

$$K = (100 - A) \times \frac{m_4}{m_2} \tag{1-8}$$

式中　K——矿物质含量，矿物质占试样总量的质量分数，%；

m_4——矿物质质量，g；

m_2——小样质量，g；

A——大样杂质含量，%。

在重复性条件下，获得的两次独立检测结果的绝对差值不大于0.1%，求其平均数即为检测结果，检测结果取小数点后两位。

4. 杂质总量计算

一般粮食、油料的杂质总量按式（1-9）计算。

$$C=A+B \tag{1-9}$$

式中　C——杂质总量，%；

A——大样杂质含量，%；

B——小样杂质含量，%。

检测结果取小数点后一位。

5. 不完善粒含量计算

不完善粒含量按式（1-10）计算。

$$D = (100 - A) \times \frac{m_5}{m_6} \tag{1-10}$$

式中　D——不完善粒含量，不完善粒占试样总量的质量分数，%；

m_5——不完善粒质量，g；

m_6——小样质量，g；

A——大样杂质含量，%。

在重复性条件下，获得的两次独立检测结果的绝对差值：大粒、特大粒粮不超过 1.0%；中、小粒粮不超过 0.5%。其平均数即为检测结果，检测结果取小数点后一位。

6. 谷外糙米含量计算

谷外糙米含量按式（1-11）计算。

$$G = (100 - A) \times \frac{m_7}{m_2} \tag{1-11}$$

式中 G——谷外糙米含量，谷外糙米占试样总量的质量分数，%；

m_7——谷外糙米质量，g；

m_2——小样质量，g；

A——大样杂质含量，%。

在重复性条件下，获得的两次独立检测结果的绝对差值不大于 0.3%，求其平均数，即为检测结果，检测结果保留到小数点后一位。

7. 数据处理

稻谷杂质和不完善粒、谷外糙米的检验原始记录如表 1-13 所示。

表 1-13　　稻谷杂质和不完善粒、谷外糙米的检验原始记录表

检测项目	样品编号		计算公式
	1	2	
大样质量（m）/g			$A = \frac{m_1}{m} \times 100$
大样杂质质量（m_1）/g			
小样质量（m_2）/g			$B = (100 - A) \times \frac{m_3}{m_2}$ $C = A + B$
小样杂质质量（m_3）/g			
矿物质质量（m_4）/g			$K = (100 - A) \times \frac{m_4}{m_2}$
不完善粒样品质量（m_5）/g			$D = (100 - A) \times \frac{m_5}{m_6}$
不完善粒质量（m_6）/g			
谷外糙米质量（m_7）/g			$G = (100 - A) \times \frac{m_7}{m_6}$
数据处理			
结论	该批稻谷样品总杂为________%，不完善粒为________%，谷外糙米为________%		

任务评价

稻谷杂质和不完善粒、谷外糙米的检验评分标准见表 1-14。

表 1-14　　稻谷杂质和不完善粒、谷外糙米的检验评分标准

任务内容	评价标准	评分标准/分	评分记录
样品的制备	按照标准要求制备样品	20	
杂质检验	筛选、大样杂质检验、小样杂质检验、矿物质检验的操作流程	20	
不完善粒检验	砻谷机调试、进料、不完善粒挑选的流程、不完善粒挑选的准确性	20	
稻谷谷外糙米检验	谷外糙米的挑选、样品的称取正确性等	20	
数据记录与处理	公式、计算和结果分析	20	

稻谷杂质和不完善粒、谷外糙米的检验评价表见表 1-15。

表 1-15　　稻谷杂质和不完善粒、谷外糙米的检验评价表

<table>
<tr><td rowspan="13">评价</td><td>自我评价</td><td colspan="5"></td><td>评分
（满分 10）</td></tr>
<tr><td rowspan="4">组内互评</td><td>学号</td><td>姓名</td><td>评分
（满分 20）</td><td>学号</td><td>姓名</td><td>评分
（满分 20）</td></tr>
<tr><td>1 号</td><td></td><td></td><td>2 号</td><td></td><td></td></tr>
<tr><td>3 号</td><td></td><td></td><td>4 号</td><td></td><td></td></tr>
<tr><td>5 号</td><td></td><td></td><td></td><td></td><td></td></tr>
<tr><td rowspan="3">小组互评
（除自己组以外）</td><td>组号</td><td colspan="2">评分
（满分 20）</td><td colspan="2">组号</td><td>评分
（满分 20）</td></tr>
<tr><td>________组</td><td colspan="2"></td><td colspan="2">________组</td><td></td></tr>
<tr><td>________组</td><td colspan="2"></td><td colspan="2">________组</td><td></td></tr>
<tr><td rowspan="2">教师评价</td><td colspan="5" rowspan="2"></td><td>评分
（满分 50）</td></tr>
<tr><td></td></tr>
</table>

问题思考

1. 砻谷机的工作原理及实际使用过程中需要注意的事项。
2. 由于进料太快，导致砻谷机堵塞，应该怎么解决？

任务四 稻谷出糙率和整精米率检测

学习目标

❖ 知识目标

1. 了解稻谷出糙率和整精米率检测的技术和方法。
2. 了解稻谷出糙率和整精米率检测的相关标准。

❖ 能力目标

1. 掌握稻谷质量指标出糙率和整精米率检测所用仪器的使用和维护方法。
2. 掌握稻谷质量指标出糙率和整精米率的检测原理、操作步骤和技能。

❖ 素质目标

1. 领悟“保障初级产品供给是一个重大战略问题”，树立正确的人生观、价值观，培养正确的职业道德，做好粮油质量安全的“守门员”。感悟粮食人肩负的职业使命，提高职业道德的认知水平，正确认识粮油质量检验员的职责。

2. 领会“中国人的饭碗任何时候都要牢牢端在自己手中，饭碗主要装中国粮”，养成爱惜粮食、节约资源的良好品德。

任务描述

一、稻谷出糙率

稻谷出糙率是指净稻谷脱壳后的糙米质量占试样质量的质量分数，其中不完善粒折半计算。

实验砻谷机仿胶辊砻谷机原理制成，利用两个胶辊相对差速运动，产生摩擦力使稻谷脱壳，脱壳后的糙米与壳密度不同，稻壳被吸风机吸走，糙米自然下落而达到壳糙分离。执行标准参照 GB/T 5495—2008《粮油检验 稻谷出糙率检验》。

二、稻谷整精米率

整精米是指稻谷经脱壳成糙米，糙米碾磨成加工精度为 GB/T 1354—2018 规定的适碾（背沟有皮，粒面皮层残留不超过 1/5 的占 75%~85%）大米时，长度达到完整米粒平均长度 3/4 及以上的米粒。

稻谷整精米率是指一定量净稻谷脱壳后，糙米再经碾磨成规定加工精度的大米，除去糠粉后，整精米占净稻谷试样的质量分数。执行参照标准 GB/T 21719—2008《稻谷整精米率检验法》。

知识准备

一、稻谷出糙率

稻谷的主要用途是碾米供做食用，稻谷的出糙率高低直接反映了稻谷的工艺品质——碾米产量的潜力。稻谷出糙率和整精米率检测操作流程见表 1-16。

表 1-16　稻谷出糙率和整精米率检测操作流程

序号	步骤	操作内容
1	准备	准备好相关样品、试剂、仪器设备
2	样品制备	取净稻谷（除去谷外糙米）
3	称样	称取试样 20~25g（m），先拣出生芽粒，单独剥壳，称量生芽粒糙米质量（m_1）
4	脱壳	将试样用砻谷机脱壳，完成后，抽出盛糙米抽斗，拣出糙米中少量稻谷，再重新脱壳或手工脱壳
5	称量	除去糙米中的糠杂，称量砻谷机脱壳后的糙米质量（m_2），感官检验拣出糙米中不完善粒糙米，称量（m_3）
6	出糙率结果判定与表示	根据测定结果进行判定与表示
7	整精米检验	将所得糙米全部置于经过调整的实验碾米机内，碾磨至最佳时间，使加工精度达到国家标准三级大米，除去糠粉后，分拣出整精米并称量（m_4）
8	整精米率结果判定与表示	根据测定结果进行判定与表示

一般出糙率高的稻谷，籽粒成熟、饱满，极少受病、虫害的影响，因此，加工出米率高，食用品质也较好。所以，我国稻谷质量标准中用出糙率作为定等基础项目，见表 1-17。

表 1-17　稻谷出糙率标准

稻谷品种	出糙率/%					
	一等	二等	三等	四等	五等	等外级
籼稻谷	≥79.0	≥77.0	≥75.0	≥73.0	≥71.0	<71.0
粳稻谷	≥81.0	≥79.0	≥77.0	≥75.0	≥73.0	<73.0

二、稻谷整精米率

稻谷整精米率是衡量稻谷品质好坏的重要尺度之一。稻谷整精米率与稻谷垩白粒、未熟粒、裂纹粒等含量有关。也与稻谷的粒形、含水量、陈化度等有关。我国稻谷质量标准中对各类稻谷的整精米率作出了规定，其中籼稻谷与粳稻谷的整精米率见表 1-18。

表 1-18　　部分稻谷整精米率标准

稻谷品种	整精米率/%				
	一等	二等	三等	四等	五等
籼稻谷	≥50.0	≥47.0	≥44.0	≥41.0	≥38.0
粳稻谷	≥61.0	≥58.0	≥55.0	≥52.0	≥49.0

任务实施

一、准备工作

1. 稻谷出糙率检测

（1）天平：精确度 0.01g。

（2）分样器或分样板。

（3）谷物选筛：直径 2.0mm 圆孔筛。

（4）实验砻谷机。

（5）分析盘、镊子等。

稻谷出糙率和整精米率检测视频

2. 稻谷整精米率检测

（1）天平：精确度 0.01g。

（2）谷物选筛：直径 1.5mm 圆孔筛。

（3）实验砻谷机：适合稻谷脱壳且不损伤糙米粒的小型实验室用砻谷机。

（4）实验碾米机：适合糙米碾磨去除皮层和胚的小型实验室用碾米机。

如图 1-2 所示为一种常用的实验碾米机。平行砂轮碾磨型实验碾米机的碾磨部分主要由两个平行的砂轮磨盘组成，在碾磨过程中，上方磨盘固定，下方磨盘旋转，利用两个磨盘的相对差速使样品在磨盘间匀速翻滚、旋转，将其皮层碾磨除去，达到均匀碾白的目的。

使用方法如下。

①用试料匙装一平匙糙米（约 10g），倒入下磨盘上，用刮板摊平。

②设定计时器最佳碾磨时间。

③将电源开关向上扳动至“启动”位置，设备开始碾磨，同时计时器计时。

④碾米时间到达之前，计时器会有提示音；到达设定时间时，扳动脱料柄，精米会自动落入样品槽。

⑤将电源开关扳到“制动”位置，马达停止转动，打开上盖，取出样品槽。

⑥轻轻摇动样品槽，去除米糠，取出精米，备用。

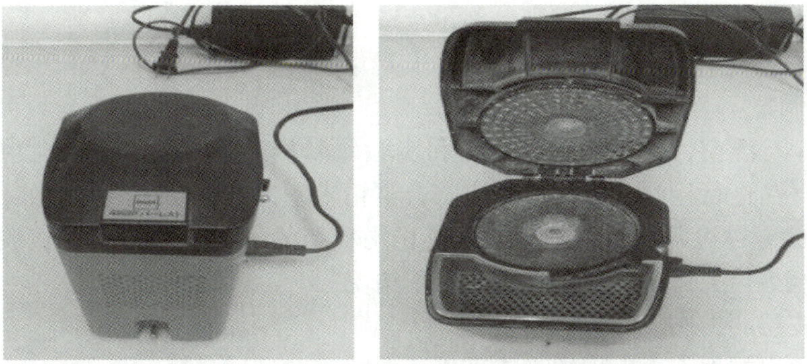

（1）关盖　　　　（2）开盖

图 1-2　平行砂轮碾磨型实验碾米机

（5）实验砻谷机和实验碾米机须用稻谷整精米率标准样品进行测试，测试结果应符合整精米率标准样品定值的要求。

（6）分样器、分析盘、镊子等。

二、试样制备

1. 稻谷出糙率检测样品制备

稻谷混匀后得到的样品即为平均样品，也就是稻谷出糙率检测的样品。

2. 稻谷整精米率检测样品的制备

（1）实验室样品不应少于 1kg。

（2）按 GB/T 5491—1985 和 GB/T 5494—2019 规定的方法对实验室样品进行分样和除去杂质，得到净稻谷检测样品。

（3）按 GB 5009.3—2016 检测样品水分，样品水分含量为籼稻谷的 12.5%~14.5%、粳稻谷的 13.5%~15.5%。如果样品水分含量不在上述范围内，可在适当的室内温湿度条件下，将样品放置足够长的时间，使样品水分含量调节到规定的范围内。

三、操作步骤

（一）稻谷出糙率的检测

（1）将砻谷机平稳地放在工作台上，根据稻谷的粒形，用调节螺丝调整好胶辊间距。

（2）从平均样品中，称取净稻谷（除去谷外糙米）试样 20~25g（m），先拣出生芽粒，单独剥壳，称量生芽粒糙米质量（m_1），将剩余试样放在附件小畚斗中备用。

（3）打开砻谷机电源开关，稍等片刻后，将盛有试样的小畚斗放在进料斗上，利用砻谷机震动将试样缓缓倒入进料斗内，试样流完后，抽出盛糙米抽斗，拣出糙米中少量稻谷，再重新脱壳或手工脱壳。

（4）关闭电源开关，除去糙米中的糠杂，称量砻谷机脱壳后的糙米质量（m_2），感官检测拣出糙米中不完善粒糙米，称量（m_3）。

（二）稻谷整精米率的检测

1. 仪器调整

整精米率检测前，应对实验砻谷机和实验碾米机进行调整，必要时应使用稻谷整精米率标准样品进行检测，检测结果应符合整精米率标准样品定值的要求。

（1）实验砻谷机调整。用待测试样或相同粒型的稻谷经实验砻谷机脱壳，以调整实验砻谷机至最佳工作条件。不应出现以下情况。

①糙米皮层的损伤。

②在分离出的稻壳中出现糙米或稻谷。

③糙米中出现稻壳。

（2）实验碾米机调整。用待测试样或相同粒型的稻谷制成的整糙米，经实验碾米机碾磨至规定加工精度，以调整实验碾米机至最佳工作条件，应达到以下要求。

①糙米碾磨后得到的精米加工精度均匀。

②试样用量 20g 左右。

③碾磨时间不超过 1min；时间可调整且调整精度高，制动迅速。

④精米碎米率≤6.0%。

2. 最佳碾磨量和最佳碾磨时间的确定

根据实验碾米机的推荐样品量和碾磨时间，用待测试样或相同粒型的稻谷制成的糙米，进行不同碾磨量和碾磨时间的碾磨实验，以得到均匀的国家标准三级加工精度大米为判定标准，确定最佳碾磨量和最佳碾磨时间。

3. 试样整精米率的检测

根据实验碾米机的最佳碾磨量，从待测品中称取一定量净稻谷试样（m），用经过调整的实验砻谷机脱壳，从糙米中拣出稻谷粒放入砻谷机中再次脱壳（或手工剥壳），直至全部脱净，将所得糙米全部置于经过调整的实验碾米机内，碾磨至最佳时间，使加工精度达到国家标准三级大米，除去糠粉后，分拣出整精米并称量（m_4）。

四、注意事项

（1）稻谷中的糙米，虽可使其加工出糙率增高，食用价值部分增大，但是我国主要稻谷储存形式中糙米在储存期间易受病虫危害，导致储粮发热、变质、损耗。因而检测稻谷出糙率时，试样应不包含糙米。

（2）生芽粒粒质疏松，如果和正常稻谷粒一起用砻谷机脱壳，容易形成碎米，给归属带来困难，造成测定误差。所以，在砻谷前，生芽粒需单独剥壳检验。

（3）称量糙米质量前，应检查砻糠抽斗中砻糠中有无混入糙米，如有应取出，一并称量。

（4）稻谷整精米率标准样品的制备、定值和发放，每年由全国粮油标准化技术委员会组织实施，各检验单位可联系购买整精米率标准样品。

五、数据记录与处理

1. 稻谷出糙率计算

稻谷出糙率按式（1-12）计算。

$$X = \frac{(m_1 + m_2) - (m_1 + m_3) \div 2}{m} \times 100 \qquad (1-12)$$

式中 X——稻谷出糙率，%；

m_1——生芽粒剥壳后的不完善粒质量，g；

m_2——糙米质量，g；

m_3——糙米中不完善粒质量，g；

m——试样质量，g。

在重复性条件下，获得的两次独立检测结果的绝对差值不大于 0.5%，求取平均数即为检测结果，检测结果取小数点后一位。

2. 稻谷整精米率计算

稻谷整精米率按式（1-13）计算。

$$H = \frac{m_4}{m} \times 100 \qquad (1-13)$$

式中 H——稻谷整精米率，%；

m_4——适碾精度整精米质量，g；

m——试样质量，g。

双实验结果允许差不超过 1.5%，求取平均数即为检测结果，检测结果取小数点后一位。

3. 数据处理

稻谷出糙率和整精米率检测原始记录表见表 1-19。

表 1-19　稻谷出糙率和整精米率检测原始记录表

检测项目	样品编号		计算公式
	1	2	
净稻谷（m）/g			$X = \frac{(m_1 + m_2) - (m_1 + m_3)/2}{m} \times 100$
生芽粒糙米质量（m_1）/g			
糙米质量（m_2）/g			
不完善粒糙米（m_3）/g			
适碾精度整精米质量（m_4）/g			$H = \frac{m_4}{m} \times 100$
净稻谷试样质量（m）/g			
数据处理			
结论	该批稻谷样品出糙率为________%，稻谷整精米率为________%		

任务评价

稻谷出糙率和整精米率检测评分标准见表 1-20。

表 1-20　　稻谷出糙率和整精米率检测评分标准

任务内容	评价标准	评分标准/分	评分记录
样品的制备	按照标准要求制备样品	20	
仪器设备的使用	砻谷机和碾米机的使用及实际操作相关注意事项	20	
出糙率的操作	对操作流程的熟悉度、不完善粒挑拣的准确性等	20	
整精米率的操作	最佳碾磨量、最佳碾磨时间和操作流程等	20	
数据分析的处理	公式、计算和结果分析	20	

稻谷出糙率和整精米率检测评价表见表 1-21。

表 1-21　　稻谷出糙率和整精米率检测评价表

<table>
<tr><td rowspan="10">评价</td><td>自我评价</td><td colspan="7"></td><td>评分
（满分 10）</td></tr>
<tr><td rowspan="4">组内互评</td><td>学号</td><td colspan="2">姓名</td><td>评分
（满分 20）</td><td>学号</td><td colspan="2">姓名</td><td>评分
（满分 20）</td></tr>
<tr><td>1 号</td><td colspan="2"></td><td></td><td>2 号</td><td colspan="2"></td><td></td></tr>
<tr><td>3 号</td><td colspan="2"></td><td></td><td>4 号</td><td colspan="2"></td><td></td></tr>
<tr><td>5 号</td><td colspan="2"></td><td></td><td></td><td colspan="2"></td><td></td></tr>
<tr><td rowspan="3">小组互评
（除自己组以外）</td><td colspan="2">组号</td><td colspan="2">评分
（满分 20）</td><td colspan="2">组号</td><td colspan="2">评分
（满分 20）</td></tr>
<tr><td colspan="2">________组</td><td colspan="2"></td><td colspan="2">________组</td><td colspan="2"></td></tr>
<tr><td colspan="2">________组</td><td colspan="2"></td><td colspan="2">________组</td><td colspan="2"></td></tr>
<tr><td rowspan="2">教师评价</td><td colspan="7" rowspan="2"></td><td>评分
（满分 50）</td></tr>
<tr><td></td></tr>
</table>

问题思考

1. 为什么精度越高，大米的营养价值越低？请详细解释说明。
2. 简要叙述碾米机的使用操作规程、使用注意事项及仪器的维护。

任务五　稻谷垩白度检测

学习目标

❖ 知识目标

1. 了解稻谷垩白度检测的技术和方法。

2. 了解稻谷垩白度检测的相关标准。

❖ 能力目标

1. 掌握稻谷垩白度检测所用仪器的使用和维护方法。

2. 掌握稻谷垩白度的检测原理、操作步骤和技能。

❖ 素质目标

1. 严格执行标准，真实记录结果，养成公正求实的职业道德。

2. 领会“确保谷物基本自给，口粮绝对安全”的新粮食安全观的重要意义，牢记粮食人的使命与担当，怀抱对粮食行业的热情，树立职业理想。

任务描述

具有垩白的稻米，商品外观品质降低；在碾米时易碎，影响出米率；蒸煮后饭粒产生较多的裂纹，米饭蓬松中空，严重影响食用品质。因此优质稻谷质量标准中对各等级稻谷的垩白度有严格的控制指标。执行标准参照 GB/T 17891—2017《优质稻谷》。

知识准备

稻米胚乳中的不透明部分称其为垩白，它包括腹白、心白和背白。腹白粒是指米粒腹部有不透明的粉质白斑；心白粒是指米粒中心部位呈白色不透明的粉质白斑；背白粒是指沿米粒背沟上有条状垩白的籽粒。垩白是因稻米胚乳中淀粉和蛋白质颗粒填塞疏松所致。稻谷垩白度检测操作流程见表 1-22。

表 1-22　稻谷垩白度检测操作流程

序号	步骤	操作内容
1	准备	准备好相关样品、仪器设备
2	称样	将稻谷试样加工成 GB/T 1354—2018 规定的加工精度为适碾的大米，从大米试中随机数取整精米 100 粒（n_0）
3	垩白度检验	拣出有垩白米粒（粒数 n_1），再从拣出的垩白米粒中，随机取 10 粒（不足 10 粒者按实有粒取），将垩白米粒平放正视观察，逐粒目测垩白投影面积占整米粒投影面积的百分率
4	结果判定与表示	根据测定结果进行判定与表示

任务实施

一、准备工作

仪器和用具准备如下。

（1）分析盘。

（2）镊子等。

二、试样制备

将稻谷试样加工成 GB/T 1354—2018 规定的加工精度为适碾的大米。

三、操作步骤

从大米试样中随机数取整精米 100 粒（n_0），拣出有垩白米粒（粒数 n_1），再从拣出的垩白米粒中，随机取 10 粒（不足 10 粒者按实有粒取），将垩白米粒平放正视观察，逐粒目测垩白投影面积占整米粒投影面积的百分率，并计算其平均值，即为垩白米粒垩白大小（W_D）的数值（%）。重复一次，两次检测结果平均值为垩白大小。

四、数据记录与处理

1. 稻谷垩白度计算

稻谷垩白度（D）检测结果按式（1-14）计算。

$$D = W_D \times \frac{n_1}{n_0} \tag{1-14}$$

式中 D——垩白度，%；

W_D——垩白大小，%；

n_0——试样中垩白米粒粒数；

n_1——试样粒数。

2. 数据处理

稻谷垩白度检测原始记录表见表 1-23。

表 1-23　稻谷垩白度检测原始记录表

检测项目	样品编号		计算公式
	1	2	
垩白粒数（n_1）			$D = W_D \times \frac{n_1}{n_0}$
总粒数（n_0）			
垩白度（D）/%			
垩白大小（W_D）/%			
数据处理			
结论			

任务评价

稻谷垩白度检测评分标准见表 1-24。

表 1-24　　稻谷垩白度检测评分标准

任务内容	评价标准	评分标准/分	评分记录
样品制备	按照标准要求制备符合要求的样品	20	
垩白粒的挑选	垩白粒挑选的准确性	30	
目测垩白投影面积占整米粒投影面积	目测垩白投影面积占整米粒投影面积准确性	30	
数据记录与处理	公式、计算和结果分析	20	

稻谷垩白度检测评价表见表 1-25。

表 1-25　　稻谷垩白度检测评价表

<table>
<tr><td rowspan="10">评价</td><td>自我评价</td><td colspan="5"></td><td>评分
（满分 10）</td></tr>
<tr><td rowspan="4">组内互评</td><td>学号</td><td>姓名</td><td>评分
（满分 20）</td><td>学号</td><td>姓名</td><td>评分
（满分 20）</td></tr>
<tr><td>1 号</td><td></td><td></td><td>2 号</td><td></td><td></td></tr>
<tr><td>3 号</td><td></td><td></td><td>4 号</td><td></td><td></td></tr>
<tr><td>5 号</td><td></td><td></td><td></td><td></td><td></td></tr>
<tr><td rowspan="3">小组互评
（除自己组以外）</td><td colspan="2">组号</td><td>评分
（满分 20）</td><td colspan="2">组号</td><td>评分
（满分 20）</td></tr>
<tr><td colspan="2">________组</td><td></td><td colspan="2">________组</td><td></td></tr>
<tr><td colspan="2">________组</td><td></td><td colspan="2">________组</td><td></td></tr>
<tr><td rowspan="2">教师评价</td><td colspan="5" rowspan="2"></td><td>评分
（满分 50）</td></tr>
<tr><td></td></tr>
</table>

问题思考

1. 垩白对稻米加工及蒸煮品质有什么影响？简要作出解释说明。

2. 在实际检验工作中怎样减少由于目测主观因素导致垩白度的误差？

思政案例：
陈化粮事件

任务六 稻谷黄粒米和裂纹粒检验

学习目标

❖ 知识目标

1. 了解稻谷黄粒米和裂纹粒检验的技术和方法。
2. 了解稻谷黄粒米和裂纹粒检验的相关标准。

❖ 能力目标

1. 掌握稻谷黄粒米和裂纹粒检验所用仪器的使用和维护方法。
2. 掌握稻谷黄粒米和裂纹粒的检验原理、操作步骤和技能。

❖ 素质目标

1. 领会“仓廪实而知礼节，衣食足而知荣辱”的意义，体会粮食安全储藏对安定人民生活的重要性。树立科学严谨的检验态度，增强职业认同感。

2. 正确认识陈粮、陈化粮等问题，严格执行标准，客观反映实际情况，养成良好的职业素养。

任务描述

黄粒米是指与正常米粒相比呈明显黄色的颗粒。

裂纹粒是指糙米粒面出现裂纹的籽粒，俗称爆腰粒。

稻米变黄后，营养价值降低，食用品质较差，严重的发芽率丧失，而且影响商品外观价值。此外，黄粒米粒面可溶性物质较正常米粒丰富，提供了霉菌生长繁殖所需营养源，在同等条件下，高水分黄粒米比正常稻米易受黄曲霉侵染，黄曲霉污染快，产毒量高。因此，在我国稻谷、大米质量标准中黄粒米限度为1.0%。

裂纹粒既会影响出米率（增加碎米率），也将会影响成品的质量（使之外观欠佳，蒸煮性不良）。由于干燥方法和干燥条件是影响稻谷粒产生裂纹的重要因素，因此裂纹粒率是进行稻谷干燥时的一项重要技术指标，是重要的检验项目。

执行标准参照GB/T 5496—1985《粮食、油料检验　黄粒米及裂纹粒检验法》。

知识准备

黄粒米的形成主要是在收获季节，稻谷不能及时脱粒干燥，带穗堆垛，湿谷在通风不良情况下储藏，微生物繁殖，堆垛发热，稻谷受本身内源酶或微生物酶的作用使胚乳呈黄色。稻谷在储藏、运输过程中入仓水分高也是产生黄粒米的主要原因。

潮湿的稻谷在整晒或烘干时，或干燥的稻谷吸湿时，容易产生裂纹粒。产生裂纹粒的主要原因是稻谷的脆性比较大，在急剧干燥的情况下，谷壳和米粒表面的水分气化较快，而米粒内层水分移动速度较慢，随着干燥过程的急剧进行，米粒内、外层干燥程度差异越来越大，因而表层形成“硬结”，内层水分向外移动就更加困难，内层水蒸气就聚集起来。这样，由于内外层不均等的收缩和内层水汽压力的作用，米粒就会形成裂纹。稻谷烘干后，粮温高，突然受到低温强气流的冷却作用，米粒表层迅速收缩，同样也会引起米粒裂纹。稻谷黄粒米和裂纹粒检验操作流程见表 1-26。

表 1-26　　稻谷黄粒米和裂纹粒检验操作流程

序号	步骤	操作内容
1	准备	准备好相关样品、仪器设备
2	样品制备	稻谷去除杂质和谷外糙米，进行砻谷得到糙米
3	黄粒米检验	将其糙米试样用小型碾米机碾磨至适碾精度的大米，用孔径为 2.0mm 的圆孔筛筛除糠粉和小碎米后，再用洁净柔软的棉布揉搓，以除去沾附在表面的糠粉，作为大米试样称量（m），再按规定拣出黄粒米，称量（m_1）
4	裂纹粒检验	不加挑选地取整粒糙米 100 粒，用放大镜进行鉴别，拣出有裂纹的米粒，拣出粒数即为裂纹粒的百分率
5	结果判定与表示	根据测定结果进行判定与表示

任务实施

一、准备工作

仪器和用具准备如下。

（1）分样器或分样板。

（2）天平：感量 0.01g。

（3）谷物选筛：直径 2.0mm 圆孔筛。

（4）分析盘、镊子等。

（5）实验砻谷机、碾米机。

二、试样制备

试样的扦样、分样按 GB/T 5491—1985 执行。

三、操作步骤

1. 稻谷黄粒米的检验

稻谷经检验出糙率后，将其糙米试样用小型碾米机碾磨至适碾精度的大米，用孔径为 2.0mm 的圆孔筛筛除糠粉和小碎米后的，再用洁净柔软的棉布揉搓，以除去沾附在表面的糠粉，称量，作为大米试样质量（m），再按规定拣出黄粒米称量（m_1）。

2. 稻谷裂纹粒的检验

在检验稻谷出糙率后，不加挑选地取整粒糙米 100 粒，用放大镜进行鉴别，拣出有裂纹的米粒。拣出粒数即为裂纹粒的百分率。

四、数据记录与处理

1. 黄粒米含量计算

黄粒米含量按式（1-15）计算。

$$H = \frac{m_1}{m} \times 100 \tag{1-15}$$

式中 H——黄粒米含量，%；

m_1——黄粒米质量，g；

m——大米试样质量，g。

双实验结果允许差不超过 0.3%，求其平均数即为检测结果，检测结果取小数点后一位。

2. 数据处理

稻谷黄粒米和裂纹粒检验原始记录表见表 1-27。

表 1-27　稻谷黄粒米和裂纹粒检验原始记录表

检测项目	样品编号		计算公式
	1	2	
大米试样质量（m）/g			$H = \frac{m_1}{m} \times 100$
黄粒米质量（m_1）/g			
数据处理			
结论	该批稻谷样品黄粒米为________%，裂纹粒为________%		

任务评价

稻谷黄粒米和裂纹粒检验评分标准见表 1-28。

表 1-28　稻谷黄粒米和裂纹粒检验评分标准

任务内容	评价标准	评分标准/分	评分记录
样品制备	按照标准要求制备符合要求的样品	40	
黄粒米检验	黄粒米挑选的准确性和操作过程的掌握	20	
裂纹粒检验	裂纹粒挑选的准确性和操作过程的掌握	20	
数据记录与处理	公式、计算和结果分析	20	

稻谷黄粒米和裂纹粒检验的评价表见表 1-29。

表 1-29　　稻谷黄粒米和裂纹粒检验的评价表

<table>
<tr><td rowspan="16">评价</td><td>自我评价</td><td colspan="5"></td><td>评分
（满分 10）</td></tr>
<tr><td rowspan="4">组内互评</td><td>学号</td><td>姓名</td><td>评分
（满分 20）</td><td>学号</td><td>姓名</td><td>评分
（满分 20）</td></tr>
<tr><td>1 号</td><td></td><td></td><td>2 号</td><td></td><td></td></tr>
<tr><td>3 号</td><td></td><td></td><td>4 号</td><td></td><td></td></tr>
<tr><td>5 号</td><td></td><td></td><td></td><td></td><td></td></tr>
<tr><td rowspan="3">小组互评
（除自己组
以外）</td><td colspan="2">组号</td><td>评分
（满分 20）</td><td colspan="2">组号</td><td>评分
（满分 20）</td></tr>
<tr><td colspan="2">________组</td><td></td><td colspan="2">________组</td><td></td></tr>
<tr><td colspan="2">________组</td><td></td><td colspan="2">________组</td><td></td></tr>
<tr><td rowspan="2">教师评价</td><td colspan="5" rowspan="2"></td><td>评分
（满分 50）</td></tr>
<tr><td></td></tr>
</table>

问题思考

1. 黄粒米对人体的危害性如何？一般哪些原因导致稻谷产生黄粒米？
2. 黄粒米在检验过程中有哪些特征能够帮助快速判断？

项目二

米类质量检验

任务一 大米加工精度的检验

学习目标

❖ 知识目标

1. 了解大米加工精度检验的技术和方法。
2. 了解大米加工精度检验的相关标准。

❖ 能力目标

1. 掌握大米加工精度检验的原理、操作步骤及结果表述。
2. 掌握检验大米加工精度相关仪器的操作方法。

❖ 素质目标

1. 稻谷经过一道道加工程序才能达到规范要求，要在不断追求更高的品质和更高效率的过程中，生产出高质量的大米。

2. 稻谷变成大米的过程需要严格的控制和管理，每个环节都需要精益求精的精神。精益求精的精神不仅适用于生产领域，也适用于我们的学习和生活，只有不断追求进步和提高，才能实现自己的价值和梦想。

任务描述

大米加工精度是指加工后米胚残留及米粒表面和背沟残留皮层的程度。以国家制定的加工精度标准样品对照检验。

大米加工精度的高低直接影响出米率。一般纤维素、矿物质主要分布在粮食的皮壳中，而蛋白质、脂肪和碳水化合物等营养成分则集中在胚和胚乳中，所以精度高，则出米率低，相应地营养价值也较低，但口感和蒸煮品质往往较好，所以加工精度与大米的质量、应用价值等有密切关系。对大米的加工精度应严格控制，在保证加工精度的前提下，完善碾米工艺，提高出米率和纯度。执行标准：GB/T 5502—2018《粮油

检验 大米加工精度检验》。

知识准备

1. 大米加工精度检验方法原理

（1）染色：利用米粒皮层、胚与胚乳对伊红 Y-亚甲基蓝染色基团分子的亲和力不同——米粒皮层、胚与胚乳分别呈现蓝绿色和紫红色。

（2）对比观测法：利用染色后的大米试样与染色后的大米加工精度标准样品对照比较，通过观测判定试样的加工精度与标准样品加工程度的相符程度。

（3）仪器辅助检验法：染色后的大米试样与染色后的大米加工精度标准样品通过图像分析方法进行测定比较，根据米粒表面残留皮层和胚的程度，人工判定大米的加工精度。

（4）仪器检验法：利用图像采集和图像分析法检测经过染色的大米试样的留皮度，仪器自动判定大米的加工精度。

2. 制定加工精度标准样品参照规定

（1）加工精度：加工后米胚残留及米粒表面和背沟残留皮层的程度，包括精碾和适碾。

（2）精碾：背沟基本无皮或有皮不成线，米胚和粒面表皮层去净的占 80%～90%或留皮度在 2.0%以下。

（3）适碾：背沟有皮，粒面皮层残留不超过 1/5 的占 75%～85%，其中粳米、优质粳米中有胚的米粒在 20%以下或留皮度为 2.0%～7.0%

（4）留皮度：试样平放，残留皮层、米胚投影面积之和占试样投影面积的百分比。

大米加工精度的检验操作流程见表 2-1。

表 2-1　大米加工精度的检验操作流程

序号	步骤	操作内容
1	准备	准备好相关药品试剂和仪器设备
2	称量	分取 12g 整精米，并洗去糠粉
3	染色	加入染色剂，摇匀静置 2min
4	漂洗	加入 80%乙醇溶液（体积分数），摇匀静置 1min，漂洗 3 次
5	去水	滤纸吸干试样中的水分
6	样品检测	利用不同方法对样品留皮度进行检测
7	结果判定与表示	根据测定结果进行判定与表示

任务实施

一、准备工作

1. 仪器和用具

（1）大米外观品质检测仪：具有图像采集和图像分析功能，可通过检测大米留皮度判定大米的加工精度。仪器检测标准板的双实验平均值与标准板面积标准值的误差小于 0.5mm^2。

大米加工精度检验视频

(2) 蒸发皿或培养皿：直径 90mm。

(3) 天平：分度值 0.1g。

(4) 放大镜：5~20 倍。

(5) 白色样品盘。

(6) 磁力搅拌器：具备加热功能。

(7) 量筒、具塞锥形瓶等。

2. 试剂

除非另有规定，实验用水应符合 GB/T 6682—2008 中三级水的要求。

(1) 伊红 Y：分析纯。

(2) 亚甲基蓝：分析纯。

(3) 无水乙醇：分析纯。

(4) 去离子水。

(5) 80%乙醇溶液：无水乙醇与去离子水按照 8∶2 的体积比进行充分混合，配制成 80%乙醇溶液。

(6) 染色原液：分别称取伊红 Y、亚甲基蓝各 1.0g 分别置于 500mL 具塞锥形瓶中，然后向瓶中分别加入 500mL 80%乙醇溶液，并在磁力拌器上密闭加热搅 30min 至全部溶解，然后按实际用量将伊红 Y 液和亚甲基蓝液按 1∶1 体积比混合，置于具塞锥形瓶中密闭搅拌数分钟，充分混匀，配成伊红 Y-亚甲基蓝染色原液（可根据实际用量调配原液的量），室温、密封、避光保存于试剂瓶中备用。

(7) 染色剂：量取适量的染色原液与 80%乙醇溶液，按照 1∶1 比例稀释，配制成伊红 Y-亚甲基蓝染色剂，室温、密封、避光保存于试剂瓶中备用。

(8) 大米加工精度标准样品，符合 GB/T 5502—2018 的规定。

二、试样制备

样品的扦取与分样按 GB/T 5491—1985 执行。样品应具有代表性，试样量不得过低。

三、操作步骤

1. 染色

(1) 从试样中分取约 12g 整精米，放入直径 90mm 的蒸发皿或培养皿内，加入适量去离子水，浸没样品 1min，洗去糠粉，倒净清水。

(2) 清洗后，立即加入适量染色剂浸没样品，摇匀后静置 2min，然后将染色剂倒净。

(3) 染色后试样立即加入适量 80%乙醇溶液，完全淹没米粒，摇匀后静置 1min，然后倒净液体，再用 80%乙醇溶液不间断地漂洗 3 次。

（4）漂洗后立即用滤纸吸干试样中的水分，自然晾干到表面无水渍，皮层和胚部分为蓝绿色，胚乳部分为紫红色。如果不能及时检测，试样可晾干后装入密封袋常温保存，保存时间不超过 24h。

染色剂使用前确认是否有沉淀，如果有，则加热使其完全溶解，染色环境温度控制在 25℃左右。染色过程中加入试剂或漂洗剂后均先轻轻晃动培养皿数下，确保全部米粒分散开。

2. 样品检测

（1）对比观测法。将经染色后的大米试样与染色后的大米加工精度标准样品分别置于白色样品盘中，用放大镜观察，对照标准样品检验试样的留皮度。

（2）仪器辅助检验法。按仪器说明书安装，调试好仪器，分别将约 12g 经染色晾干的大米试样与同批染色剂染色晾干的大米加工精度标准样品放入大米外观品质检仪的扫描底板中，检测被测样品与标准样品的留皮度，根据大米样品与标准样品留皮度的差异，人工判定试样的加工精度与标准样品精度的符合程度。

（3）仪器检验法。按仪器说明书安装、调试好仪器，并按说明书的要求，将染色晾干后的大米试样，置于大米外观品质检测仪的扫描底板中，轻微晃动致米粒平摊散开而不重叠，然后进行图像采集，仪器自动分析计算，得到大米样品留皮度，并根据 GB/T 1354—2018 规定的加工精度等级定义，令仪器自动判定大米的加工精度等级。

四、数据记录与处理

1. 结果判定与表示

（1）结果判定。

①对比观测法。

染色后的试样与染色后的大米加工精度标准样品对比，根据皮层蓝绿色着色范围进行判断：如半数以上试样米粒的蓝绿色着色范围小于或符合精碾大米标准样品相应的着色范围，则加工精度为精碾；如半数以上试样米粒蓝绿色着色范围大于精碾、小于或符合适碾大米标准样品相应的着色范围，则加工精度为适碾；如半数以上试样米蓝绿色着色范围大于适碾大米标准样品的着色范围，则加工精度为等外。

同时取两份样品检验，如果两次结果不一致时，则检查操作过程是否正确。

②仪器辅助检验法。

大米试样的留皮度小于或等于精碾标准样品的留皮度，则加工精度为精碾；试样留皮度大于精碾、小于或等于适碾标准样品的留皮度，则加工精度为适碾；试样留皮度大于适碾大米标准样品的，则加工精度为等外。

同时取两份样品检验，留皮度测定误差满足重复性限要求时，取平均值作为检验结果，计算结果保留小数点后一位。

③仪器检验法。

仪器根据大米样品留皮度的检测结果，自动判定大米的加工精度等级。

同时取两份样品检验，留皮度测定误差满足重复性限要求时，仪器自动计算平均值，并判定大米样品的加工精度等级。

（2）结果表示。

检验结果表示为：加工精度为精碾、适碾或等外。

2. 精密度

（1）重复性。

在同一实验室，由同一操作者使用同一仪器设备，按相同的检测方法，在短时间内对同一试样进行的两次独立检测结果的绝对差值，应不大于式（2-1）中计算的 r 值，若差值大于计算的 r 值，应重复以上测定。

$$r = 0.14 \times \overline{H}^{0.587} \times 2.77 \tag{2-1}$$

式中　r——重复性限值，%；

$\overline{H}$——两次大米样品测试留皮度结果的平均值，%。

（2）再现性。

在不同实验室，由不同操作者使用不同设备，按相同的检测方法，对同一试样进行两次独立测试，获得的两个独立检测结果的绝对差值，应不大于式（2-2）中计算的 R 值。

$$R = 0.234 \times \overline{H}^{0.779} \times 2.77 \tag{2-2}$$

式中　R——再现性限值，%；

$\overline{H}$——两次大米样品测试留皮度结果的平均值，%。

3. 数据处理

大米加工精度的检验原始记录表见表 2-2。

表 2-2　　大米加工精度的检验原始记录表

<table>
<tr><th colspan="2" rowspan="2">样品名称</th><th rowspan="2">样品状态</th><th rowspan="2">检测方法依据</th><th colspan="2">检测仪器</th><th rowspan="2">环境状况</th><th rowspan="2">检测地点</th><th rowspan="2">检测日期</th><th rowspan="2">备注</th></tr>
<tr><th>名称</th><th>编号</th></tr>
<tr><td colspan="2"></td><td></td><td></td><td></td><td></td><td>温度：____℃
相对湿度：____%</td><td></td><td>____年
__月__日</td><td></td></tr>
<tr><th>样品编号</th><th>实验次数</th><th>样品质量（m）/g</th><th colspan="3">结果判定</th><th colspan="4">结果表示</th></tr>
<tr><td rowspan="2"></td><td></td><td></td><td colspan="3"></td><td colspan="4" rowspan="2"></td></tr>
<tr><td></td><td></td><td colspan="3"></td></tr>
</table>

校核：　　　　　　　　　　　　　　　　　　　　检测：

任务评价

大米加工精度的检验评分标准见表 2-3。

表 2-3 **大米加工精度的检验评分标准**

任务内容	评价标准	评分标准/分	评分记录
操作前准备	试剂溶液的准确配制，用具清洗等	10	
试样分取	分样操作规范，留取试样量正确	10	
染色操作	洗去浮糠，浸泡时间正确，褪色顺序正确	30	
染色效果	晾干无水渍，胚乳、皮层和胚色差明显	10	
观察留皮程度	置于白色样品盘中，用放大镜观察	20	
结果处理	结果评定结合结果表示正确	20	

大米加工精度的检验评价表见表 2-4。

表 2-4 **大米加工精度的检验评价表**

<table>
<tr><td rowspan="10">评价</td><td>自我评价</td><td colspan="5"></td><td>评分
（满分 10）</td></tr>
<tr><td rowspan="4">组内互评</td><td>学号</td><td>姓名</td><td>评分
（满分 20）</td><td>学号</td><td>姓名</td><td>评分
（满分 20）</td></tr>
<tr><td>1 号</td><td></td><td></td><td>2 号</td><td></td><td></td></tr>
<tr><td>3 号</td><td></td><td></td><td>4 号</td><td></td><td></td></tr>
<tr><td>5 号</td><td></td><td></td><td></td><td></td><td></td></tr>
<tr><td rowspan="3">小组互评
（除自己组以外）</td><td colspan="2">组号</td><td>评分
（满分 20）</td><td colspan="2">组号</td><td>评分
（满分 20）</td></tr>
<tr><td colspan="2">________组</td><td></td><td colspan="2">________组</td><td></td></tr>
<tr><td colspan="2">________组</td><td></td><td colspan="2">________组</td><td></td></tr>
<tr><td rowspan="2">教师评价</td><td colspan="5" rowspan="2"></td><td>评分
（满分 50）</td></tr>
<tr><td></td></tr>
</table>

问题思考

1. 大米染色前为什么要进行清洗？
2. 大米褪色为什么要用乙醇清洗？为什么不能用水直接清洗？

任务二 米类杂质和不完善粒的检验

学习目标

❖ 知识目标

1. 了解米类杂质的定义。

2. 了解米类不完善粒的定义。

❖ 能力目标

掌握米类杂质和不完善粒的检验原理、操作步骤和鉴别方法。

❖ 素质目标

1. “食指大动尝新米，嚼香咂糯粒粒粘。”这句诗描绘了品尝新米的美妙感受，但如果大米中含有过多的杂质，就会影响食品的质量和安全，甚至危害人民群众的健康。增强食品安全意识，了解杂质和不完善粒对食品安全的影响，形成对食品安全的责任感和使命感。

2. 提高判断能力和分析能力，米类杂质及不完善粒的检验需要进行细致的观察和分析，对不同的颗粒进行判断和分类。

任务描述

米类杂质是指夹杂在米类中的糠粉、矿物质及稻谷粒、稗粒等其他杂质。

大米的不完善粒包括尚有食用价值的未熟粒、虫蚀粒、病斑粒、生霉粒以及完全未脱皮层的糙米粒。

（1）未熟粒：米粒不饱满，外观全部呈粉质的米粒。

（2）虫蚀粒：被虫蛀蚀的米粒。

（3）病斑粒：粒面有病斑的米粒。

（4）生霉粒：粒面有霉斑的米粒。

（5）糙米粒：完全未脱皮层的米粒。

糠粉是指通过直径 1.0mm 圆孔筛的筛下物，以及黏附在筛上的粉状物质。

知识准备

米类中混有杂质和不完善粒，不但降低食用价值，而且往往由于其含水量高，特别是糠粉营养丰富，容易导致微生物和害虫繁殖，并堵塞米粒之间的空隙，引起米类发热、霉变、生虫，影响安全储存。因此，在米类的质量指标中将杂质和不完善粒作为限制性项目加以严格控制。执行标准：GB/T 5494—2019《粮油检验　粮食、油料的杂质、不完善粒检验》。米类杂质和不完善粒的检验操作流程见表 2-5。

表 2-5　米类杂质和不完善粒的检验操作流程

序号	步骤	操作内容
1	称样、筛选	分取试样 200g，用 1.0mm 筛分 2 次筛选
2	检验糠粉及其他杂质	称量糠粉，筛上物拣出矿物质（m_1），拣出稻谷粒（m_2）、带壳稗粒及其他杂质（m_3）
3	带壳稗粒和稻谷粒检验	分取试样 500g，拣出带壳稗粒（X）和稻谷粒（Y）
4	不完善粒检验	分取小样用量（m_4），拣出不完善粒（m_5）

任务实施

一、准备工作

仪器和用具准备如下。

（1）天平：分度值 0.01，0.1，1g。

（2）谷物选筛。

（3）分样器或分样板。

（4）分析盘、毛刷、镊子等。

二、试样准备

不同米类试样。

三、操作步骤

1. 杂质检验

按照规定分取试样约 200g（m），精确至 0.1g，分两次放入直径 1.0mm 圆孔筛内，按规定的筛选法进行筛选，筛后轻拍筛子使糠粉落入筛底。全部试样筛完后，刷下留存在筛层上的糠粉合并称量（m_1），精确至 0.01g。将筛上物倒入分析盘内（卡在筛孔中间的颗粒属于筛上物），再从检验过糠粉的试样中分别拣出矿物质或无机杂质并称量（m_2），精确至 0.01g，拣出有机杂质并称量（m_3）精确至 0.01g，若试样为小米，则还应单独拣出粟粒，并称量（m_4）精确至 0.01g。无机杂质含量检验适用于大米。

2. 不完善粒检验

按照规定分取试样至规定的小样质量（m_5）（米类小样用量与其原粮相同），精确至 0.01g，将试样倒入分析盘内，按质量标准中的规定拣出不完善粒并称重（m_6），精确至 0.01g。

四、数据记录及处理

1. 米类杂质检验结果计算

（1）矿物质或无机杂质含量（W_1）以质量分数（%）表示，按式（2-3）计算。

$$W_1 = \frac{m_2}{m} \times 100\% \tag{2-3}$$

式中　m_2——矿物质或无机杂质质量，g；

m——试样质量，g。

在重复性条件下，获得的两次独立检测结果的绝对差值不大于 0.005%，求其平均数，即为检测结果，检测结果保留到小数点后两位。

（2）杂质总量（W_2）以质量分数（%）表示，按式（2-4）计算。

$$W_2 = \frac{m_1 + m_2 + m_3}{m} \times 100 \tag{2-4}$$

式中　m_1——糠粉质量，g；

m_2——矿物质或无机杂质质量，g；

m_3——有机杂质质量，g；

m——试样质量，g。

在重复性条件下，获得的两次独立检测结果的绝对差值不大于0.04%，求其平均数，即为检测结果，检测结果保留到小数点后两位。

（3）小米中粟粒含量（W_3）以质量分数（%）表示，按式（2-5）计算。

$$W_3 = \frac{m_4}{m} \times 100 \tag{2-5}$$

式中　m_4——粟粒质量，g；

m——试样质量，g。

在重复性条件下，获得的两次独立检测结果的绝对差值不大于0.04%，求其平均数，即为检测结果，检测结果保留到小数点后两位。

2. 米类不完善粒检验结果计算

不完善粒含量（W_4）以质量分数（%）表示，按式（2-6）计算。

$$W_4 = \frac{m_6}{m_5} \times 100 \tag{2-6}$$

式中　m_6——不完善粒质量，g；

m_5——试样质量，g。

在重复性条件下，获得的两次独立检测结果的绝对差值：大粒、特大粒粮不大于1.0%，中小粒粮不大于0.5%，求其平均数，即为检测结果，检测结果保留到小数点后一位。

3. 数据处理

米类杂质和不完善粒的检验原始记录表见表2-6。

表2-6　　米类杂质和不完善粒的检验原始记录表

检测项目	样品编号		计算公式
	1	2	
试样质量（m）/g			$W_1 = \frac{m_2}{m} \times 100$
矿物质或无机杂质质量（m_2）/g			
糠粉质量（m_1）/g			$W_2 = \frac{m_1 + m_2 + m_3}{m} \times 100$
有机杂质质量（m_3）/g			
粟粒质量（m_4）/g			$W_3 = \frac{m_4}{m} \times 100$

续表

检测项目	样品编号		计算公式
	1	2	
样品质量（m_5）/g			$W_4=\frac{m_6}{m_5}\times 100$
不完善粒质量（m_6）/g			
数据处理			
结论	该批样品总杂为________%，无机杂质为________%，不完善粒为________%		

任务评价

米类杂质和不完善粒的检验评分标准见表 2-7。

表 2-7　　米类杂质和不完善粒的检验评分标准

任务内容	评价标准	评分标准/分	评分记录
称样筛选	分取试样约 200g，分两次放入直径为 1.0mm 圆孔筛内进行筛选	10	
杂质检验	按照流程检验糠粉、检验矿物质、检验其他杂质并称重及计算杂质总量	30	
不完善粒检验	分取试样，按照标准拣出不完善粒	30	
数据记录及处理	按照要求，对数据进行记录及处理	30	

米类杂质和不完善粒的检验评分表见表 2-8。

表 2-8　　米类杂质和不完善粒的检验评分表

<table>
<tr><td rowspan="12">评价</td><td>自我评价</td><td colspan="5"></td><td>评分
（满分 10）</td></tr>
<tr><td rowspan="4">组内互评</td><td>学号</td><td>姓名</td><td>评分
（满分 20）</td><td>学号</td><td>姓名</td><td>评分
（满分 20）</td></tr>
<tr><td>1 号</td><td></td><td></td><td>2 号</td><td></td><td></td></tr>
<tr><td>3 号</td><td></td><td></td><td>4 号</td><td></td><td></td></tr>
<tr><td>5 号</td><td></td><td></td><td></td><td></td><td></td></tr>
<tr><td rowspan="3">小组互评
（除自己组
以外）</td><td colspan="2">组号</td><td>评分
（满分 20）</td><td colspan="2">组号</td><td>评分
（满分 20）</td></tr>
<tr><td colspan="2">________组</td><td></td><td colspan="2">________组</td><td></td></tr>
<tr><td colspan="2">________组</td><td></td><td colspan="2">________组</td><td></td></tr>
<tr><td rowspan="2">教师评价</td><td colspan="5" rowspan="2"></td><td>评分
（满分 50）</td></tr>
<tr><td></td></tr>
</table>

问题思考

1. 米类杂质包含哪些？
2. 米类不完善粒包含哪些？对于不完善粒中糙米粒是怎么定义的？
3. 杂质检验时，卡在筛孔中间的颗粒属于筛上物还是筛下物？

思政案例：
做一粒好种子，
共逐中国梦

任务三 碎米的检验

学习目标

❖ 知识目标

1. 了解碎米的概念及碎米产生的主要因素。
2. 了解碎米对米类储存品质、食用品质的影响。

❖ 能力目标

1. 掌握碎米的检验原理、测定技术。
2. 掌握碎米分离器的使用。

❖ 素质目标

1. 粮食检验人员需要具备高度的责任感和使命感，保障消费者的权益和健康。大米中的碎米检验需要根据外观特征和理化性质进行判断和分析，需要积累经验，提升自己的判断能力和分析能力。

2. “谨小慎微，细节决定成败”，大米中的碎米检验需要遵循科学原理和操作规范，保证检验结果的公正、客观和准确，需要具备谨慎的态度和公正客观的思维方式。

任务描述

碎米是指米类在碾制过程中产生的低于允许长度和规定筛层下的破碎粒。碎米的产生与稻谷品质、裂纹粒等有密切关系，此外，腹白粒、发芽粒、未熟粒、生霉粒、裂纹粒、软质粒、加工工艺不当等很多因素也是碎米产生的主要原因。

以筛分法和人工挑选相结合的方法，分选出样品中的碎米，称量碎米质量，计算碎米含量。也可利用图像处理技术得到米粒的图像并判断米粒的大小、整米、大碎米和小碎米，自动计算大米碎米和大米小碎米的含量。

知识准备

碎米对米类外观品质有很大影响，既影响其整齐度，同时严重影响米的蒸煮品质、食用品质、储藏品质，并且淘洗时米类损失率较大。所以米类质量标准中对碎米含量都做了严格限制，如我国各等小米碎米含量指标为≤4.0%（GB/T 11766—2008《小米》）；各等高粱米碎米含量指标为≤3.0%（LS/T 3215—1985《高粱米》）；各类大米碎米含量指标参见GB/T 1354—2018《大米》，执行标准见GB/T 5503—2009《粮油检验　碎米检验法》。碎米的检验操作流程见表2-9。

表 2-9　碎米的检验操作流程

序号	步骤	操作内容
1	称样	以四分法分取除去杂质的样品约 10g
2	大米小碎米的检验	选用 2.0mm、1.0mm 筛和筛底，试样置于 2.0mm 筛上筛选，注意筛选速度为 100r/min，时间为左右各 1min，转动范围在选筛直径的基础上扩大 8~10cm
3	大米碎米的检验	将 2.0mm 筛上物及卡在筛孔中的米粒，利用碎米分离器或者手工挑拣检验
4	不完善粒检验	分取小样用量，拣出不完善粒

任务实施

一、准备工作

仪器和用具准备如下。

（1）天平：感量 0.01g。

（2）筛选器：转速 110~120r/min，可自动控制以 1min 为间隔按顺时针或逆时针各转动 1 次。

（3）谷物选筛：1.0，1.2，1.5，2.0mm 圆孔筛，配有筛底和筛盖，可配合筛选器使用。

（4）分样板。

（5）电动碎米分离器。

（6）表面皿、分析盘、镊子等。

（7）大米碎米测定仪。

二、试样制备

（1）按 GB/T 5491—1985 的规定扦样和分样，按 GB/T 5494—2019 的规定除去样品中的杂质。

（2）以四分法分取除去杂质的样品约 10g（m，精确至 0.01g）作为检验用试样。

准备步骤完成后，首先需要进行大米小碎米的检验，检验后的样品经过碎米分离器和人工挑选进行大米碎米的检验。

三、术语定义

（1）大米大碎米：长度小于同批试样米粒平均长度 3/4、留存在直径 2.0mm 圆孔筛上的不完整米粒。

（2）大米小碎米：通过直径 2.0mm 圆孔筛，留存在直径 1.0mm 圆孔筛上的不完整米粒。

（3）高粱米碎米：通过直径 1.5mm 圆孔筛，留存在直径 1.0mm 圆孔筛上的破碎米粒。

（4）小米碎米：通过直径 1.2mm 圆孔筛，留存在直径 1.0mm 圆孔筛上的破碎米粒。

四、操作步骤

（一）大米小碎米的检验

1. 安装筛选

先由上至下将 2.0mm、1.0mm 筛和筛底套装好，再将试样置于直径 2.0mm 圆孔筛内，盖上筛盖，安装于碎米分离器上进行自动筛选，或将安装好的谷物选筛置于光滑平面上，用双手以约 100r/min 的速度，顺时针及逆时针方向各转动 1min，控制转动范围在选筛直径的基础上扩大 8~10cm，仪器装置见图 2-1。

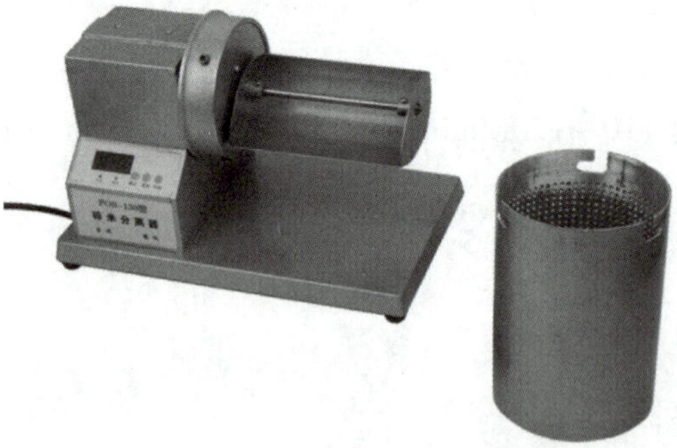

图 2-1　碎米分离器（筛选器）

2. 收集称重

将选筛静置片刻，收集留存在 1.0mm 圆孔筛上的碎米和卡在筛孔中的米粒，称量（m_1），精确至 0.01g。

（二）大米碎米的检验

1. 认识碎米分离器

碎米分离器由主机和分离筒组成。分离筒是该仪器的主要工作部件，分离工作是靠其内表面上密布的袋孔来实现。当某一袋孔处在分离筒的下部附近时，整米和碎米的重心铅垂线都在孔内。当其袋孔转移到一定角度时，整米的重心铅垂线先移出袋孔之外，它就从袋孔中落出来，所以不同长度的米粒是在分离筒的不同部位落出来。短米粒（碎米）能被袋孔带到较高的位置才在重力的作用下落到分离槽中，达到整米与碎米分离的目的。

2. 碎米分离器使用方法

将碎米分离器平放在工作台上，根据米粒的长度大小，选择转筒，清除筒内袋孔中的异物。然后将检验小碎米后留存在 2.0mm 圆孔筛上及卡在筛孔中的米粒倒入碎米分离器，并使米粒均匀铺在分离槽上，再套上转筒，顺时针转动把手，把米粒倒入转筒内。同向转动分离槽到合适的位置，一般水平上10°~20°。然后开仪器进行筛选，分离2min。最后拿出分离槽检测筛出的碎米。

3. 人工挑选

将初步分离出的整米和碎米分别倒入分析盘中，用木棒轻轻敲击分离筒，将残留在分离筒中的米粒并入碎米中，拣出碎米中不小于整米平均长度3/4的米粒并入整米，拣出整米中小于整米平均长度3/4的米粒并入碎米。

4. 称重

将分离出的碎米与大米小碎米检验中检出的小碎米合并称量（m_2），精确至0.01g。

如无碎米分离器，则将2.0mm圆孔筛上的米粒连同卡在筛孔中的米粒倒入分析盘，手工拣出小于整米平均长度3/4的米粒，与大米小碎米检验中检出的小碎米合并称量（m_2），精确至0.01g。

（三）大米碎米的图像处理测定法

打开大米碎米测定仪（本教材不讲解其使用方法），按照使用说明书调整仪器至正常工作状态。取不少于10g（m）的大米样品，按照仪器操作要求进行样品测定，仪器自动分析、计算出大米小碎米率和大米碎米率。

也可待仪器自动判别并分离出大米中大碎米和小碎米后，人工称量小碎米（m_1）和大碎米与小碎米的合并物（m_2），分别计算大米小碎米率和大米碎米率。

（四）小米、高粱米、黍米、稷米中碎米含量的检验

1. 安装筛选

先由上至下将1.5mm（小米为1.2mm）、1.0mm筛和筛底套装好，再将试样置于直径1.5mm圆孔筛（小米为1.2mm）内，盖上筛盖，安装于筛选器上进行自动筛选，或将安装好的谷物选筛置于光滑平面上，用双手以约100r/min的速度，顺时针及逆时针方向各转动1min，控制转动范围在选筛直径的基础上扩大8~10cm。

2. 收集称重

将选筛静置片刻，收集留存在1.0mm圆孔筛上的碎米和卡在筛孔中的米粒，称量（m_3），精确至0.01g。

五、数据记录及处理

1. 大米小碎米率计算

大米小碎米率X_1按式（2-7）计算。

$$X_1 = \frac{m_1}{m} \times 100\% \tag{2-7}$$

式中 X_1——小碎米率，%；

m_1——小碎米质量，g；

m——试样质量，g。

2. 大米碎米率计算

大米碎米率X_2按式（2-8）计算。

$$X_2 = \frac{m_2}{m} \times 100\% \tag{2-8}$$

式中 X_2——碎米率，%；

m_2——碎米质量，g；

m——试样质量，g。

检测结果以双实验结果的平均值表示，保留小数点后一位。双实验结果绝对差不得超过 0.5%。

3. 小米、高粱米、黍米、稷米碎米率计算

小米、高粱米、黍米、稷米碎米率 X_3 按式（2-9）计算。

$$X_3 = \frac{m_3}{m} \times 100\% \tag{2-9}$$

式中 X_3——碎米率，%；

m_3——碎米质量，g；

m——试样质量，g。

检测结果以双实验结果的平均值表示，保留小数点后一位。双实验结果绝对差不得超过 0.5%。

4. 数据处理

碎米的检验原始记录表见表 2-10。

表 2-10　碎米的检验原始记录表

<table>
<tr><td colspan="6">主要仪器：</td><td colspan="3">检测依据：</td></tr>
<tr><td colspan="6">样品名称：</td><td colspan="3">检测日期：</td></tr>
<tr><th>样号</th><th>测定次数</th><th>样品质量 (m)/g</th><th>小碎米质量 (m₁)/g</th><th>小碎米率 (X₁)/%</th><th>小碎米率平均值/%</th><th>碎米质量 (m₂)/g</th><th>碎米率 (X₂)/%</th><th>碎米率平均值/%</th></tr>
<tr><td></td><td></td><td></td><td></td><td></td><td rowspan="2"></td><td></td><td></td><td rowspan="2"></td></tr>
<tr><td></td><td></td><td></td><td></td><td></td><td></td><td></td></tr>
<tr><td colspan="5">校核：</td><td colspan="4">检测：</td></tr>
</table>

任务评价

碎米的检验评分标准见表 2-11。

表 2-11　碎米的检验评分标准

任务内容	评价标准	评分标准/分	评分记录
试样制备	能使用相关设备仪器进行扦样、分样，除去杂质，得到样品	20	
大米小碎米的检验	能选择正确筛层、筛选时间、方式、幅度及转速进行小碎米的检验	30	

续表

任务内容	评价标准	评分标准/分	评分记录
大米碎米的检验	正确操作碎米分离器，结合人工挑选，合并称重；或直接手工挑选小于整米平均长度 3/4 的米粒，合并称重	30	
数据记录	数据记录正确，修改方式正确	10	
数据处理	数据修约及计算过程正确	10	

碎米的检验评价表见表 2-12。

表 2-12　　碎米的检验评价表

<table>
<tr><td rowspan="10">评价</td><td>自我评价</td><td colspan="10"></td><td colspan="2">评分
（满分 10）</td></tr>
<tr><td rowspan="4">组内互评</td><td colspan="2">学号</td><td colspan="2">姓名</td><td colspan="2">评分
（满分 20）</td><td colspan="2">学号</td><td colspan="2">姓名</td><td colspan="2">评分
（满分 20）</td></tr>
<tr><td colspan="2">1 号</td><td colspan="2"></td><td colspan="2"></td><td colspan="2">2 号</td><td colspan="2"></td><td colspan="2"></td></tr>
<tr><td colspan="2">3 号</td><td colspan="2"></td><td colspan="2"></td><td colspan="2">4 号</td><td colspan="2"></td><td colspan="2"></td></tr>
<tr><td colspan="2">5 号</td><td colspan="2"></td><td colspan="2"></td><td colspan="2"></td><td colspan="2"></td><td colspan="2"></td></tr>
<tr><td rowspan="3">小组互评
（除自己组以外）</td><td colspan="3">组号</td><td colspan="3">评分
（满分 20）</td><td colspan="3">组号</td><td colspan="3">评分
（满分 20）</td></tr>
<tr><td colspan="3">________组</td><td colspan="3"></td><td colspan="3">________组</td><td colspan="3"></td></tr>
<tr><td colspan="3">________组</td><td colspan="3"></td><td colspan="3">________组</td><td colspan="3"></td></tr>
<tr><td rowspan="2">教师评价</td><td colspan="10" rowspan="2"></td><td colspan="2">评分
（满分 50）</td></tr>
<tr><td colspan="2"></td></tr>
</table>

问题思考

1. 为什么要用四分法进行检验样品的筛选？可以用钟鼎分样器吗？
2. 检验大米大碎米和小碎米分别采用直径多少的圆孔筛？
3. 碎米分离器的原理是什么？

任务四 大米黄粒米的检验

学习目标

❖ 知识目标

1. 了解黄粒米的概念及引起黄粒米形成的原因。
2. 了解黄粒米对稻谷品质的影响。

❖ 能力目标

掌握稻谷质量标准中规定的黄粒米指标要求及黄粒米的检验技术。

❖ 素质目标

1. 粮食检验是保障国家粮食安全的重要环节之一。通过粮食物理检验的学习，深刻认识到自己的责任和使命。

2. “工欲善其事，必先利其器”，粮食物理检验需要认真仔细地操作，保证实验结果的准确性。同时，还要保持严谨的态度，确保实验数据的可靠性和科学性。

任务描述

黄粒米是指胚乳呈黄色，与正常米粒色泽明显不同、与大米颜色黄度指数标准样品颜色一致或更深的米粒。

以人工挑选的方法，在检验碎米同时拣出黄粒米，称量计算。也可根据黄粒米与正常米粒颜色的差异以及与大米颜色黄度指数标准样品颜色一致性，采用图像采集和图像分析技术，结合人工辅助，自动判定黄粒米，并计算黄粒米占测定试样的质量分数。

知识准备

黄粒米的形成主要是因为在收获季节，稻谷不能及时脱粒干燥，带穗堆垛，湿谷在通风不良情况下储藏，微生物繁殖，堆垛发热，稻谷受本身内源酶或微生物酶的作用使胚乳呈黄色。稻谷在储藏、运输过程中，入仓水分高也是产生黄粒米的主要原因。稻米变黄后，营养价值降低，食用品质较差，严重的发芽率丧失，而且影响商品外观价值。此外，黄粒米粒面可溶性物质较正常米粒丰富，提供了霉菌生长繁殖所需营养源，在同等条件下，高水分黄粒米比正常稻米易受黄曲霉侵染，黄曲霉污染快，产毒量高。因此，在我国稻谷、大米质量标准中黄粒米限度为 1.0%，优质稻谷质量标准中黄粒米限度为 0.5%。执行标准为 GB/T 5496—1985《粮食、油料检验　黄粒米及裂纹粒检验法》和 GB/T 35881—2018《粮油检验　稻谷黄粒米含量测定　图像分析法》。大米黄粒米的检验操作流程见表 2-13。

表 2-13　　大米黄粒米的检验操作流程

序号	步骤	操作内容
1	称样	以四分法分取试样约 50g
2	检验黄粒米	按照人工挑选或者图像分析法，进行挑选黄粒米

任务实施

一、准备工作

仪器和用具准备如下。

（1）分样器或分样板。

（2）天平：分度值 0.01g。

（3）谷物选筛：直径 2.0mm 圆孔筛。

（4）分析盘、镊子等。

（5）大米外观品质检测仪：具有图像采集和图像分析功能，能自动检测、计算并显示黄粒米的含量；大米颜色黄度指数标准样品的黄度指数 Y_m 重复性检测误差应小于 0.5（仪器颜色误差检测方法见 GB/T 35881—2018 附录 A）。黄粒米检测结果与 GB/T 5496—1985 测定值误差小于 0.3%。

二、试样制备

试样的扦样、分样按 GB/T 5491—1985 执行。

三、操作步骤

（一）人工挑选

分取大米试样 m 约 50g 或在检验碎米的同时，按规定拣出黄粒米（小碎米中不检验黄粒米），称重 m_1。

（二）图像分析法

1. 试样制备

直接分取 2 个样品，每个样品约 50g，待测。

2. 样品检验

按仪器说明书安装、调试好仪器，并按照说明书操作要求，将待测样品分别放置于大米外观品质检测仪的扫描底板中，轻微晃动致米粒平摊散开而不重叠。每次样品量不超过 15g，启动检测，仪器分次测定，自动累加计算得到每个样品的黄粒米含量。如果对检测结果存疑，可按照说明书操作要求，进行人工辅助判定。

四、数据记录与处理

1. 人工挑选结果计算

大米黄粒米含量按式（2-10）计算。

$$H = \frac{m_1}{m} \times 100 \quad (2-10)$$

式中 H——黄粒米含量，%；

m_1——黄粒米质量，g；

m——大米试样质量，g。

双实验结果允许差不超过 0.3%，求其平均数即为检测结果，检测结果取小数点后一位。

2. 图像分析法结果计算

两份样品检测结果误差满足重复性的要求时，取平均值作为实验结果，计算结果保留小数点后一位。

①重复性。

在同一实验室，由同一操作者使用同一仪器设备，按相同的检测方法，在短时间内对同一试样进行的两次独立检测结果的绝对差值，在黄粒米含量小于2%时，绝对差值应不大于0.3%。在黄粒米含量大于或等于2%时，绝对差值应不大于0.5%。若黄粒米含量绝对差值不满足重复性要求，应重复以上检测。

②再现性。

在不同实验室，由不同操作者使用不同设备，按相同的测定方法，对同一试样进行两次独立检测，获得的两次独立检测结果的绝对差值，在黄粒米含量小于2%时，绝对差值应不大于0.3%。在黄粒米含量大于或等于2%时，绝对差值应不大于0.5%。

3. 数据处理

大米黄粒米的检验原始记录表见表2-14。

表2-14　　大米黄粒米的检验原始记录表

样品名称	样品状态	检测方法依据	检测仪器		环境状况	检测地点	检测日期	备注
			名称	编号				
					温度：____℃ 相对湿度：____%		____年 __月__日	

样品	1	2	计算公式
大米试样质量（m）/g			$H = \frac{m_1}{m} \times 100$
黄粒米质量（m_1）/g			
数据处理			
结论	该大米样品黄粒米含量为______%		

任务评价

大米黄粒米的检验评分标准见表2-15。

表2-15　　大米黄粒米的检验评分标准

任务内容	评价标准	评分标准/分	评分记录
称样	四分法分样规范，试样量准确	30	
黄粒米检验	根据标准挑选正确	40	
数据记录及处理	数据记录及时正确，修约方式符合要求	15	
结论	结论表述准确	15	

大米黄粒米的检验评价表见表 2-16。

表 2-16　　大米黄粒米的检验评价表

<table>
<tr><td rowspan="12">评价</td><td>自我评价</td><td colspan="10"></td><td colspan="2">评分
（满分 10）</td></tr>
<tr><td rowspan="4">组内互评</td><td colspan="2">学号</td><td colspan="2">姓名</td><td colspan="2">评分
（满分 20）</td><td colspan="2">学号</td><td colspan="2">姓名</td><td colspan="2">评分
（满分 20）</td></tr>
<tr><td colspan="2">1 号</td><td colspan="2"></td><td colspan="2"></td><td colspan="2">2 号</td><td colspan="2"></td><td colspan="2"></td></tr>
<tr><td colspan="2">3 号</td><td colspan="2"></td><td colspan="2"></td><td colspan="2">4 号</td><td colspan="2"></td><td colspan="2"></td></tr>
<tr><td colspan="2">5 号</td><td colspan="2"></td><td colspan="2"></td><td colspan="2"></td><td colspan="2"></td><td colspan="2"></td></tr>
<tr><td rowspan="3">小组互评
（除自己组以外）</td><td colspan="3">组号</td><td colspan="3">评分
（满分 20）</td><td colspan="3">组号</td><td colspan="3">评分
（满分 20）</td></tr>
<tr><td colspan="3">________组</td><td colspan="3"></td><td colspan="3">________组</td><td colspan="3"></td></tr>
<tr><td colspan="3">________组</td><td colspan="3"></td><td colspan="3">________组</td><td colspan="3"></td></tr>
<tr><td rowspan="2">教师评价</td><td colspan="10" rowspan="2"></td><td colspan="2">评分
（满分 50）</td></tr>
<tr><td colspan="2"></td></tr>
</table>

问题思考

1. 本任务中图像分析法的原理是什么？
2. 黄粒米形成的原因是什么？对大米质量有哪些影响？
3. 大米黄粒米检验和稻谷黄粒米检验有什么区别？

思政案例：
大国工匠

任务五　大米色泽、气味、口味的鉴定

学习目标

❖ 知识目标

1. 了解大米色泽、气味、口味鉴定的方法。
2. 了解大米色泽、气味、口味鉴定的相关标准。

❖ 能力目标

1. 掌握大米色泽、气味、口味鉴定的操作方法。
2. 能够按照标准完成大米色泽、气味、口味鉴定的工作。
3. 能够独立完成检验数据填报工作。

❖ 素质目标

1. 树立“粮食安全无小事”的观念，在鉴定工作中自觉培养严谨细致的作风，以严之又严、慎之又慎、细之又细的态度为标尺衡量工作。

2. 严格依据国家标准进行相关项目的测定，实事求是，确保检验结果准确，深刻认识粮食检验技术人员的敬业精神，精通本专业的业务，努力成为本专业的行家里手、能工巧匠。

任务描述

色泽、气味、口味的鉴定是借助检验者的感觉器官和实践经验对大米的色、香、味、形和口感的优劣进行评定，是一种感官检验方法。正常的大米具有固有的色泽、气味和口味，通过色、气、味、形和口感的鉴定，可以初步判断大米的新陈度和有无异常变化。

知识准备

大米质量感官鉴别方法，主要是依靠人的视觉、嗅觉、味觉、触觉等来鉴别粮食及制品的外观形态、色泽、气味、口味等，并以此判定质量等级。它不仅能观察粮食及制品宏观变化，还可以察觉质量的微观变化，是简便、易行、快速、准确的鉴别和评价方法。

眼睛观察可感知谷类颗粒的饱满程度、是否完整均匀、质地的紧密与疏松程度以及其本身固有的正常色泽，并且可以看到有无霉变、虫蛀、杂物、结块等异常现象。

鼻嗅和口尝则能够体会到谷物的气味和口味是否正常，有无异臭异味。其中，注重观察其外观与色泽在对粮食作感官鉴别时有着尤其重要的意义。

通过感官检测，可以快速鉴别粮食质量的优劣。大米色泽、气味、口味的鉴定操作流程见表2-17。

表 2-17　大米色泽、气味、口味的鉴定操作流程

序号	步骤	操作内容
1	色泽鉴定	分取大米试样，在散射光线下仔细观察其色泽，并与参照样品进行对照
2	气味鉴定	分取样品，提高试样的温度后，立即嗅其气味
3	口味鉴定	加工成熟食品，品尝其口味

任务实施

一、准备工作

1. 仪器和用具

（1）天平：分度值1g。

（2）谷物选筛。

（3）贴有黑纸的平板（20cm×40cm）。

（4）广口瓶。

（5）水浴锅。

2. 环境和实验室

环境应符合 GB/T 10220—2012《感官分析　方法学　总论》、GB/T 22505—2008《粮油检验　感官检验环境照明》，实验室应符合 GB/T 13868—2009《感官分析　建立感官分析实验室的一般导则》。

二、试样制备

试样的扦样、分样按 GB/T 5491—1985 执行。样品应除去杂质。

三、操作步骤

1. 色泽鉴定

（1）分取 20~50g 大米试样放在手掌中，均匀地摊平，在散射光线下仔细观察其色泽，并与参照样品进行对照，鉴定结果除用“正常”或“不正常”表示外，对“不正常”的应加以说明。

（2）对色泽不易鉴定的样品，取 100~150g 在黑色平板上均匀地摊成 15cm×20cm 薄层，在散射光线下仔细观察样品的整体颜色和光泽。

2. 气味鉴定

（1）分取 20~50g 样品放在手掌中，用哈气或摩擦的方法提高试样的温度后，立即嗅其气味。

（2）对气味不易鉴定的样品，分取 20g 试样放入广口瓶中，置于盛有 60~70℃ 温水的水浴锅中，盖上瓶塞，样品保温 8~10min，开盖嗅辨气味。

3. 口味鉴定

（1）大米的口味鉴定一般需加工成熟食品，品尝其口味是否正常。

（2）大米可按 GB/T 20569—2006 中附录 B 执行。

四、数据记录与处理

1. 结果表示

（1）大米的色泽、气味鉴定结果以“正常”或“不正常”表示，对“不正常”的应加以说明。

（2）大米口味鉴定结果以“正常”或“不正常”表示。品尝评分值不低于 60 分的为“正常”，低于 60 分的为“不正常”，对“不正常”的应加以说明。

2. 数据处理

大米色泽、气味、口味的鉴定原始记录表见表 2-18。

表 2-18　　　　大米色泽、气味、口味的鉴定原始记录表

共____页　第____页

<table>
<tr><th colspan="2" rowspan="2">样品名称</th><th rowspan="2">样品状态</th><th rowspan="2">检测方法依据</th><th colspan="3">检测仪器</th><th rowspan="2">环境状况</th><th rowspan="2">检测地点</th><th rowspan="2">检测日期</th><th rowspan="2">备注</th></tr>
<tr><th>名称</th><th>编号</th><th>有效期</th></tr>
<tr><td colspan="2"></td><td></td><td></td><td></td><td></td><td></td><td>温度：____℃
相对湿度：____%</td><td></td><td>____年
__月__日</td><td></td></tr>
<tr><th>样品编号</th><th>实验次数</th><th>样品质量（m）/g</th><th colspan="2">色泽</th><th colspan="3">气味</th><th colspan="3">口味</th></tr>
<tr><td rowspan="2"></td><td></td><td></td><td colspan="2"></td><td colspan="3"></td><td colspan="3"></td></tr>
<tr><td></td><td></td><td colspan="2"></td><td colspan="3"></td><td colspan="3"></td></tr>
<tr><td rowspan="2"></td><td></td><td></td><td colspan="2"></td><td colspan="3"></td><td colspan="3"></td></tr>
<tr><td></td><td></td><td colspan="2"></td><td colspan="3"></td><td colspan="3"></td></tr>
<tr><td rowspan="2"></td><td></td><td></td><td colspan="2"></td><td colspan="3"></td><td colspan="3"></td></tr>
<tr><td></td><td></td><td colspan="2"></td><td colspan="3"></td><td colspan="3"></td></tr>
<tr><td rowspan="2"></td><td></td><td></td><td colspan="2"></td><td colspan="3"></td><td colspan="3"></td></tr>
<tr><td></td><td></td><td colspan="2"></td><td colspan="3"></td><td colspan="3"></td></tr>
<tr><td rowspan="2"></td><td></td><td></td><td colspan="2"></td><td colspan="3"></td><td colspan="3"></td></tr>
<tr><td></td><td></td><td colspan="2"></td><td colspan="3"></td><td colspan="3"></td></tr>
</table>

校核　　　　　　　　　　　　　　　　　　　　　　　　检测

任务评价

大米色泽、气味、口味的鉴定评分标准见表 2-19。

表 2-19　　　　大米色泽、气味、口味的鉴定评分标准

任务内容	评价标准	评分标准/分	评分记录
准备	能够准备正确的检测样品	10	
制备	正确制备待测样品	10	
色泽	正确鉴定大米的色泽	20	
气味	正确鉴定大米的气味	20	
口味	正确鉴定大米的口味	20	
结果	正确记录结果	20	

大米色泽、气味、口味的鉴定评价表见表 2-20。

表 2-20　　大米色泽、气味、口味的鉴定评价表

<table>
<tr><td rowspan="10">评价</td><td>自我评价</td><td colspan="10"></td><td colspan="2">评分
（满分 10）</td></tr>
<tr><td rowspan="4">组内互评</td><td colspan="2">学号</td><td colspan="2">姓名</td><td colspan="2">评分
（满分 20）</td><td colspan="2">学号</td><td colspan="2">姓名</td><td colspan="2">评分
（满分 20）</td></tr>
<tr><td colspan="2">1 号</td><td colspan="2"></td><td colspan="2"></td><td colspan="2">2 号</td><td colspan="2"></td><td colspan="2"></td></tr>
<tr><td colspan="2">3 号</td><td colspan="2"></td><td colspan="2"></td><td colspan="2">4 号</td><td colspan="2"></td><td colspan="2"></td></tr>
<tr><td colspan="2">5 号</td><td colspan="2"></td><td colspan="2"></td><td colspan="2"></td><td colspan="2"></td><td colspan="2"></td></tr>
<tr><td rowspan="3">小组互评
（除自己组以外）</td><td colspan="3">组号</td><td colspan="3">评分
（满分 20）</td><td colspan="3">组号</td><td colspan="3">评分
（满分 20）</td></tr>
<tr><td colspan="3">________组</td><td colspan="3"></td><td colspan="3">________组</td><td colspan="3"></td></tr>
<tr><td colspan="3">________组</td><td colspan="3"></td><td colspan="3">________组</td><td colspan="3"></td></tr>
<tr><td rowspan="2">教师评价</td><td colspan="10" rowspan="2"></td><td colspan="2">评分
（满分 50）</td></tr>
<tr><td colspan="2"></td></tr>
</table>

问题思考

1. 为什么样品要在散射光线下观察？
2. 为什么要提高试样的温度后，嗅其气味？
3. 大米的色泽、气味、口味鉴定结果不正常，可能会引起哪些后果？

任务六　直链淀粉含量的检测

学习目标

❖ 知识目标

1. 了解直链淀粉含量检测的意义、方法。
2. 了解直链淀粉含量检测的相关标准。

❖ 能力目标

1. 掌握分光光度计的使用和维护。
2. 掌握分光光度法检测大米直链淀粉含量的原理及操作技能。
3. 能够独立完成大米直链淀粉含量的检测。

❖ 素质目标

1. 养成勤于学习、善于学习、乐于学习的好习惯，做到学有所得、思有所悟。
2. 深刻理解“即使做一颗螺丝钉也要做到最好”是粮食行业从业者精益求精、追求极致的职业品质。

任务描述

淀粉由直链淀粉和支链淀粉所组成。稻米淀粉与其他谷物淀粉一样，也是由直链淀粉与支链淀粉组成。在生活中籼米、糯米和粳米的口感就不一样，大米中直链淀粉含量是影响大米食用品质的关键因子。

籼米直链淀粉含量一般较高，为17.2%~28.5%，糯米几乎不含直链淀粉，直链淀粉含量为0%~2%，粳米介于两者之间，一般为8.7%~17.2%。大米食用与蒸煮品质、黏性、硬度、蒸煮时的吸水量、蒸煮时间、米饭体积等，在很大程度上取决于大米中直链淀粉与支链淀粉两组分的含量变化，以及直链淀粉相对分子质量的大小。当大米中直链淀粉含量低于2%时，这种大米呈糯性，蒸煮时米饭很黏；直链淀粉含量在12%~19%的大米，蒸煮时吸水率低，蒸煮的米饭柔软，黏性较大，涨性小，冷却后仍能维持柔软的质地，食味品质良好；直链淀粉含量在20%~24%的大米，蒸煮时吸水率高，体积膨胀率大，糊化温度高，米饭膨松、较硬、冷却后变硬；直链淀粉含量在25%以上的大米，蒸煮时米饭膨松，硬，黏性差，冷却米饭变得更硬。

知识准备

目前，测定粮食中直链淀粉含量的标准主要是GB/T 15683—2008（ISO 6647-1：2007）《大米　直链淀粉含量的测定》。大米中直链淀粉含量是用于评定稻米食用、蒸煮品质，以及深加工品质的主要理化指标之一。淀粉与碘形成碘-淀粉复合物，并具有特殊的颜色反应。淀粉空间结构的不同，表现在对碘的范德瓦耳斯力不同，直链淀粉与碘作用，一般形成蓝色复合体。支链淀粉与碘作用，一般形成紫红-红棕色复合体。在淀粉总量不变条件下，将两种淀粉液按不同比例混合，在一定波长和酸度条件下与碘作用，生成紫红到深蓝一系列颜色，代表其不同直链淀粉含量比例，根据吸光度与直链淀粉浓度呈线性关系，可用分光光度计测定。

直链淀粉测定主要是将大米粉碎至细粉以破坏淀粉的胚乳结构，使其易于完全分散及糊化，并对粉碎试样脱脂，脱脂后的试样分散在氢氧化钠溶液中，向一定量的试样分散液中加入碘试剂，然后使用分光光度计于720nm处测定显色复合物的吸光度。考虑到支链淀粉对试样中碘-直链淀粉复合物的影响，利用马铃薯直链淀粉与支链淀粉的混合物制作校正曲线，从校正曲线上读取试样中直链淀粉含量。直链淀粉含量的检测操作流程见表2-21。

表2-21　直链淀粉含量的检测操作流程

序号	步骤	操作内容
1	准备	取至少10g精米，用旋风磨粉碎成粉末，并通过规定的筛网，采用甲醇回流抽提脱脂
2	样品溶液	称取100mg±0.5mg试样于100mL锥形瓶中，小心加入1.0mL乙醇溶液到试样中，将粘在瓶壁上的试样冲下，移取9.0mL 1.0mol/L氢氧化钠溶液，并轻摇匀，随后将混合物在沸水浴中加热10min以分散淀粉

续表

序号	步骤	操作内容
3	空白溶液	使用 5.0mL 0.09mol/L 氢氧化钠溶液替代样品制备空白溶液
4	校正曲线	绘制校正曲线，测定样品溶液直链淀粉含量

任务实施

一、准备工作

1. 仪器和用具

（1）实验室捣碎机。

（2）粉碎机：可将大米粉碎并通过 150~180μm（80~100 目）筛，推荐使用配置 0.5mm 筛片的旋风磨。

（3）筛子：150~180μm（80~100 目）筛。

（4）分光光度计：具有 1cm 比色皿，可在 720nm 处测量吸光度。

（5）抽提器：能采用甲醇回流抽提样品，速度为 5~6 滴/s。

（6）容量瓶：100mL。

（7）水浴锅。

（8）锥形瓶：100mL。

（9）分析天平：分度值 0.0001g。

（10）盘子或培养皿。

2. 试剂

（1）85%甲醇溶液。

（2）95%乙醇溶液。

（3）1.0mol/L 氢氧化钠溶液。

（4）0.09mol/L 氢氧化钠溶液。

（5）1mol/L 乙酸溶液。

（6）脱蛋白溶液。

①20g/L 十二烷基磺酸钠溶液：使用前加亚硫酸钠至浓度为 2g/L。

②3g/L 氢氧化钠溶液。

（7）1.0mol/L 乙酸溶液。

（8）碘试剂：用具盖称量瓶称取 2.000g±0.005g 碘化钾，加适量的水以形成饱和溶液，加入 0.200g±0.001g 碘，碘全部溶解后将溶液定量移至 100mL 容量瓶中，加蒸馏水至刻度，摇匀。现用现配，避光保存。

（9）马铃薯直链淀粉标准溶液：不含支链淀粉，浓度为 1mg/mL。

①用甲醇对马铃薯淀粉进行脱脂，以 5~6 滴/s 的速度回流捕风抽提 4~6h。

马铃薯直链淀粉应很纯，应经过安培滴定或电位滴定测试。有些市售的马铃薯直链淀粉纯度不高，将可能给出不正确的高的直链淀粉含量结果。纯度直链淀粉应能够结合不少于其自身质量的19%~20%的碘。

②将脱脂后的直链淀粉放在一个适当的盘子或培养皿上铺开，放置2天，以使残余的甲醇挥发并达到水分平衡。支链淀粉和试样按同样的方法处理。

③称取100mg±0.5mg经脱脂及水分平衡后的直链淀粉于100mL锥形瓶中，小心加入1.0mL乙醇，将粘在瓶壁上的直链淀粉冲下，加入9.0mL 1mol/L氢氧化钠溶液，轻摇使直链淀粉完全分散开。随后将混合物在沸水浴中加热10min以分散马铃薯直链淀粉，分散后取出冷却到室温，转移至100mL容量瓶，加水至刻度，剧烈摇匀。1mL此标准分散液含1mg直链淀粉。

当测样品时，直链淀粉和支链淀粉在相同的条件下进行水分平衡，则不需要进行水分校正，获得检测结果为大米干基结果。如果待测样品和标准样品不是在相同的条件下制备的，则样品和标准品的水分都要依据GB 5009.3—2016进行水分检测，结果也应相应校正。

（10）支链淀粉标准溶液：浓度为1mg/mL。

备好支链淀粉含量99%（质量分数）以上的糯性（蜡质）米粉。将糯米浸泡后用捣碎机将其捣成微细分散状。使用脱蛋白溶液彻底去掉蛋白质，洗涤，然后用甲醇进行回流抽提脱脂，将脱脂后的支链淀粉平铺在盘子或培养皿上，放置2天，以使残余的甲醇挥发并达到水分平衡。

称取100mg±0.5mg经脱脂及水分平衡后的支链淀粉于100mL锥形瓶中，小心加入1.0mL乙醇，将粘在瓶壁上的支链淀粉冲下，加入9.0mL 1mol/L氢氧化钠溶液，轻摇使支链淀粉完全分散开。随后将混合物在沸水浴中加热10min以分散支链淀粉，分散后取出冷却到室温，转移至100mL容量瓶，加水至刻度，剧烈摇匀。1mL支链淀粉标准溶液含1mg支链淀粉。支链淀粉的碘结合度应该少于0.2%。

二、试样制备

取至少10g精米，用旋风磨粉碎成粉末，并通过规定的筛网。按直链淀粉标准溶液制备的方法，采用甲醇回流抽提脱脂。脱脂后将试样在盘子或培养皿上铺成一薄层，放置2天，以挥发残余的甲醇，并平衡水分。

脂类物质会和碘争夺直链淀粉形成复合物，对米粉脱脂后可获得较高的直链淀粉含量结果，使用甲醇时在通风橱中进行操作，保障安全。试样的制备好后就可以进行实验，同时做平行实验和空白实验来避免偶然误差。

三、操作步骤

（一）样品溶液的制备

称取100mg±0.5mg试样于100mL锥形瓶中，小心加入1.0mL乙醇溶液到试样中，将粘在瓶壁上的试样冲下，移取9.0mL 1.0mol/L氢氧化钠溶液，并轻摇匀，随后将混合物在沸水浴中加热10min以分散淀粉。取出冷却到室温，转移至100mL容量瓶，加水至刻度并剧烈摇匀。

（二）空白溶液的制备

采用与制备样品溶液时相同的操作步骤及试剂，但使用 5.0mL 0.09mol/L 氢氧化钠溶液替代样品制备空白溶液。

（三）校正曲线的绘制

1. 系列标准溶液的制备

按照表 2-22 混合配制直链淀粉与支链淀粉分散液及 0.09mol/L 氢氧化钠溶液的混合液。

表 2-22　　直链淀粉含量检测的系列标准溶液

大米直链淀粉含量（干基）/%	马铃薯直链淀粉标准溶液/mL	支链淀粉标准溶液/mL	0.09mol/L 氢氧化钠溶液/mL
0	0.0	18.0	2.0
10.0	2.0	16.0	2.0
20.0	4.0	14.0	2.0
25.0	5.0	13.0	2.0
30.0	6.0	12.0	2.0
35.0	7.0	11.0	2.0

注：数据是在平均淀粉含量为 90% 的大米干基基础上计算所得。

2. 显色和吸光度的检测

准确移取 5.0mL 系列标准溶液到预先加入大约 50mL 水的 100mL 容量瓶中，加 1.0mL 乙酸溶液，摇匀，再加入 2.0mL 碘试剂，加水至刻度，摇匀，静置 10min。

分光光度计用空白溶液调零，在 720nm 处测定系列标准溶液的吸光度。

3. 绘制校正曲线

以吸光度为纵坐标，直链淀粉含量为横坐标，绘制校正曲线。直链淀粉含量以大米干基质量分数表示。

4. 样品溶液测定

准确移取 5.0mL 样品溶液加入预先加入大约 50mL 水的 100mL 容量瓶中，加 1.0mL 乙酸溶液，摇匀，再加入 2.0mL 碘试剂，加水至刻度，摇匀静置 10min。用空白溶液调零，在 720nm 处测定样品溶液的吸光度。每一样品溶液应做两份平行实验。

实验时，检查分光光度计，并用空白溶液调零，不可手触比色皿，将测定误差尽量缩小。由于脂类物质会和碘争夺直链淀粉形成复合物，所以直链淀粉和支链淀粉标准曲线的测定应先把淀粉脱脂。

四、数据记录与处理

1. 数据计算

参照校正曲线的吸光度值得到测试结果。直链淀粉含量表示为干基质量分数。以两次检测结果的算术平均值为检测结果。

2. 数据处理

直链淀粉含量的检测原始记录表见表2-23。

表 2-23　　直链淀粉含量的检测原始记录表

<table>
<tr><th rowspan="2">样品名称</th><th rowspan="2">样品状态</th><th rowspan="2">检测方法依据</th><th colspan="3">检测仪器</th><th rowspan="2">环境状况</th><th rowspan="2">检测地点</th><th rowspan="2">检测日期</th><th rowspan="2">备注</th></tr>
<tr><th>名称</th><th>编号</th><th>有效期</th></tr>
<tr><td></td><td></td><td></td><td></td><td></td><td></td><td>温度：____℃
相对湿度：____%</td><td></td><td>____年
__月__日</td><td></td></tr>
</table>

<table>
<tr><th>样品编号</th><th>实验次数</th><th>样品质量(m)/g</th><th>吸光度(A)</th><th>从校正曲线上查得直链淀粉含量(X)/%</th><th>平均值/%</th><th>修约值/%</th><th>平行允差/%</th><th>实测差/%</th></tr>
<tr><td rowspan="2"></td><td></td><td></td><td></td><td></td><td rowspan="2"></td><td rowspan="2"></td><td rowspan="2"></td><td rowspan="2"></td></tr>
<tr><td></td><td></td><td></td><td></td></tr>
<tr><td rowspan="2"></td><td></td><td></td><td></td><td></td><td rowspan="2"></td><td rowspan="2"></td><td rowspan="2"></td><td rowspan="2"></td></tr>
<tr><td></td><td></td><td></td><td></td></tr>
<tr><td rowspan="2"></td><td></td><td></td><td></td><td></td><td rowspan="2"></td><td rowspan="2"></td><td rowspan="2"></td><td rowspan="2"></td></tr>
<tr><td></td><td></td><td></td><td></td></tr>
<tr><td rowspan="2"></td><td></td><td></td><td></td><td></td><td rowspan="2"></td><td rowspan="2"></td><td rowspan="2"></td><td rowspan="2"></td></tr>
<tr><td></td><td></td><td></td><td></td></tr>
<tr><td rowspan="2"></td><td></td><td></td><td></td><td></td><td rowspan="2"></td><td rowspan="2"></td><td rowspan="2"></td><td rowspan="2"></td></tr>
<tr><td></td><td></td><td></td><td></td></tr>
<tr><td rowspan="2"></td><td></td><td></td><td></td><td></td><td rowspan="2"></td><td rowspan="2"></td><td rowspan="2"></td><td rowspan="2"></td></tr>
<tr><td></td><td></td><td></td><td></td></tr>
<tr><td rowspan="2"></td><td></td><td></td><td></td><td></td><td rowspan="2"></td><td rowspan="2"></td><td rowspan="2"></td><td rowspan="2"></td></tr>
<tr><td></td><td></td><td></td><td></td></tr>
</table>

校核：　　　　　　　　　　　　　　　　　　　　　　　　检测：

任务评价

直链淀粉含量的检测评分标准见表2-24。

表 2-24　　直链淀粉含量的检测评分标准

任务内容	评价标准	评分标准/分	评分记录
准备	能够准备正确的检测样品	10	
制备	正确制备待测样品	20	
空白	正确制备空白溶液	10	
绘制	正确绘制校正曲线	20	

续表

任务内容	评价标准	评分标准/分	评分记录
测定	正确操作分光光度计，测定吸光度	20	
结果计算	正确计算结果	20	

直链淀粉含量的检测评价表见表 2-25。

表 2-25　　直链淀粉含量的检测评价表

<table>
<tr><td rowspan="12">评价</td><td>自我评价</td><td colspan="5"></td><td>评分
（满分 10）</td></tr>
<tr><td rowspan="4">组内互评</td><td>学号</td><td>姓名</td><td>评分
（满分 20）</td><td>学号</td><td>姓名</td><td>评分
（满分 20）</td></tr>
<tr><td>1 号</td><td></td><td></td><td>2 号</td><td></td><td></td></tr>
<tr><td>3 号</td><td></td><td></td><td>4 号</td><td></td><td></td></tr>
<tr><td>5 号</td><td></td><td></td><td></td><td></td><td></td></tr>
<tr><td rowspan="3">小组互评
（除自己组以外）</td><td colspan="2">组号</td><td>评分
（满分 20）</td><td colspan="2">组号</td><td>评分
（满分 20）</td></tr>
<tr><td colspan="2">________组</td><td></td><td colspan="2">________组</td><td></td></tr>
<tr><td colspan="2">________组</td><td></td><td colspan="2">________组</td><td></td></tr>
<tr><td rowspan="2">教师评价</td><td colspan="5" rowspan="2"></td><td>评分
（满分 50）</td></tr>
<tr><td></td></tr>
</table>

问题思考

1. 为什么要将混合物在沸水中加热，然后冷却至室温？
2. 为什么要绘制校正曲线？
3. 测定前为什么要进行脱脂操作？

思政案例：
全国人大代表尚金锁——端好“中国碗”

任务七　稻谷脂肪酸值的检测

学习目标

❖ 知识目标

1. 了解乙醇浸出法检测稻谷脂肪酸值的意义、方法。
2. 了解乙醇浸出法检测稻谷脂肪酸值的相关标准。

❖ 能力目标

1. 掌握实验砻谷机、粉碎机、电动选筛等设备的使用和维护方法。
2. 掌握乙醇浸出法脂肪酸值检测的原理及操作技能。

3. 能够独立完成乙醇浸出法脂肪酸值的检测。

❖ 素质目标

1. 深刻认识到工作应注重细节、一丝不苟，在平凡的岗位上，追求职业技能的完美和极致。

2. 理解脂肪酸值的重要性，做坚定的“舌尖上的安全”守卫者。认识到要自觉遵守检测规则，不能盲目操作。

任务描述

脂肪酸值是衡量游离脂肪酸含量的指标。游离脂肪酸的产生是脂肪酸值变化的根本原因。天然植物中含有很大比例的油脂。完整的糙米不易酸败，但组织破坏的脂肪酸值是反映粮食品质变化的灵敏指标，是判定粮食品质的重要依据。生米糠及白米易氧化。因此破碎的稻谷和谷外糙米也是导致脂肪酸值上升的重要原因。稻谷中的脂肪酸值会随着存储条件及外部环境的变化而变化。通过科学测定稻谷中的脂肪酸值，分析影响稻谷脂肪酸值变化的因素，对于合理存储稻谷，保证稻谷的品质等具有关键性的作用。在脂肪酸值的检测过程中，检测设备、检测环境等，也会影响测定的科学性与准确性。

知识准备

稻谷中含有一定的脂肪，而这些脂肪中的脂肪酸，特别是不饱和脂肪酸，很容易在外界因素的影响下发生氧化及水解反应，因而引起酸败，氧化可能产生低碳链的酸，水解产物便有游离脂肪酸。稻谷在储藏期间，尤其在稻谷含水量和温度较高的情况下，脂肪容易水解，使游离脂肪酸含量显著增加。因此，通过脂肪酸价的检测，可以判断粮食品质的变化情况。本节介绍 GB/T 20569—2006《稻谷储存品质判定规则》中脂肪酸值的检测方法。

粮食、油料中的游离脂肪酸的多少，用脂肪酸值来表示。其检测结果以中和 100g 粮食试样中游离脂肪酸所需氢氧化钾的质量（以毫克计）表示。

在室温下用无水乙醇提取试样中的脂肪酸，用标准氢氧化钾溶液滴定，计算脂肪酸值。稻谷脂肪酸值的检测操作流程见表 2-26。

表 2-26 稻谷脂肪酸值的检测操作流程

序号	步骤	操作内容
1	制备	称取制备好的样品约 10g，于 250mL 具塞锥形瓶中，并用移液管加入 50.0mL 无水乙醇，置于往返式振荡器上振摇 10min，振荡频率 100 次/min，静置 1~2min，在玻璃漏斗中放入折叠滤纸过滤
2	测定	滴加 3~4 滴酚酞-乙醇指示剂后，用氢氧化钾标准滴定溶液滴定至呈微红色，30s 不消褪为止
3	空白实验	用移液管移取 25.0mL 无水乙醇于 150mL 锥形瓶中，加 50mL 不含 CO_2 的蒸馏水，滴加 3~4 滴酚酞-乙醇指示剂，用氢氧化钾标准滴定溶液滴定至呈微红色，30s 不消褪为止

任务实施

一、准备工作

1. 仪器和用具

（1）具塞锥形瓶：250mL。

（2）移液管：50.0mL、25.0mL。

（3）微量滴定管：5mL，最小刻度为0.02mL。

（4）天平：感量为0.01g。

（5）振荡器：往返式，振荡频率为100次/min。

（6）实验砻谷机。

（7）粉碎机：锤式旋风磨，具有风门可调和自清理功能，以避免样品残留和出样管堵塞。在粉碎样品时，应避免磨膛发热。

（8）电动粉筛：按GB/T 5507—2008要求。

（9）玻璃短颈漏斗。

（10）表面皿。

（11）中速定性滤纸。

（12）锥形瓶：150mL。

（13）聚乙烯塑料瓶。

（14）容量瓶：1000mL。

（15）广口瓶。

2. 试剂

（1）无水乙醇。

（2）酚酞-乙醇指示剂（10g/L）：1.0g酚酞溶于100mL体积分数95%乙醇。

（3）不含二氧化碳的蒸馏水：将蒸馏水烧沸，加盖冷却。

（4）c（KOH）= 0.01mol/L氢氧化钾-95%乙醇标准滴定溶液。

①c（KOH）= 0.5mol/L氢氧化钾标准储备液的配制与标定。

配制：称取28g氢氧化钾置于聚乙烯容器中，先加入少量（约20mL）无CO_2的蒸馏水溶解，再用体积分数为95%的乙醇稀释至1000mL，密闭放置24h。吸取上层清液至另一聚乙烯塑料瓶中保存。

标定：称取在105℃条件下烘2h并在干燥器中冷却后的邻苯二甲酸氢钾2.04g，精确到0.0001g，置于150mL锥形瓶中，加入50mL不含CO_2蒸馏水溶解，滴加酚酞-乙醇指示剂3~5滴，用配制的氢氧化钾标准储备液滴定至微红色，以30s不褪色为终点，记下所耗氢氧化钾标准储备液体积（V_1），同时做空白实验（不加邻苯二甲酸氢钾，同上操作），记下所耗氢氧化钾标准储备液体积（V_0），按式（2-11）计算氢氧化钾标准储备液浓度。氢氧化钾标准储备液在常温（15~25℃）下保存时间不超过2个月，当液体出现浑浊、沉淀、颜色变化等现象时，应重新制备。

$$c(\mathrm{KOH}) = \frac{1000 \times m}{(V_1 - V_0) \times 204.22} \tag{2-11}$$

式中 c（KOH）——氢氧化钾标准储备液浓度，mol/L；

1000——换算系数；

m——称取邻苯二甲酸氢钾的质量，g；

V_1——滴定所耗氢氧化钾标准储备液体积，mL；

V_0——空白实验所耗氢氧化钾标准储备液体积，mL；

204.22——邻苯二甲酸氢钾的摩尔质量，g/mol。

②c（KOH）= 0.01mol/L 氢氧化钾-95%乙醇标准滴定溶液的配制。

准确移取 20.00mL 已经标定好的 0.5mol/L 氢氧化钾标准储备液于 1000mL 容量瓶中，用体积分数为 95%乙醇稀释定容至 1000mL，存放于聚乙烯塑料瓶中。临用前稀释配制。

在配制氢氧化钾标准滴定溶液时，稀释用乙醇应事先调整为中性。方法为量取 20mL 体积分数为 95%的乙醇，滴加酚酞-乙醇指示剂 3~5 滴，用氢氧化钾标准滴定溶液滴定至微红色，以 30s 不褪色为终点，记下所耗氢氧化钾标准滴定溶液体积（V_a），量取 1000mL 体积分数为 95%的乙醇，准确加入氢氧化钾标准滴定溶液（V_b，$V_b = 50V_a$）混合均匀。

二、试样制备

（1）取混合均匀样品，用实验砻谷机脱壳。取混合均匀的糙米约 80g，用锤式旋风磨粉碎，要求粉碎细度能一次性达 95%以上过 CQ16（相当于 40 目）筛，粉碎样品充分混合后（筛上、筛下的全部筛分范围样品）装入广口瓶中备用。按 GB/T 5507—2008《粮油检验　粉类粗细度测定》检验样品粉碎细度，粉碎样品也只能使用锤式旋风磨。锤式旋风磨一次粉碎达不到细度要求的则不能使用。

（2）粉碎样品时，应按照设备说明书要求，合理调解风门大小，并控制进样量，防止和减少出样管留存样品。为避免出样管堵塞，减少磨膛发热，引起样品中脂肪酸值的变化，每粉碎 10 个样品应将出样管拆下清理。

（3）制备好的样品应尽快完成测定，如需较长时间存放，应存放在冰箱中，全部过程不得超过 24h。样品提取后一定要及时滴定；滴定应在散射日光或日光型日光灯下对着光源方向进行。

（4）提取、滴定过程的环境温度应控制在 15~25℃。

（5）用测定脂肪酸值的同一粉碎样品，按 GB 5009.3—2016 中直接干燥法测定样品水分含量，计算脂肪酸值干基结果。此水分含量结果不得作为样品水分含量结果报告。滴定终点不易判定时，可用已加去 CO_2 蒸馏水但尚未滴定的提取液作参照，当被滴定液颜色与参照相比有色差时，即可视为已到滴定终点。

（6）称取制备好的样品约 10g，精确到 0.01g，于 250mL 具塞锥形瓶中，并用移液管加入 50.0mL 无水乙醇，置于往返式振荡器上振摇 10min，振荡频率为 100 次/min。静置 1~2min，在玻璃短颈漏斗中放入折叠滤纸过滤。弃去最初几滴滤液，收集滤液 25mL 以上。

三、操作步骤

1. 测定

用移液管移取 25.0mL 滤液于 150mL 锥形瓶中，加 50mL 不含 CO_2 的蒸馏水，滴加

3~4 滴酚酞-乙醇指示剂后，用氢氧化钾标准滴定溶液滴定至呈微红色，30s 不消退为止。记下耗用的氢氧化钾标准滴定溶液的体积（V_1）。

2. 空白实验

用移液管移取 25.0mL 无水乙醇于 150mL 锥形瓶中，加 50mL 不含 CO_2 的蒸馏水，滴加 3~4 滴酚酞-乙醇指示剂，用氢氧化钾标准滴定溶液滴定至呈微红色，氢氧化钾标准储备溶液必要时应重新标定，30s 不消退为止。记下耗用的氢氧化钾标准滴定溶液体积（V_0）。

乙醇浸出法
脂肪酸值的检测视频

四、数据记录及处理

1. 试样脂肪酸值计算

试样脂肪酸值计算见式（2-12）。

$$X=(V_1-V_0)\times c\times 56.1\times\frac{50}{25}\times\frac{100}{m(100-M)}\times 100=\frac{11220\times(V_1-V_0)\times c}{m}\times\frac{100}{100-M} \tag{2-12}$$

式中 X——试样脂肪酸值（干基），（KOH）mg/100g；

V_1——滴定试样所耗氢氧化钾标准滴定溶液体积，mL；

V_0——滴定空白溶液所耗氢氧化钾标准滴定溶液体积，mL；

c——氢氧化钾标准滴定溶液的准确浓度，mol/L；

50——试样提取用无水乙醇的体积，mL；

25——用于滴定的试样提取液的体积，mL；

100——换算为 100g（干）试样的质量，g；

m——试样的质量，g；

M——试样水分质量分数，%。

2. 数据处理

稻谷脂肪酸值的检测原始记录表见表 2-27。

表 2-27　稻谷脂肪酸值的检测原始记录表

<table>
<tr><td>样品编号</td><td colspan="2">样品名称</td><td>样品状态</td><td>c（KOH）</td><td>指示剂</td><td colspan="2">环境条件</td><td>检测地点</td><td>检测日期</td></tr>
<tr><td></td><td colspan="2"></td><td></td><td></td><td></td><td colspan="2">温度：____℃
相对湿度：____%</td><td></td><td></td></tr>
<tr><td colspan="10">制备样品水分（GB 5009.3—2016）</td></tr>
<tr><td rowspan="2">铝盒编号</td><td colspan="2">铝盒恒重（m_1）/g</td><td rowspan="2">试样质量（m）/g</td><td colspan="2">铝盒与试样烘后质量（m_2）/g</td><td colspan="2">水分含量/%</td><td rowspan="2">双实验允许差/%</td><td rowspan="2">备注</td></tr>
<tr><td>Ⅰ</td><td>Ⅱ</td><td>Ⅰ</td><td>Ⅱ</td><td>测定值</td><td>平均值</td></tr>
<tr><td></td><td></td><td></td><td></td><td></td><td></td><td></td><td rowspan="2"></td><td rowspan="2"></td><td rowspan="2">直接干燥</td></tr>
<tr><td></td><td></td><td></td><td></td><td></td><td></td><td></td></tr>
</table>

续表

<table>
<tr><th colspan="7">脂肪酸值（GB/T 20569—2006）</th></tr>
<tr><th rowspan="2">检测项目</th><th colspan="6">平行样号</th></tr>
<tr><th colspan="2">1</th><th>2</th><th colspan="2">3</th><th>4</th></tr>
<tr><td>试样质量（m）/g</td><td colspan="2"></td><td></td><td colspan="2"></td><td></td></tr>
<tr><td>试样提取用无水乙醇体积/mL</td><td colspan="6">50.00</td></tr>
<tr><td>用于滴定的试样提取液体积/mL</td><td colspan="6">25.00</td></tr>
<tr><td>滴定试样液所消耗滴定液体积（V_1）/mL</td><td colspan="2"></td><td></td><td colspan="2"></td><td></td></tr>
<tr><td>滴定管初读数/mL</td><td colspan="2"></td><td></td><td colspan="2"></td><td></td></tr>
<tr><td>滴定管末读数/mL</td><td colspan="2"></td><td></td><td colspan="2"></td><td></td></tr>
<tr><td>滴定空白液所消耗滴定液体积（V_0）/mL</td><td colspan="6"></td></tr>
<tr><td>脂肪酸值/(mg/100g)</td><td colspan="2"></td><td></td><td colspan="2"></td><td></td></tr>
<tr><td>测定结果/(mg/100g)</td><td colspan="6"></td></tr>
<tr><td>重复性限/(mg/100g)</td><td>2</td><td>平行极差/(mg/100g)</td><td></td><td colspan="2">临界极差［CrR95（4）］</td><td>2.6</td></tr>
<tr><td>计算公式</td><td colspan="6">$X=$</td></tr>
<tr><td>主要仪器设备</td><td colspan="6">电子天平 0.01g（编号：________）；电子天平 0.0001g；锤式旋风磨；往返式振荡器；
电热恒温箱（编号：________）；实验砻谷机（编号：________）；
移液管 50.0mL（编号：________）；移液管 25.0mL（编号：________）；
微量滴定管 5mL（编号：________）</td></tr>
</table>

校核：　　　　　　　　　　　　　　　　　　　　检测：

任务评价

稻谷脂肪酸值的检测评分标准见表 2-28。

表 2-28　　稻谷脂肪酸值的检测评分标准

任务内容	评价标准	评分标准/分	评分记录
准备	能够正确使用提取和过滤方法	10	
滴定	能够正确使用碱式滴定管	20	
移液	振荡器操作正确，移液操作正确	20	
滴定	滴定操作正确并正确判断滴定终点	30	
数据处理	能够正确记录数据并处理数据	20	

稻谷脂肪酸值的检测评价表见表 2-29。

表 2-29　　稻谷脂肪酸值的检测评价表

<table>
<tr><td rowspan="13">评价</td><td>自我评价</td><td colspan="10"></td><td colspan="2">评分
（满分 10）</td></tr>
<tr><td rowspan="4">组内互评</td><td colspan="2">学号</td><td colspan="2">姓名</td><td colspan="2">评分
（满分 20）</td><td colspan="2">学号</td><td colspan="2">姓名</td><td colspan="2">评分
（满分 20）</td></tr>
<tr><td colspan="2">1 号</td><td colspan="2"></td><td colspan="2"></td><td colspan="2">2 号</td><td colspan="2"></td><td colspan="2"></td></tr>
<tr><td colspan="2">3 号</td><td colspan="2"></td><td colspan="2"></td><td colspan="2">4 号</td><td colspan="2"></td><td colspan="2"></td></tr>
<tr><td colspan="2">5 号</td><td colspan="2"></td><td colspan="2"></td><td colspan="2"></td><td colspan="2"></td><td colspan="2"></td></tr>
<tr><td rowspan="3">小组互评
（除自己组以外）</td><td colspan="3">组号</td><td colspan="3">评分
（满分 20）</td><td colspan="3">组号</td><td colspan="3">评分
（满分 20）</td></tr>
<tr><td colspan="3">________组</td><td colspan="3"></td><td colspan="3">________组</td><td colspan="3"></td></tr>
<tr><td colspan="3">________组</td><td colspan="3"></td><td colspan="3">________组</td><td colspan="3"></td></tr>
<tr><td rowspan="2">教师评价</td><td colspan="10" rowspan="2"></td><td colspan="2">评分
（满分 50）</td></tr>
<tr><td colspan="2"></td></tr>
</table>

问题思考

1. 为什么制备好的样品应尽快完成测定，如需较长时间存放，应存放在冰箱中，全部过程不得超过 24h？

2. 为什么滴定应在散射日光或日光型日光灯下对着光源方向进行？

3. 为什么加入的蒸馏水要除去 CO_2？

任务八　大米的品评

学习目标

❖ 知识目标

1. 了解大米品评的意义和方法。
2. 了解大米品评的相关标准。

❖ 能力目标

1. 熟悉大米储藏品质评价中涉及感官品尝评价的相关规定、要求。
2. 掌握大米品评的两种方法和评分体系。
3. 能够独立完成大米品评实验。

❖ 素质目标

1. 深刻认识“没有规矩，不成方圆”，每个人都应该做到自我约束，规范自己的行为。

2. 深刻领悟“要研究和完善粮食安全政策，把产能建设作为根本，实现藏粮于地、藏粮于技”，在生活中要爱粮节粮，工作中认真严谨、一丝不苟，具有强烈的使命感和荣誉感。

任务描述

目前，优质大米和大米的储藏品质，常通过采用各种仪器进行化学成分分析和物理特性检验进行综合评价。但是，由于大米最终用途的特殊性，其品质的优劣和储藏品质的陈化及劣变，必须以其最终食用品质来衡量。因此，大米的熟食品尝实验是最直接的品质检验方法之一。品尝实验是借助人的感觉器官，对被检对象的感官特性进行检验，并采用一定方法对各项检验结果进行处理，以确定其品质的优劣。目前国家标准中对大米蒸煮品质评定主要依据 GB/T 15682—2008《粮油检验　稻谷、大米蒸煮食用品质感官评价方法》和 GB/T 20569—2006《稻谷储存品质判定规则》，大米的食味品质还可采用食味计进行测定。

知识准备

一、品评的基本要求

按照国家有关粮油标准，目前我国粮食储藏品质评价中所涉及的感官品尝评价与常规食品分析有一定的差异。

（一）品评人员

大米的熟食品评是依靠人的感觉器官，对食品的色、香、味进行品尝，以评定食品品质的优劣，因此要求品评人员具有较敏锐的鉴尝能力，在开始进行品尝评定之前，应通过鉴别实验挑选感官灵敏度高的人员。品评人员应由不同性别、不同年龄档次的人员组成。大米的品评实验操作流程见表 2-30。

表 2-30　大米的品评实验操作流程

序号	步骤	操作内容
1	制备	用砻谷机去壳得到糙米，将糙米在碾米机上制备成 GB/T 1354—2018 中规定的标准适碾精度的大米，商品大米则直接分取试样
2	参照样品	选取大米参照样品、米饭样品
3	品评	品评米饭的气味、外观结构、适口性（包括黏性、弹性、软硬度）、滋味和冷饭质地

按标准规定蒸制 4 份熟食，其中有 2 份熟食是同一试样蒸制成的，同时按标准规定进行品评，要求品评人员鉴别找出相同的 2 份熟食来，记录。品评结果登记表见表 2-31。

表 2-31　　大米品评结果登记表

品评人：　　日期：

试样编号	鉴别结果
1	√
2	
3	√
4	

注：在相同两份熟食的编号后对应的鉴别结果栏内打“√”，如1号和3号是同一样品时，记录如上。

鉴别实验应重复2次，结果登记于表2-32。对者打“√”，错者打“×”，如果2次都答错的人员，则表明其品评鉴尝灵敏度太低，应予淘汰。

表 2-32　　大米品评人员成绩登记表示意

品评人员编号	鉴别结果		成绩
	1	2	
P1	×	√	良
P2	√	√	优
P3	√	×	良
P4	×	×	差
P5	√	√	优
P6	√	√	优

品评组一般由5~10人组成，品评人员在品评前1h内不吸烟，不吃东西，但可以喝水；品评期间具有正常的生理状态，不能饥饿或过饱；品评人员在品评期间不使用化妆品或其他有明显气味的用品。

（二）品评实验室

品评实验应在专用实验室进行。实验室应由样品制备室和品评室组成，两者应独立。品评室应充分换气，避免有异味或残留气体的干扰，室温20~25℃，无强噪声，有足够的光线强度，室内色彩柔和，避免强对比色彩。品评人员每人一座，应相互隔离。

（三）品评实验

品评实验应在饭前1h或饭后2h进行，品评前品评人员应用温开水漱口，把口中残留物去净。品评试样应一人一份熟食，每次品评不宜超过8份样品。品评时保持室内和环境安静，无干扰。评分时不能讨论，以免相互影响，主持人不应向品评人员说明与试样质量有关的情况。

二、大米蒸煮品质评价技术

目前大米蒸煮品质评价主要依据 GB/T 15682—2008《粮油检验　稻谷、大米蒸煮食用品质感官评价方法》和 GB/T 20569—2006《稻谷储存品质判定规则》中附录 B，2 个标准在米饭的制备和评分标准上有一定的差异。GB/T 15682—2008 中对米饭制备提供了小样制备和大样制备 2 种方法，同时提供 2 种品评方法和评分体系，为了突出优质大米的品质，从气味色泽、外观结构、适口性、滋味及冷饭质地等方面进行评价，GB/T 20569—2006 的附录 B 则提供了 1 种米饭的制备方法。在评分标准上，为了能够更好地反映大米储存过程中的变化，评分中增大了受储存影响较大的色泽、气味和滋味 3 项指标的权重，相应减少了受样品品种差异影响较大的外观结构权重，同时删除了冷饭质地和适口性等项目，使评分标准能够更鲜明地反映大米在储存过程中的品质变化。

稻谷经砻谷、碾白，制备成国家标准精度大米作试样，商品大米直接作试样取一定量的试样，在规定条件下蒸煮成米饭，品评人员感官鉴定米饭的气味色泽、外观结构、适口性、滋味及冷饭质地等，评价结果以参加品尝人员的综合评分的平均值表示。

任务实施

一、准备工作

仪器和用具准备如下。

（1）实验砻谷机。

（2）实验碾米机。

（3）蒸锅：直径为 26~28cm 的单屉铝（或不锈钢）锅。

（4）蒸饭皿：容量为 60mL 以上带盖铝（或不锈钢）盒，也可用 2mL 注射器铝（或不锈钢）盒。

（5）天平：感量 0.01g。

（6）电炉：220V，2kW，或相应功率的电磁炉。

（7）白瓷盘：32cm×22cm。

（8）盆：洗米用，500mL（小量样品米饭制备用）或 3000mL（大量样品米饭制备用）。

（9）沥水筛（CQ16 筛）。

（10）小碗：可放约 50g 试样。

（11）直热式电饭锅：3L，500W。

二、试样制备

不同种类大米原料。

三、操作步骤

（一）操作流程

样品制备→色泽、气味评定→称样→米饭制备→品尝→综合评分。

（二）试样制备

商品大米直接分取试样。

（三）参照样品的选择

1. 大米参照样品

选取符合GB/T 1354—2018中规定的标准适碾精度的新鲜大米样品3~5份，经品评人员2~3次品评，选出色、香、味正常，综合评分在75左右的样品1份，作为每次品评的参照样品。

2. 米饭的制备

（1）小量样品米饭的制备。

①称样：称量每份10g试样于蒸饭皿中。试样份数按品评人员每人1份准备。

②洗米：将称重后的试样倒入沥水筛，将沥水筛置于盆内，快速加入300mL水，每次顺时针搅拌10圈，逆时针搅拌10圈，快速换水重复上述操作1次，再用200mL蒸馏水淋洗1次，沥尽余水，放入蒸饭皿中。洗米时间控制在3~5min。

③加水浸泡：籼米加蒸馏水量为籼米量的1.6倍，粳米加蒸馏水量为粳米量的1.3倍。加水量可依据米饭软硬适当增减。浸泡水温25℃左右，浸泡时间为30min。

④蒸煮：蒸锅内加入适量的水，用电炉（或电磁炉）加热至沸腾，取下锅盖，再将盛放样品的蒸饭皿加盖后置于蒸屉上，盖上锅盖，继续加热并开始计时，蒸煮40min，停止加热，焖制20min。

⑤将制成的不同试样的蒸饭皿放在白瓷盘上（每人1盘），每盘4份试样，趁热品尝。

（2）大量样品米饭的制备。

①洗米：称取500g试样放入沥水筛内，将沥水筛置于盆中，快速加入1500mL自来水，每次顺时针搅拌10圈，逆时针搅拌10圈，快速换水重复操作1次，再用1500mL蒸馏水淋洗1次，沥尽余水，倒入相应编号的直热式电饭锅内。洗米时间控制在3~5min。

②加水浸泡：籼米加蒸馏水量为籼米量的1.6倍，粳米加蒸馏水量为粳米量的1.3倍。加水量可依据米饭软硬适当增减。浸泡水温25℃左右，浸泡时间为30min。

③蒸煮：直热式电饭锅接通电源开始蒸煮米饭，在蒸煮过程中不得打开锅盖。直热式电饭锅的开关跳开后，再焖制20min。

④搅拌米饭：用饭勺搅拌煮好的米饭，首先从锅的周边松动，使米饭与锅壁分离，再按横竖两个方向各平行滑动2次，接着用筷子上下搅拌4次，使多余的水分蒸发之后盖上锅盖，再焖10min。

⑤将约50g试样米饭松松地盛入小碗内，每人1份（不宜在内锅周边取样），然后倒扣在白瓷盘上不同颜色（红、黄、蓝、绿）的位置，趁热品评。

3. 样品品评

（1）品评内容。

品评米饭的气味、外观结构、适口性（包括黏性、弹性、软硬度）、滋味和冷饭质地。

（2）品评顺序及要求。

①品评前的准备：品评人员在每次品评前用温开水漱口，漱去口中的残留物。

②辨别米饭气味：趁热将米饭置于鼻腔下方，适当用力地吸气，仔细辨别米饭的气味。

③观察米饭外观：观察米饭表面的颜色、光泽和饭粒完整性。

④辨别米饭的适口性：用筷子取米饭少许放入口中，细嚼 3～5s，边嚼边用牙齿、舌头等各感觉器官仔细品尝米饭的黏性、软硬度、弹性、滋味等项。

⑤冷饭质地：米饭在室温下放置 1h 后，品尝判断冷饭的黏弹性、黏结成团性和硬度。

（3）评分。

①评分方法一。

根据米饭的气味、外观结构、适口性、滋味和冷饭质地，对比参照样品进行评分，综合评分为各项得分之和。

根据每个品评人员的综合评分结果计算平均值，个别人员品评误差大者（超过平均值 10 分以上）可舍弃，舍弃后重新计算平均值。最后以综合评分的平均值作为稻米食用品质感官评定的结果，计算结果取整数（表 2-33）。

综合评分以 50 分以下为很差，51～60 分为差，61～70 分为一般，71～80 分为较好，81～90 分为好，90 分以上为优。

②评分方法二。

分别将待测样品米饭的气味、外观结构、适口性、滋味、冷饭质地和综合评分与参照样品一一比较评定。根据好坏程度，以“稍”“较”“最”“与参照相同”的 7 个等级进行评分。在评分时，可参照表 2-33 所列的米饭品质感官评价内容与描述。评分记入表 2-34。

整理评分表，读取表中画“○”的数值，如有漏画的则作“与参照相同”处理。

根据每个品评人员的综合评分结果计算平均值，个别人员品评误差大者（综合评分与平均值出现正负不一致或相差 2 个等级以上时）可舍弃，舍弃后重新计算平均值。最后以综合评分的平均值作为稻米食用品质感官评定的结果，计算结果保留小数点后两位。

四、数据记录与处理

米饭感官评价标准和评分表见表 2-33 和表 2-34。

表 2-33　　米饭感官评价标准和评分表（评分方法一）

一级指标分值	二级指标分值	特性描述分值
气味（20分）	纯正性、浓郁性（20分）	具有米饭特有的香气，香气浓郁：18~20分 具有米饭特有的香气，米饭清香：15~17分 具有米饭特有的香气，香气不明显：12~14分 米饭无香味，但无异味：7~12分 米饭有异味：0~6分
外观结构（20分）	颜色（7分）	米饭颜色洁白：6~7分 颜色正常：4~5分 米饭发黄或发灰：0~3分
	光泽（8分）	有明显光泽：7~8分 稍有光泽：5~6分 无光泽：0~4分
	饭粒完整性（5分）	米饭结构紧密，饭粒完整性好：4~5分 米饭大部分结构紧密完整：3分 米饭粒出现爆花：0~2分
适口性（30分）	黏性（10分）	滑爽，有黏性，不黏牙：8~10分 有黏性，基本不黏牙：6~7分 有黏性，黏牙；或无黏性：0~5分
	弹性（10分）	米饭有嚼劲：8~10分 米饭稍有嚼劲：6~7分 米饭疏松、发硬，感觉有渣：0~5分
	软硬度（10分）	软硬适中：8~10分 感觉略硬或略软：6~7分 感觉很硬或很软：0~5分
滋味（25分）	纯正性、持久性（25分）	咀嚼时，有较浓郁的清香和甜味：22~25分 咀嚼时，有淡淡的清香滋味和甜味：18~21分 咀嚼时，无清香滋味和甜味，但无异味：16~17分 咀嚼时，无清香滋味和甜味，但有异味：0~15分
冷饭质地（5分）	成团性 黏弹性、硬度（5分）	较松散，黏弹性较好，硬度适中：4~5分 结团，黏弹性稍差，稍变硬：2~3分 板结，黏弹性差，偏硬：0~1分
综合评分		

表 2-34　　米饭感官评价评分表（评分方法二）

评价项目	与参照样品比较						
	不好			与参照样品相同	好		
	最	较	稍		稍	较	最
评分	−3	−2	−1	0	+1	+2	+3
气味							
外观结构							
适口性							
滋味							
冷饭质地							
综合评分							
备注							

任务评价

大米蒸煮评价的评分标准见表 2-35。

表 2-35　　大米蒸煮评价的评分标准

评价项目	评分标准	样品编号			
气味（35 分）	清香等正常米饭味：25~35 分 轻微陈米味、酸味：21~24 分 明显酸味、哈味：1~20 分 严重酸味：0 分				
滋味（35 分）	香甜等正常米饭滋味：25~35 分 轻微酸味、苦味等不正常滋味：21~24 分 明显酸味、苦涩味：1~20 分 严重酸味、哈味、苦味：0 分				
色泽（25 分）	光泽正常：21~25 分 发暗、发灰、无光泽：16~20 分 暗黄色：0~15 分				
米粒外观结构（5 分）	正常、紧密：3~5 分 不正常、松散：0~2 分				
品尝评分值（分）					
平均品尝评分值（分）					
色泽、气味					

校核：　　　　　　　　　　　　　　　　品评人：

大米的品评评价表见表 2-36。

表 2-36　　大米的品评评价表

<table>
<tr><td rowspan="10">评价</td><td>自我评价</td><td colspan="7"></td><td>评分
（满分 10）</td></tr>
<tr><td rowspan="4">组内互评</td><td>学号</td><td colspan="2">姓名</td><td>评分
（满分 20）</td><td>学号</td><td colspan="2">姓名</td><td>评分
（满分 20）</td></tr>
<tr><td>1 号</td><td colspan="2"></td><td></td><td>2 号</td><td colspan="2"></td><td></td></tr>
<tr><td>3 号</td><td colspan="2"></td><td></td><td>4 号</td><td colspan="2"></td><td></td></tr>
<tr><td>5 号</td><td colspan="2"></td><td></td><td></td><td colspan="2"></td><td></td></tr>
<tr><td rowspan="3">小组互评
（除自己组以外）</td><td colspan="2">组号</td><td colspan="2">评分
（满分 20）</td><td colspan="2">组号</td><td colspan="2">评分
（满分 20）</td></tr>
<tr><td colspan="2">________组</td><td colspan="2"></td><td colspan="2">________组</td><td colspan="2"></td></tr>
<tr><td colspan="2">________组</td><td colspan="2"></td><td colspan="2">________组</td><td colspan="2"></td></tr>
<tr><td rowspan="2">教师评价</td><td colspan="7" rowspan="2"></td><td>评分
（满分 50）</td></tr>
<tr><td></td></tr>
</table>

问题思考

1. 为什么要进行大米品评？
2. 主要有哪几个方面会影响结果的准确性？

思政案例：“杂交水稻之父”袁隆平

项目三

小麦质量检验

任务一 小麦色泽、气味、口味的鉴定

学习目标

❖ 知识目标

1. 了解小麦正常的色泽、气味、口味。
2. 了解小麦色泽、气味、口味鉴定的相关标准。

❖ 能力目标

1. 掌握天平、水浴锅的使用和维护。
2. 能够对小麦按照国家标准进行色泽、气味、口味的鉴定。

❖ 素质目标

1. 党中央坚持把粮食安全作为治国理政的头等大事，确立了新时期国家粮食安全战略和新粮食安全观，不断完善创新粮食安全政策。

2. 粮油检验的功能包括：把关、报告、鉴别、预防。不仅要保证检验结果准确性，还要有对检验报告准确性进行鉴别的能力。

任务描述

色泽、气味、口味的鉴定是一种感官检验方法，即借助于检验者的感觉器官和实践经验对粮食的色、香、味、形和口感的优劣进行评定。

正常的小麦具有固有的色泽、气味、口味，通过对小麦色、气、味、形和口感的鉴定，可以初步判断小麦的新陈度和有无异常变化。本次任务是按照 GB/T 5492—2008《粮油检验　粮食、油料的色泽、气味、口味鉴定》测定小麦的色泽、气味、口味。

知识准备

小麦是小麦系植物的统称，属于禾本科小麦属，是越年生（冬小麦）或一年生

（春小麦）草本植物。也是世界上最早栽培的农作物之一，小麦的颖果是人类的主食之一，同时还可通过发酵制成啤酒、乙醇、白酒（伏特加）或生物质燃料。正常的小麦籽粒因品种不同而具有各自特有的颜色和光泽，根据 GB 1351—2023《小麦》规定，我国小麦按其皮色、硬度指数分为以下 5 类。

（1）硬质白小麦：种皮为白色或黄白色的麦粒不低于 90%，硬度指数不低于 60%的小麦。

（2）软质白小麦：种皮为白色或黄白色的麦粒不低于 90%，硬度指数不高于 45%的小麦。

（3）硬质红小麦：种皮为深红色或红褐色的麦粒不低于 90%，硬度指数不低于60%的小麦。

（4）软质红小麦：种皮为深红色或红褐色的麦粒不低于 90%，硬度指数不高于45%的小麦。

（5）混合小麦：不符合上述规定的小麦。

在不良条件的影响下小麦会失去光泽，甚至变色。正常的小麦籽粒具有小麦特有的气味，如果气味异常说明小麦变质或吸收了其他有异味的气体。引起小麦气味异常的原因，可能是发热霉变，使小麦带有霉味；或者是因为小麦发芽，带有类似黄瓜的气味；或者是感染黑穗病，散发类似青鱼的气味；或是包装和运输工具不干净，使小麦带有煤油、卫生球或煤焦油等气味。

鉴定主要步骤如表 3-1 所示。

表 3-1　　小麦色泽、气味、口味的鉴定操作流程

序号	步骤	操作内容
1	准备	准备好相关仪器、用具，操作环境和实验室符合要求
2	称量	易鉴定：分取 20~50g 样品 色泽不易鉴定：分取 100~150g 样品 气味不易鉴定：分取 20g 样品
3	色泽鉴定	易鉴定：均匀地摊平，散射光线下观察 不易鉴定：黑色平板上摊成薄层，散射光线下观察
4	气味鉴定	易鉴定：提高试样温度，嗅其气味 不易鉴定：60~70℃的温水中 8~10min，嗅辨气味
5	口味鉴定	加工成成品粮后，再制成熟食品，品尝其口味
6	结果判定与表示	根据测定结果进行判定与表示

任务实施

一、准备工作

1. 仪器和用具

（1）天平：分度值 1g。

（2）谷物选筛。

（3）贴有黑纸的平板（20cm×40cm）。

（4）广口瓶。

（5）水浴锅。

2. 环境和实验室

环境应符合 GB/T 10220—2012《感官分析　方法学　总论》、GB/T 22505—2008《粮油检验　感官检验环境照明》，实验室应符合 GB/T 13868—2009《感官分析　建立感官分析实验室的一般导则》。

二、试样制备

试样的扦样、分样按 GB/T 5491—1985 执行。样品应除去杂质。

三、样品的测定

1. 色泽鉴定

分取 20~50g 试样放在手掌中均匀地摊平，在散射光线下仔细观察样品的整体颜色和光泽。对色泽不易鉴定的样品，根据不同的粮种，取 100~150g 的小麦样品，在黑色平板上均匀地摊成 15cm×20cm 薄层，在散射光线下仔细观察样品的整体颜色和光泽。

2. 气味鉴定

分取 20~50g 样品放在手掌中，用哈气或摩擦的方法提高试样的温度后，立即嗅其气味。对气味不易鉴定的样品，分取 20g 试样放入广口瓶中，置于盛有 60~70℃ 的温水中，盖上瓶塞，保温 8~10min，开盖嗅辨气味。

3. 口味鉴定

小麦的口味鉴定一般需加工成小麦粉后，再制成馒头，品尝其口味是否正常，可按 GB/T 20571—2006《小麦储存品质判定规则》中附录 A 执行。

四、注意事项

（1）实验室应保持通风良好，无异味（如香烟味、汽油味、试剂味、香味等），避免阳光直射，应在散射光线条件下操作。

（2）检验者视觉、嗅觉应正常，检验前严禁吸烟、喝酒和使用化妆品等。

五、数据记录与处理

1. 结果表示

（1）小麦的色泽、气味鉴定结果以“正常”或“不正常”表示，对“不正常”的应加以说明。

（2）小麦口味鉴定结果以“正常”或“不正常”表示。品尝评分值不低于 60 分的为“正常”，低于60分的为“不正常”，对“不正常”的应加以说明。

2. 数据处理

小麦色泽、气味、口味的鉴定原始记录表见表3-2。

表3-2　　小麦色泽、气味、口味的鉴定原始记录表

<table>
<tr><td colspan="2" rowspan="2">样品名称</td><td rowspan="2">样品状态</td><td rowspan="2">检测方法依据</td><td colspan="2">检测仪器</td><td rowspan="2">环境状况</td><td rowspan="2">检测地点</td><td rowspan="2">检测日期</td><td rowspan="2">备注</td></tr>
<tr><td>名称</td><td>编号</td></tr>
<tr><td colspan="2"></td><td></td><td></td><td></td><td></td><td>温度：____℃
相对湿度：____%</td><td></td><td>____年
__月__日</td><td></td></tr>
<tr><td>样品编号</td><td>实验次数</td><td>样品质量（m）/g</td><td colspan="2">色泽</td><td colspan="2">气味</td><td colspan="3">结果</td></tr>
<tr><td rowspan="2"></td><td></td><td></td><td colspan="2"></td><td colspan="2"></td><td colspan="3"></td></tr>
<tr><td></td><td></td><td colspan="2"></td><td colspan="2"></td><td colspan="3"></td></tr>
<tr><td rowspan="2"></td><td></td><td></td><td colspan="2"></td><td colspan="2"></td><td colspan="3"></td></tr>
<tr><td></td><td></td><td colspan="2"></td><td colspan="2"></td><td colspan="3"></td></tr>
<tr><td rowspan="2"></td><td></td><td></td><td colspan="2"></td><td colspan="2"></td><td colspan="3"></td></tr>
<tr><td></td><td></td><td colspan="2"></td><td colspan="2"></td><td colspan="3"></td></tr>
<tr><td rowspan="2"></td><td></td><td></td><td colspan="2"></td><td colspan="2"></td><td colspan="3"></td></tr>
<tr><td></td><td></td><td colspan="2"></td><td colspan="2"></td><td colspan="3"></td></tr>
<tr><td rowspan="2"></td><td></td><td></td><td colspan="2"></td><td colspan="2"></td><td colspan="3"></td></tr>
<tr><td></td><td></td><td colspan="2"></td><td colspan="2"></td><td colspan="3"></td></tr>
</table>

校核：　　　　　　　　　　　　　　　　　　　检测：

任务评价

小麦色泽、气味、口味的鉴定评分标准见表3-3。

表3-3　　小麦色泽、气味、口味的鉴定评分标准

鉴定内容	评价标准	评分标准/分	评分记录
准备	仪器准备：天平、谷物选筛、广口瓶等	10	
称量	样品混匀，称量操作规范	10	
鉴定	色泽鉴定：光线适宜、观察过程正确	20	
	气味鉴定：提升温度方法正确，嗅辨气味方式正确	20	
	口味鉴定：加工成成品粮，制成成熟食品后，品尝口味和滋味	20	
结果表示	结果表示正确	20	

小麦色泽、气味、口味的鉴定评价表见表3-4。

表 3-4　　　　小麦色泽、气味、口味的鉴定评价表

<table>
<tr><td rowspan="10">评价</td><td>自我评价</td><td colspan="10"></td><td colspan="2">评分
（满分 10）</td></tr>
<tr><td rowspan="4">组内互评</td><td colspan="2">学号</td><td colspan="2">姓名</td><td colspan="2">评分
（满分 20）</td><td colspan="2">学号</td><td colspan="2">姓名</td><td colspan="2">评分
（满分 20）</td></tr>
<tr><td colspan="2">1 号</td><td colspan="2"></td><td colspan="2"></td><td colspan="2">2 号</td><td colspan="2"></td><td colspan="2"></td></tr>
<tr><td colspan="2">3 号</td><td colspan="2"></td><td colspan="2"></td><td colspan="2">4 号</td><td colspan="2"></td><td colspan="2"></td></tr>
<tr><td colspan="2">5 号</td><td colspan="2"></td><td colspan="2"></td><td colspan="2"></td><td colspan="2"></td><td colspan="2"></td></tr>
<tr><td rowspan="3">小组互评（除自己组以外）</td><td colspan="3">组号</td><td colspan="3">评分
（满分 20）</td><td colspan="3">组号</td><td colspan="3">评分
（满分 20）</td></tr>
<tr><td colspan="3">________组</td><td colspan="3"></td><td colspan="3">________组</td><td colspan="3"></td></tr>
<tr><td colspan="3">________组</td><td colspan="3"></td><td colspan="3">________组</td><td colspan="3"></td></tr>
<tr><td rowspan="2">教师评价</td><td colspan="10" rowspan="2"></td><td colspan="2">评分
（满分 50）</td></tr>
<tr><td colspan="2"></td></tr>
</table>

问题思考

1. 为什么样品放在手掌中用哈气或摩擦的方法提高小麦样品的温度后，立即嗅其气味？

2. 小麦的色泽、气味、口味不正常对小麦的食用加工品质有哪些危害？

思政案例：牢牢把握粮食安全主动权

任务二　小麦硬度指数的检测

学习目标

❖ 知识目标

1. 了解小麦的硬度指数概念。
2. 了解小麦籽粒结构。

❖ 能力目标

1. 掌握小麦硬度指数检测的操作步骤和操作技能。
2. 能够正确操作小麦硬度指数测定仪。
3. 能够独立完成硬度指数测定仪检测数据填报工作。

❖ 素质目标

1. 古往今来，粮食安全都是治国安邦的首要任务，党的十九大报告更是旗帜鲜明地指出要“确保国家粮食安全，把中国人的饭碗牢牢端在自己手中”。

2. 学习与粮油质量检验工作相关的法律、法规，增强法制观念，养成发现问题、解决问题的综合能力。

任务描述

小麦硬度是指小麦籽粒抵抗外力作用下发生变形和破碎的能力。硬度不同的小麦具有不同的抗机械粉碎能力，在粉碎时，粒质较硬的小麦不易被粉碎成粉状，粒质较软的小麦易被粉碎成粉状。

小麦硬度指数是指在规定条件下粉碎小麦样品，留存在筛网上的样品占试样的质量分数，用 HI 表示。硬度指数越大，表明小麦硬度越高，反之表明小麦硬度越低。小麦硬度指数测定参照 GB/T 21304—2007《小麦硬度测定　硬度指数法》执行。

知识准备

小麦籽粒是不带壳的颖果。成熟的小麦籽粒多为卵圆形、椭圆形和长圆形等。卵圆形籽粒的长宽相似；椭圆形籽粒中部宽，两端小而尖。小麦籽粒是由茸毛、皮层、表皮、胚乳及胚组成（图 3-1）。其中胚乳是由糊粉层和淀粉细胞两部分组成，占麦粒总质量的 80%~90%。糊粉层是胚乳最外的一层方形厚壁细胞，排列紧密而整齐。淀粉细胞位于小麦糊粉层内侧的大型薄壁细胞，内部充满淀粉粒。在硬质胚乳中，淀粉粒分散于蛋白质中而被其包围；在粉质胚乳中，淀粉粒相互挤压成多边形而被较少的蛋白质所包围。

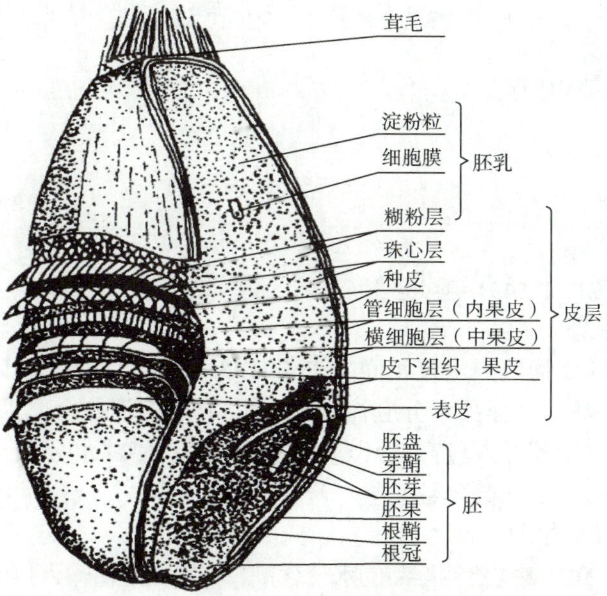

图 3-1　小麦籽粒结构

小麦硬度指数的检测主要步骤如表 3-5 所示。

表 3-5　　小麦硬度指数的检测操作流程

序号	步骤	操作内容
1	样品准备	准备好相关样品，去除杂质和破碎粒、测样品水分
2	仪器准备	仪器检查、接料斗与筛网系统称量、仪器预热
3	称量	25.00g±0.01g
4	进料	样品倒入进料斗内
5	开启	粉碎 50s
6	再称量	称量接料斗与筛网系统称量和筛下物质量
7	结果	单击结果键，显示测量结果
8	结果判定与表示	根据测定结果进行判定与表示

任务实施

一、准备工作

仪器和用具准备如下。

（1）小麦硬度指数测定仪：应符合 LS/T 3704—2007《小麦硬度指数测试仪技术条件与试验方法》的要求。小麦硬度测定仪由进料斗、端盖、粉碎系统、接料斗、可换筛网及筛网座、按钮开关、底座、电器及控制系统、电机、计量、显示和打印系统等组成。

（2）天平：感量 0.01g。

二、试样制备

（一）扦样与分样

扦样与分样按 GB/T 5491—1985 执行。

（二）样品预处理

将样品置于与硬度指数测定仪相同的工作环境中，使其温度与环境温度基本一致，环境温度控制在 5~45℃。样品水分应控制在 9%~15%，不符合要求的，应根据其水分含量，将样品置于湿度较低或较高的环境中适当时间，使其水分调节到规定的范围内。然后，除去样品中的杂质和破碎粒。

（三）水分含量的检测

按 GB 5009.3—2016 规定检测样品的水分含量，并将测定值输入仪器称量计算系统中。

三、操作步骤

（一）仪器检查

每次检测前应检查硬度指数测定仪的筛网。若筛网网眼有破损，及时更换。新筛网使用数次后，两端略往下凹，属正常现象。

仪器长期不用或连续使用120次以上时，使用小麦硬度指数标准样品，按仪器说明书的规定对仪器进行检查。不符合规定要求的仪器，不得用于样品测定。

（二）仪器预热

用约25g小麦，按测定要求进行操作，试机5~7次，使仪器预热。将仪器粉碎系统、接料斗、筛网系统等清扫干净备用。

（三）样品测定

准确称取制备好的样品25.00g±0.01g。称量接料斗、筛网系统（包括筛网、筛网座）的质量，并输入仪器称量计算系统中。打开硬度测定仪端盖，安装好接料斗与筛网系统，关闭并锁好端盖。打开进料斗盖，将称取好的样品全部倒入进料斗中，关闭进料斗盖。

开启测定仪，样品粉碎50s后，自动停机。待仪器停稳后打开端盖，小心将接料斗、筛网系统一起取出，将筛网上的留存物清扫干净。

清扫中要防止筛网系统与接料斗分离，以免筛网上的留存物掉入接料斗中和（或）接料斗中的物质撒出。

连同接料斗、筛网系统一起称量筛下物，扣除接料斗、筛网系统质量后得到筛下物质量 m_1，精确至0.01g。

将仪器粉碎系统、接料斗、筛网系统等清扫干净，以备下次测定用。

四、数据记录与处理

1. 数据计算

配备称量计算系统的仪器，称量后自动计算并打印出结果。未配备称量系统的，硬度指数按式（3-1）计算。

$$HI = 100 - m_1 \times \frac{100}{25} - k_1 \times (12 - w) - k_2 \times (25 - t) \quad (3-1)$$

式中 HI——样品校正至水分12%，环境温度25℃时的硬度指数；

m_1——粉碎后通过筛网的样品质量，g；

w——样品的水分含量，%；

t——环境温度，℃；

k_1——水分校正系数，$m_1<10$ 时，$k_1=0.8$；$10 \leqslant m_1<12.5$ 时，$k_1=1.0$；$m_1 \geqslant 12.5$ 时，$k_1=1.6$；

k_2——温度校正系数，$m_1<7$ 时，$k_2=0.03$；$7 \leqslant m_1<10$ 时，$k_2=0.07$；$m_1 \geqslant 10$ 时，$k_2=0.12$。

计算结果保留小数点后一位数。

两次测定结果之差值不大于1.5%时，以双实验检测结果的算术平均数作为样品的硬度指数；如果两次检测结果之差值大于1.5%，应重新测定。测定结果保留整数位。

2. 数据处理

小麦硬度指数检测的原始记录表见表3-6。

表 3-6　　小麦硬度指数检测的原始记录表

<table>
<tr><th colspan="2" rowspan="2">样品名称</th><th rowspan="2">样品状态</th><th rowspan="2">检测方法依据</th><th colspan="2">检测仪器</th><th rowspan="2">环境状况</th><th rowspan="2">检测地点</th><th rowspan="2">检测日期</th><th rowspan="2">备注</th></tr>
<tr><th>名称</th><th>编号</th></tr>
<tr><td colspan="2"></td><td></td><td></td><td></td><td></td><td>温度：____℃
相对湿度：____%</td><td></td><td>____年
__月__日</td><td></td></tr>
<tr><th>样品编号</th><th>实验次数</th><th>样品质量(m)/g</th><th colspan="2">小麦硬度指数</th><th colspan="2">平均值</th><th colspan="3">修约值</th></tr>
<tr><td rowspan="2"></td><td></td><td></td><td colspan="2"></td><td colspan="2" rowspan="2"></td><td colspan="3" rowspan="2"></td></tr>
<tr><td></td><td></td><td colspan="2"></td></tr>
<tr><td rowspan="2"></td><td></td><td></td><td colspan="2"></td><td colspan="2" rowspan="2"></td><td colspan="3" rowspan="2"></td></tr>
<tr><td></td><td></td><td colspan="2"></td></tr>
<tr><td rowspan="2"></td><td></td><td></td><td colspan="2"></td><td colspan="2" rowspan="2"></td><td colspan="3" rowspan="2"></td></tr>
<tr><td></td><td></td><td colspan="2"></td></tr>
<tr><td colspan="2">检测</td><td colspan="3"></td><td colspan="2">校核</td><td colspan="3"></td></tr>
</table>

任务评价

小麦硬度指数的检测评分标准见表 3-7。

表 3-7　　小麦硬度指数的检测评分标准

检测内容	评价标准	评分标准/分	评分记录
准备	仪器准备：小麦硬度指数测定仪参数设置	20	
样品制备	样品制备：去除杂质和破碎粒、测定水分含量	20	
测定	称量、去皮、粉碎、称量筛下物	40	
数据处理	双实验结果处理正确	20	

小麦硬度指数的检测评价表见表 3-8。

表 3-8　　小麦硬度指数的检测评价表

<table>
<tr><td rowspan="5">评价</td><td>自我评价</td><td colspan="5"></td><td>评分
（满分 10）</td></tr>
<tr><td rowspan="4">组内互评</td><td>学号</td><td>姓名</td><td>评分
（满分 20）</td><td>学号</td><td>姓名</td><td>评分
（满分 20）</td></tr>
<tr><td>1 号</td><td></td><td></td><td>2 号</td><td></td><td></td></tr>
<tr><td>3 号</td><td></td><td></td><td>4 号</td><td></td><td></td></tr>
<tr><td>5 号</td><td></td><td></td><td></td><td></td><td></td></tr>
</table>

续表

<table>
<tr><td rowspan="5">评价</td><td rowspan="3">小组互评（除自己组以外）</td><td>组号</td><td>评分（满分 20）</td><td>组号</td><td colspan="2">评分（满分 20）</td></tr>
<tr><td>________组</td><td></td><td>________组</td><td colspan="2"></td></tr>
<tr><td>________组</td><td></td><td>________组</td><td colspan="2"></td></tr>
<tr><td rowspan="2">教师评价</td><td colspan="4" rowspan="2"></td><td>评分（满分 50）</td></tr>
<tr><td></td></tr>
</table>

问题思考

1. 为什么每次检测前应检查硬度指数测定仪的筛网？
2. 实验误差的来源主要有哪几个方面？
3. 小麦中硬度高的小麦加工成面粉有哪些特性？

思政案例：
小麦皮色检验

任务三 小麦杂质、不完善粒的检测

学习目标

❖ 知识目标

1. 了解小麦的杂质和不完善粒的概念。
2. 了解小麦杂质分类方法。
3. 了解小麦不完善粒的种类。

❖ 能力目标

1. 掌握杂质、不完善粒检测的操作步骤和操作技能。
2. 能够正确操作电动筛选器、分样器或分样板等实验仪器。
3. 能够独立完成检验数据填报工作。

❖ 素质目标

1. 深入理解“洪范八政，食为首政”，谨守“民以食为天，国以农为本”。

2. 充分认识到“团结协作”在粮油检验员职业活动中的重要性，增强团队合作意识和人际交往能力。

任务描述

所谓杂质是指夹杂在粮食油料中没有使用价值的物质和影响粮食、油料质量的异种粮粒。粮食、油料中混有杂质不但降低食用价值，而且往往由于杂质含水量高，存在微生物和虫卵，容易引起储粮生虫、霉变、发热，影响储粮安全。因此，入库粮食、油料的杂质含量是分等分级储存的依据之一。在粮食、油料加工中，杂质含量高，将影响出品率，根据杂质含量大小指导加工和应采取的除杂措施。此外，有些杂质、种子和针刺状金属物等，人、畜食用后会产生有害作用。因此，在粮食油料的质量指标中杂质为限制性项目，我国主要粮食、油料品种中除油菜籽规定其杂质不得大于3%外，其他的均规定其杂质含量不得大于1%。大米、小麦粉等成品粮限制更严。

知识准备

小麦的国家标准最早制定于1978年，是在原商业部行业标准的基础上制定的，该质量检验标准适用范围为国家征购、销售、调拨、储存、加工和出口的商品小麦。目前在我国主要依据GB 1351—2023《小麦》进行质量检验，小麦质量按容重被划分为5个等级，主要指标有容重、不完善粒、杂质、水分、色泽、气味。为了促进粮食流通体制的改革和在商品小麦收购及市场流通过程中为按质论价提供依据，我国又制定了优质小麦的GB/T 17892—1999《优质小麦　强筋小麦》及GB/T 17893—1999《优质小麦　弱筋小麦》，其中规定小麦籽粒的质量指标有容重、水分、不完善粒、杂质、色泽、气味、降落数值、粗蛋白含量、湿面筋含量等。杂质和不完善粒含量高低直接影响小麦粉的质量，不完善粒含量过高会使小麦粉的灰分超标、面筋含量下降及对小麦硬度等产生影响。

小麦中的杂质是指除小麦籽粒以外的其他物质，包括筛下物、无机杂质和有机杂质。筛下物是指通过直径1.5mm圆孔筛的物质；无机杂质是指砂石、煤渣、砖瓦块、泥土等矿物质及其他无机类杂质；有机杂质是指无使用价值的小麦、异种粮粒及其他有机类物质。一般常见的无使用价值的小麦有：霉变小麦、生芽粒中芽超过本颗粒长度的小麦、线虫病小麦、腥黑穗病小麦等。

小麦不完善粒是指受到损伤但尚有使用价值的小麦颗粒，包括虫蚀粒、病斑粒、生芽粒、生霉粒、破损粒。

（1）虫蚀粒：被虫蛀蚀，伤及胚或胚乳的颗粒。

（2）病斑粒：粒面带有病斑，伤及胚或胚乳的颗粒。

①黑胚粒：籽粒胚部呈深褐色或黑色，伤及胚或胚乳的颗粒。

②赤霉病粒：籽粒皱缩、呆白，有的粒面呈紫色，或有明显的粉红色霉状物，间有黑色子囊壳。

（3）生芽粒：芽或幼根虽未突破种皮但胚部种皮已破裂，或芽或幼根突破种皮不超过本颗粒长度的籽粒。芽或幼根超过本颗粒长度的归属杂质。

（4）生霉粒：粒面生霉的颗粒。

（5）破损粒：压扁、破碎，伤及胚或胚乳的颗粒。

小麦杂质、不完善粒的检测主要步骤如表3-9所示。

表3-9　小麦杂质、不完善粒的检测操作流程

序号	步骤	操作内容
1	准备	准备好相关样品、仪器用具
2	样品制备	准备2000g样品，分取约500g，并称量
3	筛选	谷物选筛 ϕ1.5mm、ϕ4.5mm，110~120r/min顺时针、逆时针各筛1min

续表

序号	步骤	操作内容
4	大样杂质检验	拣出筛上大样杂质、称量
5	小样杂质检验	分取小样试样并称量，拣出小样杂质并称量
6	矿物质检验	拣出矿物质并称量
7	不完善粒测定	拣出小样杂质的同时，拣出不完善粒并称量
8	结果计算	带入公式进行计算
9	结果判定与表示	根据测定结果进行判定与表示

任务实施

一、准备工作

仪器和用具准备如下。

（1）天平：感量为 0.01，1g。

（2）电动筛选器。

（3）谷物选筛：ϕ4.5mm 和 ϕ1.5mm 的筛层、筛底、筛盖。

（4）分样器或分样板。

（5）分析盘、培养皿、镊子等。

小麦杂质、
不完善粒检测视频

二、试样制备

检验杂质的试样量分为大样、小样两种。按 GB/T 5491—1985 的规定分取小麦试样约 500g，作为大样试样，用于检验大样杂质，大样杂质包括大型杂质和绝对筛层的筛下物；从检验过大样杂质的样品中分取试样约 50g，作为小样试样，用于检验小样杂质，即与粮粒大小相似的并肩杂质。

三、操作步骤

（一）杂质检测

1. 大样杂质检测

从平均样品中，分取大样试样并称量（m），精确至 1g，按电动筛选法或者手筛法分两次进行筛选，然后拣出筛上大型杂质和筛下物合并称量（m_1）。

2. 小样杂质检测

从检验过大样杂质的试样中，分取小样试样并称量（m_2），精确至 0.01g，倒入分析盘中，按质量标准的规定拣出杂质，称量（m_3）。

3. 矿物质检验

按质量标准中规定，从拣出的小样杂质中拣出矿物质，称量（m_4）。

（二）不完善粒测定

在检验小样杂质的同时，按质量标准的规定拣出不完善粒，称量（m_5），精确至0.01g。

四、注意事项

（1）虫蚀粒检验时应特别注意是否伤及胚或胚乳，未伤胚及胚乳的籽粒归属为完善粒；应细致观察粒面是否有细小蛀孔，以免漏检，不能准确鉴别的应进行剖粒检验。

（2）破碎粒检验时，籽粒有裂纹未伤及胚或胚乳的不属于破损粒。

（3）肉眼可检粒面生霉且未伤及胚或胚乳的籽粒，归属生霉粒。

（4）病斑粒、黑胚粒须进行剖粒检验，观察是否伤及胚或胚乳，伤及胚或胚乳的才归属病斑粒、黑胚粒；赤霉病粒检验时，籽粒皱缩、呆白在实际鉴别中按呆白记录。

五、数据记录与处理

1. 大样杂质计算

大样杂质百分率按式（3-2）计算。

$$A = \frac{m_1}{m} \times 100 \tag{3-2}$$

式中 A——大样杂质百分率，大样杂质占试样总量的质量分数,%；

m_1——大样杂质质量，g；

m——大样质量，g。

在重复性条件下，获得的两次独立检测结果的绝对差值不大于0.3%，求其平均数即为检测结果，检测结果取小数点后一位。

2. 小样杂质计算

小样杂质百分率按式（3-3）计算。

$$B = (100 - A) \times \frac{m_3}{m_2} \tag{3-3}$$

式中 B——小样杂质百分率，小样杂质占试样总量的质量分数,%；

m_3——小样杂质质量，g；

m_2——小样质量，g；

A——大样杂质百分率,%。

在重复性条件下，获得的两次独立检测结果的绝对差值不大于0.3%，求其平均数，即为检测结果，检测结果保留到小数点后一位。

3. 矿物质计算

矿物质百分率按式（3-4）计算。

$$K = (100 - A) \times \frac{m_4}{m_2} \tag{3-4}$$

式中　K——矿物质百分率，矿物质占试样总量的质量分数,%；

m_4——矿物质质量，g；

m_2——小样质量，g；

A——大样杂质百分率,%。

在重复性条件下，获得的两次独立检测结果的绝对差值不大于0.1%，求其平均数即为检测结果，检测结果取小数点后两位。

4. 杂质总量计算

杂质总量按式（3-5）计算。

$$C = A + B \tag{3-5}$$

式中　C——杂质总量,%；

A——大样杂质百分率,%；

B——小样杂质百分率,%。

检测结果取小数点后一位。

5. 不完善粒计算

不完善粒百分率按式（3-6）计算。

$$D = (100 - A) \times \frac{m_5}{m_2} \tag{3-6}$$

式中　D——不完善粒百分率，不完善粒占试样总量的质量分数,%；

m_5——不完善粒质量，g；

m_2——小样质量，g；

A——大样杂质百分率,%。

在重复性条件下，获得的两次独立测试结果的绝对差值不超过0.5%。求其平均数即为检测结果，检测结果取小数点后一位。

6. 数据处理

小麦杂质、不完善粒的检测原始记录表见表3-10。

表3-10　　小麦杂质、不完善粒的检测原始记录表

<table>
<tr><td colspan="2" rowspan="2">样品名称</td><td rowspan="2">样品状态</td><td colspan="2" rowspan="2">检测方法依据</td><td colspan="2">检测仪器</td><td rowspan="2">环境状况</td><td rowspan="2">检测地点</td><td rowspan="2">检测日期</td><td rowspan="2">备注</td></tr>
<tr><td>名称</td><td>编号</td></tr>
<tr><td colspan="2"></td><td></td><td colspan="2"></td><td></td><td></td><td>温度：____℃
相对湿度：____%</td><td></td><td>____年
__月__日</td><td></td></tr>
<tr><td>样品编号</td><td>实验次数</td><td colspan="3">样品质量（m）/g</td><td>百分率/%</td><td>双实验结果允差/%</td><td colspan="2">实测双实验结果允差/%</td><td colspan="2">修约值</td></tr>
<tr><td rowspan="4"></td><td rowspan="2">1</td><td colspan="2">大样试样</td><td></td><td rowspan="2"></td><td rowspan="4"></td><td colspan="2" rowspan="4"></td><td colspan="2" rowspan="4"></td></tr>
<tr><td colspan="2">大样杂质</td><td></td></tr>
<tr><td rowspan="2">2</td><td colspan="2">大样试样</td><td></td><td rowspan="2"></td></tr>
<tr><td colspan="2">大样杂质</td><td></td></tr>
</table>

续表

样品编号	实验次数	样品质量（m）/g		百分率/%	双实验结果允差/%	实测双实验结果允差/%	修约值
	1	小样试样					
		小样杂质					
	2	小样试样					
		小样杂质					
	1	矿物质					
	2	矿物质					
	1	不完善粒					
	2	不完善粒					
	杂质总量/%						

检测：　　　　　　　　　　　　　　　　　　　　　　　　校核：

任务评价

小麦杂质、不完善粒的检测评分标准见表3-11。

表3-11　　　　　小麦杂质、不完善粒的检测评分标准

检测内容	评价标准	评分标准/分	评分记录
准备	能够准备天平、谷物选筛	10	
大样试样	分样工具正确、分样操作规范、称量规范	15	
大样杂质	筛选操作正确、杂质归并正确、称量规范	15	
小样试样	分样工具正确、分样操作规范、称量规范	15	
并肩杂质	识别正确、称量规范	15	
不完善粒	识别正确、称量规范	15	
结果计算	原始记录规范、计算正确、结果表述规范	15	

小麦杂质、不完善粒的检测评价表见表3-12。

表3-12　　　　　小麦杂质、不完善粒的检测评价表

<table>
<tr><td>结果</td><td colspan="7"></td></tr>
<tr><td rowspan="5">评价</td><td>自我评价</td><td colspan="5"></td><td>评分
（满分10）</td></tr>
<tr><td rowspan="4">组内互评</td><td>学号</td><td>姓名</td><td>评分
（满分20）</td><td>学号</td><td>姓名</td><td>评分
（满分20）</td></tr>
<tr><td>1号</td><td></td><td></td><td>2号</td><td></td><td></td></tr>
<tr><td>3号</td><td></td><td></td><td>4号</td><td></td><td></td></tr>
<tr><td>5号</td><td></td><td></td><td></td><td></td><td></td></tr>
</table>

续表

<table>
<tr><td rowspan="5">评价</td><td rowspan="3">小组互评（除自己组以外）</td><td>组号</td><td>评分（满分 20）</td><td>组号</td><td colspan="2">评分（满分 20）</td></tr>
<tr><td>________组</td><td></td><td>________组</td><td colspan="2"></td></tr>
<tr><td>________组</td><td></td><td>________组</td><td colspan="2"></td></tr>
<tr><td rowspan="2">教师评价</td><td colspan="4" rowspan="2"></td><td>评分（满分 50）</td></tr>
<tr><td></td></tr>
</table>

问题思考

1. 病斑粒、黑胚粒为什么进行剖粒检验？

2. 虫蚀粒、芽已断落的生芽粒不能准确鉴别时为什么剖粒检验？

3. 鉴别胚部种皮隆起是否与胚分离，可否用镊子按压隆起部位，若胚部有空洞感，则判定为生芽粒？

思政案例：入仓原粮品质控制

任务四 小麦容重的检测

学习目标

❖ 知识目标

1. 了解小麦容重的概念。

2. 理解小麦容重的影响因素。

❖ 能力目标

1. 掌握容重的检测原理、操作步骤和操作技能。

2. 能够正确操作小麦容重器、电动筛选器等实验设备。

3. 能够独立完成检测数据的填报工作。

❖ 素质目标

1. 深刻理解粮食的质量安全以及营养健康的重要性，领悟粮食安全对于社会稳定的重要意义，以身作则，积极投身于保障粮食安全建设中。

2. 充分领悟“实事求是、与时俱进、求真务实”的优良品质对于做好检测工作的重要性。

任务描述

粮食籽粒在单位容积内的质量称为容重，单位用 g/L 表示。

容重的大小是粮食籽粒大小、形状、整齐度、质量、腹沟深浅、胚乳质地等质量的综合标志。一般说来，粮食籽粒成熟饱满，结构紧密，籽粒短，水分小者容重大；而籽粒结构疏松，不饱满，粒形长，水分大者，容重小。因此，测定粮食容重，可以从某一方面反映粮食的性状。在我国，许多粮食，如小麦、玉米、高粱、粟、稷、米、大麦、莜麦、荞麦等的现行质量标准中以容重作为定等基础项目。目前，世界各主产小麦国如美国、加拿大、俄罗斯、澳大利亚等国家质量标准中，容重都被列为质量标准的指标之一。

知识准备

对同一地区的同一品种，小麦出粉率与小麦容重、相对密度、千粒重、硬度等均存在显著的关系，其中容重与出粉率之间存在着极显著的正相关。不同品种、不同地区的小麦，容重与出粉率等指标的相关性也不同。粮食籽粒在单位容积内的质量称为容重，单位用 g/L 表示，常用单位 t/m^3。容重的大小是粮食籽粒大小、形状、整齐度、质量、腹沟深浅、胚乳质地等质量的综合标志。一般说来，粮食籽粒成熟饱满，结构紧密，籽粒短，水分含量小者容重大；而籽粒结构疏松，不饱满，粒形长，水分含量大者，容重小。我国小麦的现行质量标准中以容重作为定等基础项目。

表 3-13　　小麦容重标准

粮食品种	容重（g/L）					
	一等	二等	三等	四等	五等	等外级
小麦	≥790	≥770	≥750	≥730	≥710	<710

影响小麦容重的因素如下。

（1）水分的影响：水分与容重之间成负的线性关系。随着小麦品种的差异，其影响程度是不一样的。

（2）杂质的影响：检测容重时，规定除去大型杂质和规定筛层的筛下物。在筛理过程中往往黏附在小麦籽粒腹沟中及表面的细灰杂难以除尽，使测定的容重往往偏高；并肩杂质（指通过直径 6mm 圆形筛孔，留存在直径 1.5～2mm 圆形筛孔上的杂质）对容重的影响是通常砂石等矿物质可使容重增大，而有机杂质则使容重降低。

（3）未熟粒的影响：未熟粒在小麦质量标准中未列入不完善粒检验中，但未熟粒含量对容重有明显的影响，未熟粒含量与容重成负的线性关系。

（4）籽粒形状、大小及千粒重的影响：粮食籽粒成熟饱满、结构紧密、籽粒短圆、大小均匀者容重大，千粒重大者容重大；反之容重较小。

小麦容重检测参照 GB/T 5498—2013 执行，检测的主要步骤如表 3-14 所示。

表 3-14　　小麦容重的检测操作流程

序号	步骤	操作内容
1	准备	准备好相关样品、仪器设备
2	试样制备	分取小麦约 1000g
3	筛选	去除大样杂质
4	仪器安装	安装说明书，安装容重器
5	谷物筒选择	选择 ϕ3cm 的谷物筒，倒入半净样、安装中间筒、称量筒
6	测定	将称量筒和样品进行称量
7	结果判定与表示	根据检测结果进行判定与表示

任务实施

一、准备工作

仪器和用具准备如下。

（1）天平：感量为 0.1g。

（2）谷物选筛：ϕ4.5mm 和 ϕ1.5mm 的筛层、筛底、筛盖。

（3）容重器。

小麦容重的检测视频

①HGT-1000 型容重器，是增设专用底板的 61-71 型容重器。

②HGT-1000A 型容重器，在 HGT-1000 型容重器的基础上增加了一个漏斗直径为 40mm 的谷物筒。

二、试样制备

从平均样品中分取试样约 1000g，用 ϕ4.5mm、ϕ1.5mm 的筛层分 4 次进行筛选，取下层筛筛上物，与上层筛筛上物（拣出空壳和比粮粒大的杂质）合并混匀后作为检测容重的试样。

三、操作步骤

以 HGT-1000A 型容重器为例。取下容量筒，倒出排气砣，将容量筒安装在铁板底座上，插上插片，放上排气砣，套上中间筒。

选择漏斗直径为 30mm 的谷物筒，将制备的小麦试样倒入谷物筒内，装满刮平，再将谷物筒套在中间筒上，打开漏斗开关，待试样全部落入中间筒后关闭漏斗开关。用手握住谷物筒与中间筒的接合处，平稳地抽出插片，使试样与排气砣一同落入容量筒中，再将插片平稳地插入豁口槽中，依次取下谷物筒，拿起中间筒和容量筒，倒净插片上多余的试样，抽出插片，将容量筒挂在吊环上称量。

实验完毕，清理容重器，然后将各部件依次放入箱内。

四、注意事项

（1）HGT-1000 型容重器即增设专用底板的 61-71 型容重器。61-71 型容重器的底座安在箱盖上，测容重时排气砣振动较大，对容重有影响。HGT-1000 型容重器改进增设较厚的铁板为底座，可将铁板固定在牢固的台子上为底座，防止振动，提高了仪器的稳定性和准确性。

（2）为减小杂质对容重的影响，规定了上、下筛层，在测定容重时必须用筛过的半净粮试样。

（3）最好在打开谷物筒开关前，即用左手握住谷物筒与中间筒接合处，平稳地抽出插片，再准确迅速将插片插入豁口槽中。操作时不能振动，否则影响结果。

（4）容重器每年应进行计量检定，测定结果应加、减修正值。

五、数据记录与处理

1. 数据计算

两次检测结果的允许差不超过 3g/L，求其平均数即为检测结果，检测结果取整数。

2. 数据处理

小麦容重的检测原始记录表见表 3-15。

表 3-15　　小麦容重的检测原始记录表

<table>
<tr><th colspan="2" rowspan="2">样品名称</th><th rowspan="2">样品状态</th><th rowspan="2">检测方法依据</th><th colspan="2">检测仪器</th><th rowspan="2">环境状况</th><th rowspan="2">检测地点</th><th rowspan="2">检测日期</th><th rowspan="2">备注</th></tr>
<tr><th>名称</th><th>编号</th></tr>
<tr><td colspan="2"></td><td></td><td></td><td></td><td></td><td>温度：____℃
相对湿度：____%</td><td></td><td>____年
__月__日</td><td></td></tr>
<tr><th>样品编号</th><th>实验次数</th><th colspan="2">样品质量（m）/g</th><th colspan="2">容重/(g/L)</th><th colspan="2">双实验允差/(g/L)</th><th colspan="2">修约值</th></tr>
<tr><td rowspan="2"></td><td></td><td colspan="2"></td><td colspan="2"></td><td colspan="2" rowspan="2"></td><td colspan="2" rowspan="2"></td></tr>
<tr><td></td><td colspan="2"></td><td colspan="2"></td></tr>
<tr><td rowspan="2"></td><td></td><td colspan="2"></td><td colspan="2"></td><td colspan="2" rowspan="2"></td><td colspan="2" rowspan="2"></td></tr>
<tr><td></td><td colspan="2"></td><td colspan="2"></td></tr>
<tr><td rowspan="2"></td><td></td><td colspan="2"></td><td colspan="2"></td><td colspan="2" rowspan="2"></td><td colspan="2" rowspan="2"></td></tr>
<tr><td></td><td colspan="2"></td><td colspan="2"></td></tr>
<tr><td rowspan="2"></td><td></td><td colspan="2"></td><td colspan="2"></td><td colspan="2" rowspan="2"></td><td colspan="2" rowspan="2"></td></tr>
<tr><td></td><td colspan="2"></td><td colspan="2"></td></tr>
</table>

检测：　　　　　　　　　　　　　　　　校核：

任务评价

小麦容重的检测评分标准见表 3-16。

表 3-16　　小麦容重的检测评分标准

检测内容	评价标准	评分标准/分	评分记录
准备	能够准备天平、谷物选筛、容重器	10	
容重器	安装、调零	20	
试样制备	称量规范、筛选操作正确、杂质归并正确	20	

续表

检测内容	评价标准	评分标准/分	评分记录
测定	操作规范、谷物筒选择正确	20	
记录结果	结果记录正确、书写规范	20	
台面整理	容重器回收规范、桌面整齐	10	

小麦容重的检测评价表见表 3-17。

表 3-17　　小麦容重的检测评价表

<table>
<tr><td rowspan="12">评价</td><td>自我评价</td><td colspan="5"></td><td>评分
（满分 10）</td></tr>
<tr><td rowspan="4">组内互评</td><td>学号</td><td>姓名</td><td>评分
（满分 20）</td><td>学号</td><td>姓名</td><td>评分
（满分 20）</td></tr>
<tr><td>1 号</td><td></td><td></td><td>2 号</td><td></td><td></td></tr>
<tr><td>3 号</td><td></td><td></td><td>4 号</td><td></td><td></td></tr>
<tr><td>5 号</td><td></td><td></td><td></td><td></td><td></td></tr>
<tr><td rowspan="3">小组互评
（除自己组以外）</td><td colspan="2">组号</td><td>评分
（满分 20）</td><td colspan="2">组号</td><td>评分
（满分 20）</td></tr>
<tr><td colspan="2">________组</td><td></td><td colspan="2">________组</td><td></td></tr>
<tr><td colspan="2">________组</td><td></td><td colspan="2">________组</td><td></td></tr>
<tr><td rowspan="2">教师评价</td><td colspan="5" rowspan="2"></td><td>评分
（满分 50）</td></tr>
<tr><td></td></tr>
</table>

问题思考

1. 容重器为什么应按说明书检查空载时零点？
2. 每次检测，谷物筒中试样为什么应装满，用分样板刮平？
3. 插片插拔为什么应迅速，不能停顿？

思政案例：小麦起源

项目四

小麦粉质量检验

任务一 小麦粉加工精度的检验

学习目标

❖ 知识目标

1. 了解加工精度检验的概念和方法。
2. 了解加工精度检验的相关标准。

❖ 能力目标

1. 掌握粉刀和搭粉板使用和维护方法。
2. 掌握小麦粉加工精度检验的原理，样品的制备。
3. 能够利用粉刀和搭粉板独立完成小麦粉中加工精度的检验。

❖ 素质目标

1. 深刻理解“全方位夯实粮食安全根基”的重要性，理解加工精度和适度加工的关系，树立粮食节约和营养健康观念，养成良好的节粮减损意识。

2. 充分理解“功以才成，业由才广”的内涵，养成严谨求实的科学态度，树立“藏粮于技”的观念，争做精工巧匠，以实际行动来守护粮食安全。

任务描述

小麦粉加工精度是指小麦粉中残留麸皮碎片的程度，以麸星的大小及多少表示。麸星指小麦粉中的麸皮碎片。

小麦粉中麸星含量的多少取决于加工精度，加工精度高，麸星含量低；加工精度低，麸星含量高。小麦粉的加工精度是确定小麦粉类别的重要项目，用于评定小麦粉的品质，也被用于指导小麦的加工工艺。

小麦粉加工精度依据 GB/T 5504—2011《粮油检验　小麦粉加工精度检验》进行，该标准中检验方法有 5 种。

知识准备

GB/T 1355—2021《小麦粉》，主要质量指标有加工精度、灰分含量、脂肪酸值、水分含量、含砂量、磁性金属物、色泽、气味、外观形态、湿面筋含量。其中加工精度和灰分含量为分类指标，小麦粉分为精制粉、标准粉、普通粉三个类别，具体标准见表 4-1。

表 4-1　　小麦粉质量标准

质量指标		类别		
		精制粉	标准粉	普通粉
加工精度		按标准样品或仪器测定值对照检验麸星		
灰分含量（以干基计）/%	≤	0.70	1.10	1.60
脂肪酸值（以湿基，KOH 计）/(mg/100g)	≤	80		
水分含量/%	≤	14.5		
含砂量/%	≤	0.02		
磁性金属物/(g/kg)	≤	0.003		
色泽、气味		正常		
外观形态		粉状或微粒状，无结块		
湿面筋含量/%	≥	22.0		

小麦粉加工精度的检验操作流程如表 4-2 所示。

表 4-2　　小麦粉加工精度的检验操作流程

序号	步骤	操作内容
1	准备	准备好相关仪器设备
2	干样法	用粉刀把标准样品、待测样品 2 个粉样压平，打成上厚下薄的坡度，切齐各边目测比较
3	干烫样法	干样法样品沸水浴 1min，去除浮起部分后比较
4	湿样法	干样法样品置于常温水中，至不起泡为止，取出比较
5	湿烫样法	湿样法样品沸水浴 1min，去除浮起部分后比较
6	蒸馒头法	30g 样品，15mL 酵母液和面，38℃醒发，再次和面醒发后蒸 15min，目测比较
7	结果判定与表示	根据检验结果进行判定与表示

任务实施

一、准备工作

1. 仪器和用具

（1）天平：感量 0.1g。

（2）粉刀。

（3）粉板：5cm×30cm 平整木板。

（4）水浴锅。

（5）保温箱。

（6）电炉、蒸锅、小瓷碗、玻璃棒、分析盘、毛刷等。

小麦粉加工精度的检验视频

2. 试剂

酵母液：称取 5g 鲜酵母或者 2g 干酵母，加入 100mL 温水（35℃左右），搅拌均匀备用。

二、试样制备

各种不同标准的小麦粉原料。

三、操作步骤

（一）干样法

用洁净粉刀取少量小麦粉加工精度标准样品置于粉板上，用粉刀压平，将右边切齐，刮净粉刀右侧的粉末。再取少量试样置于标准样品右侧压平，将左边切齐，刮净粉刀左侧的粉末。用粉刀将试样慢慢向左移动，使试样与标准样品相连接。再用粉刀把两个粉样紧紧压平，打成上厚下薄的坡度（上厚约 6mm，下与粉板拉平），切齐各边后，切去标准样品左上角。目测比较试样表面与标准样品表面的颜色与麸星大小及密集度。

（二）干烫样法

将经过干样法检验的粉板斜插入加热的沸水浴中，约 1min 后取出，用粉刀轻轻刮去粉样表面受烫而浮起的部分，目测比较试样表面与标准样品表面的颜色与麸星大小及密集度。

（三）湿样法

将干样法制备的粉板倾斜插入常温水中，直至不起气泡为止，取出粉板，待粉样表面微干时，目测比较试样表面与标准样品表面的颜色与麸星大小与密集程度。

（四）湿烫样法

将经过湿样法检验的粉板，斜插入加热的沸水浴中，约 1min 后取出，用粉刀轻轻刮去粉样表面受烫而浮起的部分，目测比较试样表面与标准样品表面的颜色与麸星大小及密集度。

（五）蒸馒头法

分别称取 30g 试样和小麦粉加工精度标准样品于不同瓷碗中，各加入 15mL 酵母液，和成面团，并揉至无干面、表面光滑为止。碗上盖一块干净的湿布，放在 38℃左右的保温箱内发酵至面团内部略呈蜂窝状（约 30min）。将已发酵的面团用少许干面揉和至软硬适度后，做成圆形馒头放入碗中，用干布盖上，置于 38℃左右的保温箱内醒发约 20min，取出并放入沸水蒸锅内蒸 15min。从蒸锅中取出馒头后，目测比较试样表面与标准样品表皮颜色和麸星大小及密集度。

四、注意事项

（1）小麦粉在搭粉板上要均匀压平，左右切齐；打成上厚下薄的坡度。

（2）搭粉板时标样与试样不得互混。

（3）湿烫法和干烫法检验操作时小心烫伤。

五、数据记录与处理

1. 结果表示

若试样麸星与标准样品相当，则试样加工精度与该等级标准样品加工精度相同。

若试样的麸星大小或数量大于或多于标准样品，则试样加工精度低于该等级标准样品加工精度。反之，试样加工精度高于该等级标准样品加工精度。若需进一步确定该试样的加工精度等级，可选择不同的标准样品进行比对检验，直到确定该试样的加工精度等级为止。

2. 数据记录

小麦粉加工精度的检验原始记录表见表 4-3。

表 4-3　　小麦粉加工精度的检验原始记录表

<table>
<tr><th colspan="2" rowspan="2">样品名称</th><th rowspan="2">样品状态</th><th rowspan="2">检测方法依据</th><th colspan="2">检测仪器</th><th rowspan="2">环境状况</th><th rowspan="2">检测地点</th><th rowspan="2">检测日期</th><th rowspan="2">备注</th></tr>
<tr><th>名称</th><th>编号</th></tr>
<tr><td colspan="2"></td><td></td><td></td><td></td><td></td><td>温度：____℃
相对湿度：____%</td><td></td><td>____年
__月__日</td><td></td></tr>
<tr><th>样品编号</th><th>实验次数</th><th colspan="2">干样法</th><th>干烫样法</th><th>湿样法</th><th colspan="2">湿烫样法</th><th colspan="2">蒸馒头法</th></tr>
<tr><td rowspan="2"></td><td></td><td colspan="2"></td><td></td><td></td><td colspan="2"></td><td colspan="2"></td></tr>
<tr><td></td><td colspan="2"></td><td></td><td></td><td colspan="2"></td><td colspan="2"></td></tr>
<tr><td rowspan="2"></td><td></td><td colspan="2"></td><td></td><td></td><td colspan="2"></td><td colspan="2"></td></tr>
<tr><td></td><td colspan="2"></td><td></td><td></td><td colspan="2"></td><td colspan="2"></td></tr>
<tr><td rowspan="2"></td><td></td><td colspan="2"></td><td></td><td></td><td colspan="2"></td><td colspan="2"></td></tr>
<tr><td></td><td colspan="2"></td><td></td><td></td><td colspan="2"></td><td colspan="2"></td></tr>
</table>

检测：　　　　　　　　　　　　　　　　　　　　校核：

任务评价

小麦粉加工精度的检验评分标准见表 4-4。

表 4-4　　　　小麦粉加工精度的检验评分标准

检验内容	评价标准	评分标准/分	评分记录
准备	准备好器具，小麦粉标样和试样实验前分别混匀	10	
干样法	左右切齐，打成上厚下薄的坡度（上厚约 6mm，下与粉板拉平）	15	
干烫法	打样规范、热烫温度时间正确	15	
湿样法	打样规范、气泡排净	15	
湿烫法	打样规范、湿法气泡排净、热烫温度时间正确	15	
蒸馒头法	馒头无干面、表面光滑	15	
判定	能够准确判断试样的加工精度	15	

小麦粉加工精度的检验评价表见表 4-5。

表 4-5　　　　小麦粉加工精度的检验评价表

评价	自我评价						评分（满分 10）
	组内互评	学号	姓名	评分（满分 20）	学号	姓名	评分（满分 20）
		1 号			2 号		
		3 号			4 号		
		5 号					
	小组互评（除自己组以外）	组号	评分（满分 20）	组号	评分（满分 20）		
		________组		________组			
		________组		________组			
	教师评价						评分（满分 50）

问题思考

干烫样法和湿烫样法处理后的粉板颜色为什么比干样法做出的更明显些？

思政案例：
“青稞之父”尼玛扎西

任务二　小麦粉含砂量的检测

学习目标

❖ 知识目标

1. 了解小麦粉含砂量检测的概念。
2. 了解小麦粉含砂量检测的相关标准及相关食品安全国家标准限量。

❖ 能力目标

1. 掌握细砂分离漏斗使用和维护方法。

2. 掌握小麦粉含砂量检测的原理及操作技能。

3. 能够独立完成小麦粉中含砂量的检测。

❖ 素质目标

1. 在小麦粉含砂量检验的探究中树立严谨求实的科学态度，养成科学态度和科学精神。

2. 充分理解检验工作“容不得砂子”的意义，养成“坚持真理，公正求实”的职业操守。以责任担当守护人民群众“舌尖上的安全”的意识。

任务描述

含砂量是指粉类粮食中所含的无机砂尘的量，以砂尘占试样总质量的质量分数表示（%）。

我国小麦粉质量标准（GB/T 1355—2021）中规定，各等级小麦粉中含砂量均不得超过 0.02%。依据 GB/T 5508—2011《粮油检验　粉类粮食含砂量测定》中四氯化碳分离法测定。该法是利用在四氯化碳中，粉类粮食与砂尘的相对密度不同，粉类粮食悬浮于四氯化碳表层，砂尘沉于四氯化碳底层，从而将粉类粮食与砂尘分开的原理进行。

知识准备

粮食加工时虽经清理、除杂，但其中仍含有少量杂质，如小麦经清理后的净麦含尘芥杂质不超过 0.3%，其中砂石不超过 0.02%，因此碾磨后，仍会有一定量的细砂土留在粉中。粉状粮中的细砂是难以清除的，粉中含砂量超过一定限度，在食用时会有牙碜感觉，影响食用和人体健康，所以制粉过程中应严格控制含砂量，力求降低到最低指标。

小麦粉含砂量的检测操作流程如表 4-6 所示。

表 4-6　小麦粉含砂量的检测操作流程

序号	步骤	操作内容
1	量取溶剂	量筒量取 70mL 四氯化碳
2	称样	称取约 10g 样品，加入四氯化碳中
3	搅拌	每 5min 搅拌一次，共 3 次
4	静置	静置 30min
5	分离	分离四氯化碳和砂尘
6	转移	将砂尘转移至恒重的坩埚中
7	称量	20min 烘干溶剂后称量
8	计算	按照计算公式进行

任务实施

一、准备工作

1. 仪器和用具

(1) 细砂分离漏斗、漏斗架。

(2) 电炉：500W。

(3) 干燥器。

(4) 坩埚、坩埚钳、量筒、玻棒、角勺、石棉网等。

(5) 天平（感量 0.01g 和 0.0001g 各一台）。

2. 试剂

四氯化碳。

二、试样制备

试样制备按照 GB/T 5491—1985 执行。

三、操作步骤

量取 70mL 四氯化碳于细砂分离漏斗内，加入试样约 10g±0.01g（m），用玻棒在分离漏斗的中上部轻轻搅拌后静置。然后每隔 5min 搅拌 1 次，共搅拌 3 次，再静置 30min。将浮在四氯化碳表面的粉类粮食用角勺取出，再把分离漏斗中的四氯化碳和沉于底部的砂尘放入 100mL 烧杯中，用少量四氯化碳冲洗漏斗 2 次，收集四氯化碳于同一烧杯中。静置 30s 后，倒出烧杯中的四氯化碳，然后用少许四氯化碳将烧杯底部的砂尘转移至已恒质（m_0，±0.0001g）的坩埚内，再用吸管小心将坩埚内的四氯化碳吸出，将坩埚放在电炉的石棉网上烘约 20min，然后将坩埚放入干燥器，冷却至室温后称量，得坩埚及砂尘质量（m_1，±0.0001g）。

四、注意事项

(1) 四氯化碳有特殊气味，在吸入或与皮肤接触时有毒，操作应在通风橱中进行。

(2) 四氯化碳对环境有害，使用后的废液不得直接排放，应收集并按相关规定处理。

五、数据记录与处理

1. 结果计算

粉类粮食含砂量按式（4-1）计算。

$$X_1 = \frac{m_1 - m_0}{m} \times 100\% \tag{4-1}$$

式中 X_1——粉类粮食含砂量，以质量分数计，%；

m_0——坩埚质量，g；

m_1——坩埚及砂尘质量，g；

m——试样质量，g。

2. 重复性

在重复性条件下，获得的两次独立检测结果的绝对差值不大于0.005%，取其平均数，即为检测结果，检测结果保留到小数点后两位。

3. 数据处理

小麦粉含砂量的检测原始记录表见表4-7。

表4-7　　小麦粉含砂量的检测原始记录表

<table>
<tr><td colspan="2" rowspan="2">样品名称</td><td rowspan="2">样品状态</td><td rowspan="2">检测方法依据</td><td colspan="2">检测仪器</td><td rowspan="2">环境状况</td><td rowspan="2">检测地点</td><td rowspan="2">检测日期</td><td rowspan="2">备注</td></tr>
<tr><td>名称</td><td>编号</td></tr>
<tr><td colspan="2"></td><td></td><td></td><td></td><td></td><td>温度：____℃
相对湿度：____%</td><td></td><td>____年
__月__日</td><td></td></tr>
<tr><td>样品编号</td><td>实验次数</td><td colspan="2">样品质量/g</td><td>坩埚质量/g</td><td>坩埚及砂尘质量/g</td><td colspan="2">含砂量/%</td><td>双实验绝对差值/%</td><td>修约值/%</td></tr>
<tr><td rowspan="2"></td><td></td><td colspan="2"></td><td></td><td></td><td colspan="2"></td><td rowspan="2"></td><td rowspan="2"></td></tr>
<tr><td></td><td colspan="2"></td><td></td><td></td><td colspan="2"></td></tr>
<tr><td rowspan="2"></td><td></td><td colspan="2"></td><td></td><td></td><td colspan="2"></td><td rowspan="2"></td><td rowspan="2"></td></tr>
<tr><td></td><td colspan="2"></td><td></td><td></td><td colspan="2"></td></tr>
<tr><td rowspan="2"></td><td></td><td colspan="2"></td><td></td><td></td><td colspan="2"></td><td rowspan="2"></td><td rowspan="2"></td></tr>
<tr><td></td><td colspan="2"></td><td></td><td></td><td colspan="2"></td></tr>
</table>

检测：　　　　　　　　　　　　　　　　校核：

任务评价

小麦粉含砂量的检测评分标准见表4-8。

表4-8　　小麦粉含砂量的检测评分标准

检测内容	评价标准	评分标准	评分记录
准备	准备好器具，无撒漏，样品量取准确	10	
坩埚恒重	恒重至前后2次称量质量差≤0.2mg	15	
称量	样品混匀，能够准确称量无撒漏	15	
分离	搅拌操作正确	15	

续表

检测内容	评价标准	评分标准	评分记录
收集	用少量四氯化碳冲洗漏斗 2 次，无撒漏	15	
烘干	烘干时间准确	15	
计算	有效数字修约正确、双实验结果处理正确	15	

小麦粉含砂量的检测评价表见表 4-9。

表 4-9　　小麦粉含砂量的检测评价表

<table>
<tr><td rowspan="10">评价</td><td>自我评价</td><td colspan="10"></td><td colspan="2">评分
（满分 10）</td></tr>
<tr><td rowspan="4">组内互评</td><td colspan="2">学号</td><td colspan="2">姓名</td><td colspan="2">评分
（满分 20）</td><td colspan="2">学号</td><td colspan="2">姓名</td><td colspan="2">评分
（满分 20）</td></tr>
<tr><td colspan="2">1 号</td><td colspan="2"></td><td colspan="2"></td><td colspan="2">2 号</td><td colspan="2"></td><td colspan="2"></td></tr>
<tr><td colspan="2">3 号</td><td colspan="2"></td><td colspan="2"></td><td colspan="2">4 号</td><td colspan="2"></td><td colspan="2"></td></tr>
<tr><td colspan="2">5 号</td><td colspan="2"></td><td colspan="2"></td><td colspan="6"></td></tr>
<tr><td rowspan="3">小组互评
（除自己组以外）</td><td colspan="3">组号</td><td colspan="3">评分
（满分 20）</td><td colspan="3">组号</td><td colspan="3">评分
（满分 20）</td></tr>
<tr><td colspan="3">________组</td><td colspan="3"></td><td colspan="3">________组</td><td colspan="3"></td></tr>
<tr><td colspan="3">________组</td><td colspan="3"></td><td colspan="3">________组</td><td colspan="3"></td></tr>
<tr><td rowspan="2">教师评价</td><td colspan="10" rowspan="2"></td><td colspan="2">评分
（满分 50）</td></tr>
<tr><td colspan="2"></td></tr>
</table>

问题思考

1. 实验误差的来源主要有哪几个方面？
2. 小麦粉含砂量超标的危害有哪些？

思政案例：
大国工匠顾秋亮

任务三　小麦粉磁性金属物含量的检测

学习目标

❖ 知识目标

1. 了解小麦粉磁性金属物含量检测的概念。
2. 了解小麦粉磁性金属物含量检测的相关标准。

❖ 能力目标

1. 掌握小麦粉磁性金属物检测的原理和操作技能。
2. 掌握小麦粉磁性金属物检测中磁性金属物测定仪的使用和维护方法。
3. 能够独立开展小麦粉中磁性金属物的检测，并正确进行结果处理。

❖ 素质目标

1. 通过小麦粉磁性金属物检测实验的学习，了解粮食加工成合格的成品不易，在学习中增强爱惜粮食、节约粮食的意识。

2. 深刻理解“五谷者，万民之命，国之重宝”的内涵。充分认识保障粮食安全的必要性、长期性、艰巨性，号召杜绝“舌尖上的浪费”，永远记得“粒粒皆辛苦”。

任务描述

本任务依据 GB/T 5509—2008《粮油检验　粉类磁性金属物测定》，采用电磁铁或永久磁铁，通过磁场的作用将具有磁性的金属物从试样中粗分离，再用小型永久磁铁将磁性金属物从残留试样的混合物中分离出来，计算磁性金属物的含量。

知识准备

在制粉过程中，由于某些环节的吸磁装置出现问题，导致粉中磁性金属物含量超过允许限量，如小麦粉大于 3mg/kg，人们食用这些超标粉后，会引起胃肠疾病，尤其误食较大针状金属物后（大于 0.3mm），会造成更大的危害。我国小麦粉质量标准（GB/T 1355—2021）中规定，各类小麦粉中磁性金属物含量均不得超过 0.003g/kg。此检测的主要操作流程如表 4-10 所示。

表 4-10　小麦粉磁性金属物含量的检测操作流程

序号	步骤	操作内容
1	称样	称取约 1kg 样品
2	测定仪分离	开启磁性金属物测定仪，粗分离磁性金属物和样品
3	分离板分离	分离板细分离磁性金属物和样品
4	重复分离	将测定仪分离的样品再次进行测定仪和分离板分离，合并分离出的磁性金属物
5	检查	检查是否还有试样粉粒
6	称量	称量
7	计算	按照计算公式进行

任务实施

一、准备工作

仪器和用具准备如下。

（1）磁性金属物测定仪：磁感应强度应不少于 120mT。

（2）分离板：210mm×210mm×6mm，磁感应强度应不少于 120mT。

（3）天平：分度值 1，0.0001g。

（4）称量纸：硫酸纸或不易吸水的纸。

小麦粉磁性
金属物的检测视频

（5）白纸：约 200mm×300mm。

（6）毛刷、大号洗耳球、称样勺等。

二、试样制备

试样的扦样和分样按 GB/T 5491—1985 执行。

三、操作步骤

1. 称样

从分取的平均样品中称取试样（m）1kg，精确至 1g。

2. 磁性金属物测定仪分离

开启磁性金属物测定仪的电源，将试样倒入测定仪盛粉斗、按下通磁开关。调节流量控制板旋钮，控制试样流量在 250g/min 左右，使试样匀速通过淌样板进入储粉箱内。待试样流完后，用洗耳球将残留在淌样板上的试样吹入储粉箱，然后用干净的白纸接在测定仪淌样板下面，关闭通磁开关，立即用毛刷刷净吸附在淌样板上的磁性金属物（含有少量试样），并收集在放置的白纸上。

3. 分离板分离

将收集有磁性金属物和残留试样混合物的纸放在事先准备好的分离板上，用手拉住纸的两端，沿分离板前后左右移动，使磁性金属物与分离板充分接触并集中在一处，然后用洗耳球轻轻吹弃纸上的残留试样，最后将留在纸上的磁性金属物收集在称量纸上。

4. 重复分离

将第一次分离后的试样，再按照相同步骤重复分离，直至分离后在纸上观察不到磁性金属物，将每次分离的磁性金属物合并在称量纸上。

5. 检查

将收集有磁性金属物的称量纸放在分离板上，仔细观察是否还有试样粉粒，如有试样粉粒则用洗耳球轻轻吹弃。

6. 称量

将磁性金属物和称量纸一并称量（m_1），精确至 0.0001g，然后弃去磁性金属物再称量（m_0），精确至 0.0001g。

四、注意事项

用洗耳球清理纸上的残留试样时，要尽量轻，防止收集的磁性金属物丢失。

五、数据记录与处理

1. 结果计算

磁性金属物含量按式（4-2）计算。

$$X = \frac{m_1 - m_0}{m} \times 1000 \tag{4-2}$$

式中 X——磁性金属物含量，g/kg；

m_0——称量纸质量，g；

m_1——磁性金属物和称量纸质量，g；

m——试样质量，g。

2. 数据处理

双实验测定值以高值为该试样的检测结果。小麦粉磁性金属物含量的检测原始记录表见表 4-11。

表 4-11　　小麦粉磁性金属物含量的检测原始记录表

样品名称	样品状态	检测方法依据	检测仪器		环境状况	检测地点	检测日期	备注
			名称	编号				
					温度：____℃ 相对湿度：____%		____年 __月__日	

样品编号	实验次数	样品质量/g	称量纸质量/g	磁性金属物和称量纸质量/g	磁性金属物含量/%	修约值/%

检测：　　　　　　　　　　　　　　　　校核：

任务评价

小麦粉磁性金属物含量的检测评分标准见表 4-12。

表 4-12　　小麦粉磁性金属物含量的检测评分标准

检测内容	评价标准	评分标准	评分记录
准备	准备仪器：天平、磁性金属物测定仪、分离板等	10	
称量	样品混匀，称量操作规范	10	
分离操作	控制试样流量在 250g/min 左右，重复分离一次	40	
收集	收集操作正确，无散落	20	
称量	称量操作规范	10	
结果计算	原始记录规范、数据处理正确	10	

小麦粉磁性金属物含量的检测评价表见表 4-13。

表 4-13　　　　小麦粉磁性金属物含量的检测评价表

<table>
<tr><td rowspan="12">评价</td><td>自我评价</td><td colspan="5"></td><td>评分
(满分 10)</td></tr>
<tr><td rowspan="4">组内互评</td><td>学号</td><td>姓名</td><td>评分
(满分 20)</td><td>学号</td><td>姓名</td><td>评分
(满分 20)</td></tr>
<tr><td>1 号</td><td></td><td></td><td>2 号</td><td></td><td></td></tr>
<tr><td>3 号</td><td></td><td></td><td>4 号</td><td></td><td></td></tr>
<tr><td>5 号</td><td></td><td></td><td colspan="3"></td></tr>
<tr><td rowspan="3">小组互评
(除自己组以外)</td><td colspan="2">组号</td><td>评分
(满分 20)</td><td colspan="2">组号</td><td>评分
(满分 20)</td></tr>
<tr><td colspan="2">________组</td><td></td><td colspan="2">________组</td><td></td></tr>
<tr><td colspan="2">________组</td><td></td><td colspan="2">________组</td><td></td></tr>
<tr><td rowspan="2">教师评价</td><td colspan="5" rowspan="2"></td><td>评分
(满分 50)</td></tr>
<tr><td></td></tr>
</table>

问题思考

1. 实验误差的来源主要有哪几个方面？
2. 小麦粉中磁性金属物超标的危害有哪些？

思政案例：
全方位夯实
粮食安全根基

任务四　湿面筋含量的检测

学习目标

❖ 知识目标

1. 了解小麦粉湿面筋含量的概念和检测方法。
2. 了解小麦粉湿面筋含量检测的相关标准。

❖ 能力目标

1. 掌握面筋仪的使用和维护方法。
2. 掌握小麦粉湿面筋含量检测的原理和样品的制备。
3. 能够利用面筋仪独立完成小麦中湿面筋含量的检测。

❖ 素质目标

1. 深刻理解“国以民为本，民以食为天”，意识到粮食既是关系国计民生和国家经济安全的重要战略物资，也是人民群众最基本的生活物资。

2. 小麦粉之所以可以做各种各样的食品，是因为其中湿面筋起支撑作用。深入实施“优质粮食工程”，推动粮食产业高质量发展，也需要一支高素质的技能人才队伍做支撑。牢固树立社会责任感，深入学习粮油质量检验知识，钻研业务，提高职业技能，成长为粮食行业技能工匠。

任务描述

检测和研究小麦的面筋含量和质量，对小麦储藏品质和小麦粉质量具有重要的意义，目前主要有 GB/T 5506. 1—2008《小麦和小麦粉　面筋含量　第 1 部：手洗法测定湿面筋》和 GB/T 5506. 2—2008《小麦和小麦粉　面筋含量　第 2 部分：仪器法测定湿面筋》。该方法的检测原理是在小麦粉、颗粒粉或全麦粉加入氯化钠溶液湿润并揉和成面团，静置一段时间以形成面筋网络结构，用氯化钠溶液手洗面团，去除面团中淀粉等物质及多余的水，使面筋分离出来。

知识准备

小麦籽粒中蛋白质按溶解特性可分为麦清蛋白、麦球蛋白、麦醇溶蛋白和麦谷蛋白 4 种，小麦制粉后，保留在小麦粉中的蛋白质主要是麦醇溶蛋白和麦谷蛋白。小麦粉加水至含水量高于 35%时，用手或机械揉和可形成面团，面团在水中搓洗，可溶性物质溶于水中，并将淀粉、麸皮等洗脱，最后剩下的具有黏性、弹性、延展性类似橡胶的物质，即为粗面筋。粗面筋含水量为 65%~70%，故又称湿面筋。面筋蛋白质的主要成分是麦醇溶蛋白和麦谷蛋白，还有少量的麦清蛋白和麦球蛋白。它们的含量随小麦品种和洗面筋操作条件的不同而有一定的变化。

面筋蛋白质赋予了小麦粉一定的加工特性，使面团具有黏着性、湿润性、膨胀性、弹性、韧性和延展性等流变学特性，这样才能通过发酵制作馒头、面包等食品，同时也使食品具有柔软的质地、网状的结构、均匀的空隙和耐咀嚼等特性。

湿面筋含量的检测操作步骤如表 4-14 所示。

表 4-14　　湿面筋含量的检测操作流程

序号	步骤	操作内容
1	称样	10. 00g±0. 01g 样品
2	仪器法和面、洗涤	加 4. 8mL 氯化钠溶液和面，机洗 5min
3	手工法和面、洗涤	移液管加 4. 6~5. 2mL 氯化钠溶液和面，用氯化钠溶液手洗 8min，自来水洗涤 2min 以上至碘液检查不变色
4	排水	离心排水：6000r/min，1min；挤压板排水：挤压 5s，15 次
5	称量	称量
6	计算	按照计算公式进行

任务实施

一、准备工作

1. 仪器和用具

（1）面筋仪（用于机械洗法）：主要由洗涤器、筛网、搅拌器、搅拌轴、电机及控制系统、冲洗装置、定时控制装置等部分组成。

（2）塑料杯或玻璃杯：（用于机械洗法接洗涤液）500~600mL。

（3）离心排水机：带对称筛板，转速6000r/min±5r/min，加速度为2000g，并有孔径为500μm的筛盒。

（4）天平：分度值0.01g。

（5）塑料容器或带下口的玻璃瓶：容量为5L或10L，用于储存氯化钠溶液。

（6）搪瓷碗：ϕ10~15cm。

（7）玻璃棒或牛角匙。

（8）挤压板（面筋排水用）：9cm×16cm，厚3~5mm的玻璃板或不锈钢板，周围贴0.3~0.4mm胶布（纸），共2块。

（9）带筛绢的筛具（用于手洗法）：30cm×40cm，底部绷紧CQ20绢筛，筛框用木制或金属制均可。

（10）毛玻璃盘：约40cm×40cm。

（11）秒表。

（12）金属镊子。

（13）可调移液器：用于加氯化钠溶液，可加样3~10mL，精度为±0.1mL。

（14）小型实验磨：能够制备符合表4-15要求的粗细度的样品。

2. 试剂

（1）20g/L氯化钠溶液：将200g氯化钠溶于水中配制成10L溶液。

（2）碘化钾/碘溶液（Lugol溶液）：将2.54g碘化钾（KI）溶解于水中，加入1.27g碘（I_2），完全溶解后定容至100mL。

二、试样制备

对于小麦粉样品，充分混匀并按照GB 5009.3—2016的方法测定样品水分后测面筋含量，对于小麦和颗粒粉样品，在测定面筋含量之前，用小型实验磨粉机研磨小麦或颗粒粉，使颗粒大小符合表4-15要求。

表4-15　筛网与样品粗细度要求

筛孔尺寸/μm	过筛比例/%
710	100
500	95~100
200~210	≤80

三、操作步骤

（一）仪器法

1. 仪器准备

调整制备面团的混合时间 20s、洗涤时间 5min，流速为 50~56mL/min。选择正确的清洁筛网，将其清洗干净并用少许氯化钠溶液湿润筛网。放好接液杯（时间、流量可根据需要进行调整）。

2. 面团制备

称取 10.00g±0.01g 待测样品于预先已润湿的洗涤皿中，用可调移液器加入 4.8mL 氯化钠溶液。移液器流出的水流应直接对着洗涤室壁，避免其直接穿过筛网。轻轻摇动洗涤室，使溶液均匀分布在样品的表面。

3. 面团洗涤

（1）小麦粉和颗粒粉的测试。

启动仪器，搅拌 20s 和成面团后自动进行洗涤，仪器预设的洗涤时间为 5min，在操作过程中通常需要 250~280mL 氯化钠洗涤液。

（2）全麦粉测试。

洗涤 2min 后停止，取下洗涤室，在水龙头下用冷水流小心地把全部已经部分洗涤的包括麸皮的面筋，转移到另一个有 840μm 粗筛网的酰胺洗涤室中。建议把 2 个洗涤室口对口，细筛网的洗涤室在上进行转移。

将盛有面筋的粗筛网洗涤室放在仪器的工作位置，继续洗涤面筋直至洗涤程序完成。

（3）洗涤要求。

洗涤过程中应注意观察洗涤室中排出液的清澈度。当排出液变得清澈时可认为洗涤完成。利用碘化钾溶液检查排出液中是否还有淀粉。

如果自动洗涤程序无法完成面团的充分洗涤，可以在洗涤过程中，手工加入氯化钠洗涤液进行洗涤，或调整仪器重复进行洗涤。

（二）手洗法

1. 面团制备

称取待测样品 10.00g±0.01g（换算成 14%水分含量），于小搪瓷碗或 100mL 烧杯中，用牛角匙或玻璃棒不停的搅拌样品的同时，用移液管一滴一滴地加入 4.6~5.2mL 氯化钠溶液，搅拌混合物使其形成面团球，注意避免造成粉样损失，同时黏附在器皿壁上或玻璃棒或牛角匙上的残余面团也应收到面团球上。面团样品制备时间不能长于 3min。

2. 面团洗涤

将面团放在手心中，从盛有氯化钠溶液的容器中放出氯化钠溶液滴入面团，以每分钟约 50mL 流量，洗涤 8min，洗涤过程不断用另一只手的拇指不停地揉搓面团。洗涤时为防止面团及碎面筋损失，操作应在绷有筛绢的筛具上进行，用氯化钠液洗涤后，再用自来水揉洗 2min 以上（测定全麦粉面筋须适当延长时间），至面筋挤出液用碘化钾/碘溶液检查不变色时，洗涤即可结束。

（三）排水

1. 挤压板排水

将面筋球用一只手的几个手指捏住并挤压3次，以去除其上的大部分洗涤液。

将洗出的面筋球放在挤压板上，压上另一块挤压板压挤面筋（约5s），每压一次后取下一块挤压板用干纱布擦干，再压挤，再擦干，反复挤压直到稍感面筋有黏手或黏板为止（重复压挤约15次）。

2. 离心排水

用镊子将湿面筋从洗涤室中取出，确保洗涤室中不留有任何湿面筋，将洗出的面筋分成近似相等的2份，分别置于离心机的2个筛片上，6000r/min下离心1min脱水。

3. 称量

用镊子取出离心排水或挤压排水后的湿面筋，称量湿面筋质量，精确至0.01g。

四、注意事项

（1）仪器法制备面团时，加入氯化钠的量可根据待测样品面筋含量的高低或者面筋的强弱进行调整。如果混合时面团很黏（洗涤室的水溢出），应减少盐溶液的用量（最低4.2mL），若混合过程中形成了很坚实的面团，氯化钠溶液的加入量可增加到5.2mL。

（2）仪器自动按50~56mL/min的流量用氯化钠溶液洗涤5min，自动停机，卸下洗涤皿，取出面筋。大约需用溶液250~280mL。

（3）清洗仪器：每天实验结束后，须用蒸馏水洗涤仪器。

（4）测定面筋含量时，洗涤面团用水温度对面筋形成及面筋出率影响较大，温度低，面筋膨胀过程慢，面筋出率低，一般水温在40℃时，面筋出率最高。弱酸、弱碱均能溶解麦谷蛋白，故洗面筋最好用中性水。低浓度中性盐有促进麦醇溶蛋白凝结的作用，可减少面筋损失。

（5）洗面筋时，洗涤时间、搅拌或揉和速度、洗涤用量等操作条件不同，对面筋得率都有较大的影响。

（6）手洗面筋洗涤时，为防止面团及碎面筋损失，操作应在绷有筛绢的筛具上进行。

（7）机洗面筋时，需检查筛网是否压紧，以免将金属筛网损坏。

五、数据记录与处理

1. 结果计算

湿面筋含量的计算见式（4-3）。

$$X = \frac{m_1}{m} \times 100\% \tag{4-3}$$

式中　X——湿面筋含量,%；

m_1——湿面筋质量，g；

m——试样质量，g。

用同一试样进行两次检测。两次检测结果的重复性满足要求时，以两次检测结果的算术平均值为检测结果，保留至小数点后一位。

2. 重复性

（1）机洗法测定。

同一分析者在同一实验室，在短时间内，使用同一仪器和方法对同一试样进行分析，所得的两次检测结果的绝对差值，大于下列给定数值的情况不应超过5%：

①小麦籽粒：r=1.9g/100g。

②小麦粉：r=1.0g/100g。

③硬粒小麦：r=1.6g/100g。

④硬粒小麦粗粒粉：r=1.6g/100g。

（2）手洗法测定

双实验允许差不得超过1.0%。

3. 数据处理

湿面筋含量的检测原始记录表见表4-16。

表4-16　　湿面筋含量的检测原始记录表

<table>
<tr><td colspan="2" rowspan="2">样品名称</td><td rowspan="2">样品状态</td><td rowspan="2">检测方法依据</td><td colspan="2">检测仪器</td><td rowspan="2">环境状况</td><td rowspan="2">检测地点</td><td rowspan="2">检测日期</td><td rowspan="2">备注</td></tr>
<tr><td>名称</td><td>编号</td></tr>
<tr><td colspan="2"></td><td></td><td></td><td></td><td></td><td>温度：____℃
相对湿度：____%</td><td></td><td>____年
__月__日</td><td></td></tr>
<tr><td>样品编号</td><td>实验次数</td><td colspan="2">样品质量/g</td><td>湿面筋质量/g</td><td>湿面筋含量/%</td><td colspan="2">双实验结果允差/%</td><td colspan="2">修约值/%</td></tr>
<tr><td rowspan="2"></td><td></td><td colspan="2"></td><td></td><td></td><td colspan="2" rowspan="2"></td><td colspan="2" rowspan="2"></td></tr>
<tr><td></td><td colspan="2"></td><td></td><td></td></tr>
<tr><td rowspan="2"></td><td></td><td colspan="2"></td><td></td><td></td><td colspan="2" rowspan="2"></td><td colspan="2" rowspan="2"></td></tr>
<tr><td></td><td colspan="2"></td><td></td><td></td></tr>
<tr><td rowspan="2"></td><td></td><td colspan="2"></td><td></td><td></td><td colspan="2" rowspan="2"></td><td colspan="2" rowspan="2"></td></tr>
<tr><td></td><td colspan="2"></td><td></td><td></td></tr>
</table>

检测：　　　　　　　　　　　　　　　　　　　　　　校核：

任务评价

湿面筋含量的检测评分标准见表4-17。

表 4-17　　湿面筋含量的检测评分标准

检测内容	评价标准	评分标准/分	评分记录
准备	仪器、试剂准备：天平、面筋测定仪等	20	
称量	样品混匀，能够准确称量无撒漏	10	
洗涤	洗涤操作规范，洗涤时间正确，淀粉等洗净检验	30	
排水	排水操作规范	20	
结果计算	原始记录规范、数据处理正确	20	

湿面筋含量的检测评价表见表 4-18。

表 4-18　　湿面筋含量的检测评价表

<table>
<tr><td rowspan="11">评价</td><td>自我评价</td><td colspan="5"></td><td>评分
（满分 10）</td></tr>
<tr><td rowspan="4">组内互评</td><td>学号</td><td>姓名</td><td>评分
（满分 20）</td><td>学号</td><td>姓名</td><td>评分
（满分 20）</td></tr>
<tr><td>1 号</td><td></td><td></td><td>2 号</td><td></td><td></td></tr>
<tr><td>3 号</td><td></td><td></td><td>4 号</td><td></td><td></td></tr>
<tr><td>5 号</td><td></td><td></td><td></td><td></td><td></td></tr>
<tr><td rowspan="3">小组互评
（除自己组
以外）</td><td colspan="2">组号</td><td>评分
（满分 20）</td><td colspan="2">组号</td><td>评分
（满分 20）</td></tr>
<tr><td colspan="2">________组</td><td></td><td colspan="2">________组</td><td></td></tr>
<tr><td colspan="2">________组</td><td></td><td colspan="2">________组</td><td></td></tr>
<tr><td rowspan="2">教师评价</td><td colspan="5" rowspan="2"></td><td>评分
（满分 50）</td></tr>
<tr><td></td></tr>
</table>

问题思考

1. 实验误差的来源主要有哪几个方面？
2. 小麦粉中湿面筋在食品制作过程中起到哪些作用？

思政案例：正确看待食品添加剂

项目五

油脂物理检验

任务一 油脂透明度、气味、滋味的鉴定

学习目标

❖ 知识目标

1. 了解油脂透明度、气味、滋味鉴定的意义。
2. 了解油脂透明度、气味、滋味鉴定质量管理的相关标准。

❖ 能力目标

1. 掌握油脂透明度、气味、滋味鉴定的相关方法。
2. 能够独立完成油脂透明度、气味、滋味的鉴定。

❖ 素质目标

1. “民以食为天”，食品安全关系到人民的身体健康和生命安全，因此，食品安全是国家和人民的底线。油脂感官检验是保障食品质量安全的重要环节，检验人员应具备高度的责任意识，确保每个环节都得到严格把控，以保障食品的安全和质量。

2. 树立较强的社会责任感、团队合作和创新精神、良好的职业道德、终身教育的意识和继续学习的能力，为实现“健康中国”保驾护航。

任务描述

透明度、气味、滋味等感官指标反映了油脂的品种特性、精炼程度和感官品质的好坏，能够直观地反映出油脂内在品质的变化。通过学习和训练，学生应该掌握油脂透明度、气味、滋味的鉴定意义，掌握鉴定方法，熟悉结果表述等知识和技能。

知识准备

透明度即可透过光线的程度。油脂透明度是指油脂样品在一定温度下，静置一定

时间后出现的透明程度，在静置后，合格的油脂是透明的。如果含有磷脂、固体脂肪、蜡质及含皂量过多和含水量较大时，油脂会出现浑浊，影响透明度。因此，根据油脂的透明程度，可以初步了解油脂纯净程度。气味的测定是基于油脂变质过程中产生的某些微量成分，这些物质具有特异的气味。按照 GB/T 5525—2008《植物油脂　透明度、气味、滋味鉴定法》鉴定。

油脂透明度、气味、滋味的鉴定操作流程如表 5-1 所示。

表 5-1　　油脂透明度、气味、滋味的鉴定操作流程

序号	步骤	操作内容
1	准备	比色管、恒温水浴锅、乳白色灯泡、烧杯、温度计及电炉的准备
2	透明度鉴定	液态样品量取 100mL 注入比色管，20℃静置 24h，然后移至乳白色灯泡前观察透明度；固态或半固态需根据该样品熔点溶解样品后使用恒温水浴中静置 24h，再进行观察
3	气味滋味鉴定	取少量油脂注入烧杯，均匀加温至 50℃，离开热源后用玻璃棒边搅拌边嗅气味，同时闻其滋味
4	透明度结果表示	以“透明”“微浊”“浑浊”字样表示
5	气味结果表示	当样品具有油脂固有的气味时，结果用“具有某某油脂固有的气味”表示；当样品无味、无异味时，结果用“无味”“无异味”表示；当样品有异味时，结果用“有异常气味”表示，再具体说明异味为“哈喇味、酸败味、溶剂味、汽油味、柴油味、热煳味、腐臭味”等
6	滋味结果表示	当样品具有油脂固有的滋味时，结果用“具有某某油脂固有的滋味”表示；当品无味、无异味时，结果用“无味”“无异味”表示；当样品有异味时，结果用“有异常滋味”表示，再具体说明异味为“哈喇味、酸败味、溶剂味、汽油味、柴油味、热煳味、腐臭味、土味、青草味”等

任务实施

一、准备工作

1. 仪器和用具

实验室常规仪器、设备及材料。

（1）比色管：100mL，直径 25mm。

（2）恒温水浴 0~100℃。

（3）乳白色灯泡。

（4）烧杯：100mL。

（5）温度计：0~100℃。

（6）可调电炉：电压220V，50Hz，功率小于1000W。
（7）酒精灯。
2. 洗涤干燥
至少取用3个比色管和3个烧杯进行洗涤干燥。

二、试样制备

不同种类液态、固态和半固态油脂样品。

三、操作步骤

（一）透明度鉴定

1. 液态样品

当油脂样品在常温下为液态时，量取试样100mL注入比色管中，在20℃下静置24h（蓖麻油静置48h），然后移置到乳白色灯泡前（或在比色管后衬以白纸），观察透明程度，记录观察结果。

2. 固态或半固态样品

当油脂样品在常温下为固态或半固态时，根据该油脂熔点溶解样品，但温度不得高于熔点5℃。待样品熔化后，量取试样100mL注入比色管中，设定恒温水浴温度为产品标准中“透明度”规定的温度，将盛有样品的比色管放入恒温水浴中，静置24h，然后移置到乳白色灯泡前（或在比色管后衬以白纸）。迅速观察透明程度，记录观察结果。

（二）气味、滋味的鉴定

1. 品评实验室要求及实验要求

品评实验应在专用实验室进行。实验室应由样品制备室和品评室组成，两者应独立。品评室应充分换气，避免有异味或残留气体的干扰，室温20~25℃，无强噪声，有足够的光线强度，室内色彩柔和，避免强对比色彩。品评人员每人一座，应相互隔离。

品评实验应在饭前1h或饭后2h进行，品评前品评人员应用温开水漱口，把口中残留物去净。品评试样应一人一份，每次品评不宜超过8份样品。品评时保持室内和环境安静，无干扰。评分时不能讨论，以免相互影响，主持人不应向品评人员说明与试样质量有关的情况。

2. 测定步骤

取少量油脂样品注入烧杯中，均匀加温至50℃后，离开热源，用玻棒边搅拌边嗅气味。同时品尝样品的滋味。

四、注意事项

（1）油脂没有絮状悬浮物和浑浊时认为“透明”。棉籽油在比色管的上半部没有絮状悬浮物和浑浊时也认为“透明”。

（2）气味的测定是基于油脂变质过程中产生的某些微量成分，这些物质具有特异的气味。

五、数据记录与处理

1. 结果表示

（1）透明度结果表示。

观察结果用“透明”“微浊”“浑浊”字样表示。

（2）气味结果表示。

①当样品具有油脂固有的气味时，结果用“具有某某油脂固有的气味”表示。

②当样品无味、无异味时，结果用“无味”“无异味”表示。

③当样品有异味时，结果用“有异常气味”表示，再具体说明异味为“哈喇味、酸败味、溶剂味、汽油味、柴油味、热煳味、腐臭味”等。

（3）滋味结果表示。

①当样品具有油脂固有的滋味时，结果用“具有某某油脂固有的滋味”表示。

②当样品无味、无异味时，结果用“无味”“无异味”表示。

③当样品有异味时，结果用“有异常滋味”表示，再具体说明异味为“哈喇味、酸败味、溶剂味、汽油味、柴油味、热煳味、腐臭味、土味、青草味”等。

2. 数据处理

油脂透明度、气味、滋味的鉴定原始记录表见表5-2。

表5-2　油脂透明度、气味、滋味的鉴定原始记录表

<table>
<tr><td>参照标准/规程编号</td><td colspan="4"></td></tr>
<tr><td>温度</td><td colspan="2">______℃</td><td>相对湿度</td><td>______%</td></tr>
<tr><td>使用试剂</td><td colspan="4"></td></tr>
<tr><td>仪器名称</td><td colspan="4"></td></tr>
<tr><td>实验器皿</td><td colspan="4"></td></tr>
<tr><td>仪器参数</td><td colspan="4"></td></tr>
<tr><td rowspan="2">样品编号</td><td colspan="3">结果表示</td><td rowspan="2">结论</td></tr>
<tr><td>透明度</td><td>气味</td><td>滋味</td></tr>
<tr><td rowspan="2"></td><td></td><td></td><td></td><td rowspan="2"></td></tr>
<tr><td></td><td></td><td></td></tr>
<tr><td colspan="5">备注：</td></tr>
</table>

检验：　　　　　　　　　　复核：

日期：　　　　　　　　　　日期：

任务评价

油脂透明度、气味、滋味的鉴定评分标准见表 5-3。

表 5-3　　油脂透明度、气味、滋味的鉴定评分标准

鉴定内容	评价标准	评分标准/分	评分记录
准备	仪器设备清点、恒温水浴锅预热	10	
量取	透明度测定时 100mL 样品量取准确	10	
设定	恒温水浴锅温度设定正确	20	
静置	静置时间达 24h	10	
升温	气味、滋味鉴定时油脂样品均匀加温至 50℃控制准确	20	
结果表示	透明度、气味、滋味结果表示准确	20	
原始数据	原始记录准确、无涂改	10	

油脂透明度、气味、滋味的鉴定评价表见表 5-4。

表 5-4　　油脂透明度、气味、滋味的鉴定评价表

<table>
<tr><td rowspan="10">评价</td><td>自我评价</td><td colspan="7"></td><td>评分
（满分 10）</td></tr>
<tr><td rowspan="4">组内互评</td><td>学号</td><td colspan="2">姓名</td><td>评分
（满分 20）</td><td>学号</td><td colspan="2">姓名</td><td>评分
（满分 20）</td></tr>
<tr><td>1 号</td><td colspan="2"></td><td></td><td>2 号</td><td colspan="2"></td><td></td></tr>
<tr><td>3 号</td><td colspan="2"></td><td></td><td>4 号</td><td colspan="2"></td><td></td></tr>
<tr><td>5 号</td><td colspan="2"></td><td></td><td>6 号</td><td colspan="2"></td><td></td></tr>
<tr><td rowspan="3">小组互评
（除自己组以外）</td><td colspan="2">组号</td><td colspan="2">评分
（满分 20）</td><td colspan="2">组号</td><td colspan="2">评分
（满分 20）</td></tr>
<tr><td colspan="2">________组</td><td colspan="2"></td><td colspan="2">________组</td><td colspan="2"></td></tr>
<tr><td colspan="2">________组</td><td colspan="2"></td><td colspan="2">________组</td><td colspan="2"></td></tr>
<tr><td rowspan="2">教师评价</td><td colspan="7" rowspan="2"></td><td>评分
（满分 50）</td></tr>
<tr><td></td></tr>
</table>

问题思考

常温下的油脂出现浑浊的原因有哪些?

思政案例：保障粮食安全，端牢中国饭碗

任务二 油脂色泽的检验

学习目标

❖ 知识目标

1. 了解油脂色泽检验的意义。
2. 了解油脂色泽检验的相关标准。

❖ 能力目标

掌握油脂色泽检验的结果表述。

❖ 素质目标

1. 深刻认识“至诚之道可以前行”，提高对食品安全的认识和意识，严谨负责地从事检验工作，为保障食品安全做出贡献。

2. 树立“质量第一”的思想，增强质量意识和责任感，肩负起质量安全的主体责任，成为具有责任感和使命感的文明食品人。

任务描述

油脂不仅是人们从饮食中摄取能量的重要营养要素，也是食品加工及各种制造工业的重要原料，色泽作为油脂质量检测的关键指标之一，不但对油脂品质的提升起到至关重要的作用，而且是油脂量品定价和消费者选购最直接的外观因素。

知识准备

油脂色泽是油脂的一项重要物理指标，不同品种、不同加工等级的油脂色泽不同。油脂质量标准中对色泽有明确的要求。根据 GB/T 1536—2021《菜籽油》要求，菜籽油色泽检验方法主要依据 GB/T 5009. 37—2003《食用植物油卫生标准的分析方法》，故本任务重点对 GB/T 5009. 37—2003 中方法进行介绍。

油脂色泽的检验操作流程如表 5-5 所示。

表 5-5　油脂色泽的检验操作流程

序号	步骤	操作内容
1	准备	准备直径 50mm，杯高 100mm 的烧杯
2	样品的测定	将试样混匀并过滤于烧杯中，油层高度不得小于 5mm，在室温下先对着自然光观察，然后再置于白色背景前借其反射光线观察并记录相应颜色
3	结果表示	白色、灰白色、柠檬色、淡黄色、黄色、橙色、棕黄色、棕色、棕红色、棕褐色等

任务实施

一、准备工作

仪器和用具如下。

烧杯：直径 50mm，杯高 100mm。

二、试样制备

不同品种的油脂。

三、操作步骤

将试样混匀并过滤于烧杯中，油层高度≥5mm，在室温下先对着自然光观察，然后再置于白色背景前借其反射光线观察并记录相应颜色。

四、数据记录与处理

1. 结果表示

检验结果采用下列词句表达：白色、灰白色、柠檬色、淡黄色、黄色、橙色、棕黄色、棕色、棕红色、棕褐色等。

2. 数据处理

油脂色泽的检验原始记录表见表 5-6。

表 5-6　　油脂色泽的检验原始记录表

参照标准/规程编号			
温度	________℃	相对湿度	________%
使用试剂			
仪器名称			
实验器皿			
仪器参数			
样品编号	色泽		检验员
结论：			
备注：			

检验：　　　　　　　　　　　　复核：

日期：　　　　　　　　　　　　日期：

任务评价

油脂色泽的检验评分标准见表 5-7。

表 5-7　　油脂色泽的检验评分标准

检验内容	评价标准	评分标准/分	评分记录
准备	实验器材准备、清点	20	
过滤	油脂过滤操作，样品无明杂	20	
结果表示	色泽结果表示准确	40	
原始数据	原始记录准确、无涂改	20	

油脂色泽的检验评价表见表 5-8。

表 5-8　　油脂色泽的检验评价表

<table>
<tr><td rowspan="10">评价</td><td>自我评价</td><td colspan="10"></td><td colspan="2">评分
（满分 10）</td></tr>
<tr><td rowspan="4">组内互评</td><td colspan="2">学号</td><td colspan="2">姓名</td><td colspan="2">评分
（满分 20）</td><td colspan="2">学号</td><td colspan="2">姓名</td><td colspan="2">评分
（满分 20）</td></tr>
<tr><td colspan="2">1 号</td><td colspan="2"></td><td colspan="2"></td><td colspan="2">2 号</td><td colspan="2"></td><td colspan="2"></td></tr>
<tr><td colspan="2">3 号</td><td colspan="2"></td><td colspan="2"></td><td colspan="2">4 号</td><td colspan="2"></td><td colspan="2"></td></tr>
<tr><td colspan="2">5 号</td><td colspan="2"></td><td colspan="2"></td><td colspan="2">6 号</td><td colspan="2"></td><td colspan="2"></td></tr>
<tr><td rowspan="3">小组互评
（除自己组以外）</td><td colspan="3">组号</td><td colspan="3">评分
（满分 20）</td><td colspan="3">组号</td><td colspan="3">评分
（满分 20）</td></tr>
<tr><td colspan="3">________组</td><td colspan="3"></td><td colspan="3">________组</td><td colspan="3"></td></tr>
<tr><td colspan="3">________组</td><td colspan="3"></td><td colspan="3">________组</td><td colspan="3"></td></tr>
<tr><td rowspan="2">教师评价</td><td colspan="10" rowspan="2"></td><td colspan="2">评分
（满分 50）</td></tr>
<tr><td colspan="2"></td></tr>
</table>

问题思考

影响油脂色泽加深的因素有哪些？

思政案例：
食用油的营养价值
及食用方法

任务三　油脂相对密度的检测

学习目标

❖ 知识目标

1. 了解油脂相对密度检测的技术和方法。

2. 了解油脂相对密度检测的相关标准。

❖ 能力目标

1. 掌握密度仪的使用和维护。
2. 掌握密度仪法检测相对密度的原理。
3. 能够利用密度仪独立完成油脂中相对密度的检测。

❖ 素质目标

1. 具备严谨的态度和责任心，尊重操作规程和安全规定，确保检验结果的准确性和可靠性。同时，正确操作检验仪器还需要具备良好的分析能力和判断能力，能够识别并处理可能出现的问题，以确保检验工作的顺利进行。

2. 油脂感官检验是一个综合性的实践性课程，能够提高实践能力、创新思维和解决问题的能力，为未来的职业发展打下坚实的基础。

任务描述

油脂相对密度反映了油脂组成特性，可作为评定油脂纯度及品质变化的参考依据；在储藏和运输油脂过程中，根据油脂相对密度将体积换算为质量，因此，测定油脂相对密度具有实用意义。油脂的化学组成和纯度都影响密度，一般油脂的脂肪酸相对分子质量越低和不饱和程度越高时，相对密度越大。

知识准备

GB 5526—1985《植物油脂检验　比重测定法》中规定了油脂相对密度测定方法分为液体比重天平法和比重瓶法，但在日常工作中，很多企业常采用密度仪和玻璃密度计通过标准方法校准后进行快速测定，以增加工作效率，故本任务主要介绍密度仪测定法测定油脂中的相对密度，执行标准为 GB/T 29617—2013《数字密度计测定液体密度　相对密度和 API 比重的试验方法》。

油脂相对密度的检测操作流程如表 5-9 所示。

表 5-9　油脂相对密度的检测操作流程

序号	步骤	操作内容
1	准备	比色管、恒温水浴锅、乳白色灯泡、烧杯、温度计及电炉的准备
2	仪器准备	检查仪器连接是否正常
3	预热	打开密度测定仪，预热 15min，检查确保空气密度显示为 0.00120g/cm^3 左右，误差范围确保在 5×10^{-5}g/cm^3 以内
4	进样前操作	“常用设置”→“密度板块”→“确定”→手动输入所需测量温度，设定测量温度，待仪器升至设定值，并显示当前空气密度后，即可开始进样
5	样品的预热	对样品进行预热处理，保证样品澄清透明无杂质，必要时稍微加热，排除气泡及消除晶核

续表

序号	步骤	操作内容
6	进样操作	用进样针从注样口小心注入样品，排除针管中的气体，然后注入 U 形管注液口、样品从 U 形管出液口流出方可停止注液，但不得有气泡打入 U 形管中；首次测量时，需先用样品润洗仪器 2~3 次，保证仪器内部无空气残留
7	测定	单击“开始”按钮，测定开始，当样品温度达到设定值时，显示的数值即为当前设定值下该样品的相对密度，打印数据
8	清洗	用无水乙醇或石油醚注入 U 形管中来回缓慢清洗，切勿将废液吸回，直到将 U 形管清洗干净，打开空气泵，吹 4~5min，观察空气密度是否回到 0.00120g/cm^3 左右，误差范围确保在 5×10^{-5}g/cm^3 以内
9	关机、整理清洁	关闭密度测定仪，处理废液，清洗所用仪器并归档原位

任务实施

一、准备工作

1. 仪器和用具

实验室常规仪器、设备及材料。

（1）烧杯、吸管。

（2）脱脂棉。

（3）密度测定仪：型号为奥地利安东帕 DMA4500M。

（4）一次性注射器：5mL。

油脂相对密度的检测视频

2. 试剂

试剂为分析纯及以上，三级水。

石油醚：沸程 30~60℃。

二、试样制备

不同品种的油脂。

三、操作步骤

1. 启动仪器

（1）开机前的准备：检查仪器连接是否正常。

（2）开机插上电源插头，打开密度测定仪，预热 15min。检查确保空气密度显示为 0.00120g/cm^3 左右，误差范围确保在 5×10^{-5}g/cm^3。

（3）单击操作平台上“常用设置”→“密度板块”→“确定”→手动输入所需测量温度，设定测量温度，待仪器升至设定值，并显示当前空气密度后，方可进样。大豆油、菜籽油等低熔点食用油温度设至20℃，棕榈油、棕榈液油温度设至40℃，棕榈硬脂温度设至50℃。

(4) 测量温度与原设温度相同，不需要重新设置，此步骤可省略。

2. 进样和数据处理

(1) 对样品进行预处理，保证样品澄清透明，无杂质，必要时可稍加热，以排除样品中的气泡以及消除晶核等。

(2) 用进样针从注样口小心注入样品，排除针管中的气体，然后注入U形管注液口，样品从U形管出液口流出方可停止注液，但不得有气泡打入U形管中。首次测量时，需先用样品润洗仪器2~3次，保证仪器内部无空气残留。

(3) 单击“开始”按钮，测定开始，当样品温度达到设定值时，显示的数值即为当前设定值下该样品的相对密度，打印数据。

3. 清洗

(1) 用无水乙醇或石油醚注入U形管中来回缓慢清洗，切勿将废液吸回，直到将U形管清洗干净。打开空气泵，吹4~5min，观察空气密度是否回到0.00120g/cm^{3}左右，误差范围确保在5×10^{-5}g/cm^3。

(2) 误差较大的情况下延长空气泵工作时间或重新清洗U形管。

4. 关机、整理清洁

(1) 关闭密度测定仪。

(2) 处理废液，清洗所用仪器并归档原位。

(3) 整理、清洁密度测定仪操作台面。

四、注意事项

(1) 油脂在单位体积内所具有的质量称为该油脂的绝对密度。20℃油脂的质量与同体积20℃蒸馏水的质量之比称为相对密度。

(2) 测定油脂相对密度的方法中，比重瓶法具有测定结果准确、价格便宜但操作烦琐、费时间的特点，而液体比重天平法具有操作迅速、结果准确但仪器价格高等特点。

(3) 油脂的化学组成和纯度都影响密度，一般油脂的脂肪酸相对分子质量越低和不饱和程度越高时，相对密度越大。

五、数据记录与处理

油脂相对密度的检测原始记录表见表5-10。

表5-10　油脂相对密度的检测原始记录表

参照标准/规程编号			
温度	________℃	相对湿度	________%
使用试剂			
仪器名称			

续表

实验器皿					
仪器参数					
样品编号	检测温度/℃	d_{420}	d_{2020}	平均值	
				$\overline{d_{420}}$	$\overline{d_{2020}}$
备注：					

检验：　　　　　　　　　　　　　　　　　　　复核：

日期：　　　　　　　　　　　　　　　　　　　日期：

任务评价

油脂相对密度的检测评分标准见表 5-11。

表 5-11　　油脂相对密度的检测评分标准

检测内容	评价标准	评分标准/分	评分记录
准备	仪器设备开机预热、准备	10	
校准	观察空气密度是否在 0.00120g/cm³ 左右，误差范围确保在 5×10^{-5}g/cm³ 以内	10	
预处理	进行样品预处理工作	10	
操作	按要求进行进样操作，进样过程无气泡	10	
	进样不低于 3 次	10	
	规范进行测量操作，温度保持一致	10	
读数	能够准确进行读数	10	
清洗	无水乙醇或石油醚注入 U 形管中来回缓慢清洗，打开空气泵，吹 4~5min，观察空气密度是否回到 0.00120g/cm³ 左右，误差范围确保在 5×10^{-5}g/cm³ 以内	20	
关机	关闭密度测定仪并处理废液，清洗所用仪器并归档原位、整理、清洁密度测定仪操作台面	10	

油脂相对密度的检测评价表见表 5-12。

表 5-12　　　　油脂相对密度的检测评价表

<table>
<tr><td rowspan="13">评价</td><td>自我评价</td><td colspan="5"></td><td>评分
（满分 10）</td></tr>
<tr><td rowspan="4">组内互评</td><td>学号</td><td>姓名</td><td>评分
（满分 20）</td><td>学号</td><td>姓名</td><td>评分
（满分 20）</td></tr>
<tr><td>1 号</td><td></td><td></td><td>2 号</td><td></td><td></td></tr>
<tr><td>3 号</td><td></td><td></td><td>4 号</td><td></td><td></td></tr>
<tr><td>5 号</td><td></td><td></td><td></td><td></td><td></td></tr>
<tr><td rowspan="3">小组互评
（除自己组以外）</td><td colspan="2">组号</td><td>评分
（满分 20）</td><td colspan="2">组号</td><td>评分
（满分 20）</td></tr>
<tr><td colspan="2">________组</td><td></td><td colspan="2">________组</td><td></td></tr>
<tr><td colspan="2">________组</td><td></td><td colspan="2">________组</td><td></td></tr>
<tr><td rowspan="2">教师评价</td><td colspan="5" rowspan="2"></td><td>评分
（满分 50）</td></tr>
<tr><td></td></tr>
</table>

问题思考

在使用密度仪进行相对密度测定时，影响检测结果的主要因素是什么？为什么？

任务四　油脂折射率的检测

学习目标

❖ 知识目标

1. 了解油脂折射率检测的技术和方法。
2. 了解油脂折射率的相关检测标准。

❖ 能力目标

1. 掌握油脂折射率测定仪器的使用和维护方法。
2. 掌握检测折射率的原理。
3. 能够利用折光仪独立完成油脂折射率的检测。

❖ 素质目标

1. 粮食质量安全涉及国家的经济、人民的生命安全和健康，因此需要从业人员保持高度的责任感和使命感。油脂折射率检测是一种常用的食品安全检测方法，通过学习和实践，体会到食品安全的重要性和社会责任。

2. 注重团队合作，在实验中，需要相互协作、配合，互相帮助，共同完成实验任务。通过实践中的团队合作，提高的团队合作精神和沟通协调能力，增强团队意识和合作能力。“博学之，审问之，慎思之，明辨之，笃行之”，不断强化实践能力和专业素养。

任务描述

折射率是油脂的重要特性常数之一。在一定温度和波长下，它由油脂的组成和结构所决定。通常不同的油脂具有不同的折射率，可用以鉴别油脂的种类和纯度。国家标准将折射率（折光指数）作为植物油特征指标。

知识准备

光在不同介质中传播速度不同。光在其中传播速度快的，称光疏介质；光在其中传播速度慢的，称光密介质。光线从一个介质进入另一个介质，当光线不与两介质分界面垂直时则发生折射现象（图 5-1）。M_1、M_2 两种介质，AB 为分界面；L_1O 为入射光，α_1 为入射角，OL_2 为折射光，α_2 为折射角。

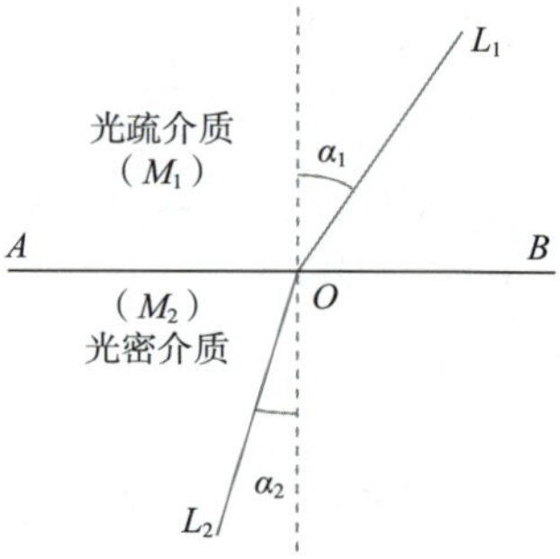

图 5-1　折射现象示意

光在真空或空气（光在空气中的速度几乎等于光在真空中的速度）中速度与光在某物质中的速度的比值，或者是入射角的正弦与折射角的正弦的比值，称为折射率，用 $n_{2.1}$ 表示：

$$n_{2.1} = \sin\alpha_1/\sin\alpha_2 = v_1/v_2$$

当光线从空气进入油脂时，入射角恒大于折射角，所以油脂的折射率大于 1。

折射率与温度和波长都有关。折射率与温度成反比，对于油脂（10~30℃）每相差 1℃，其折射率相差 0.00038；波长越短，光的偏向越大，折射率也越大。相反波长越长，折射率越小。阿贝折光仪则以钠黄光 D 线（λ 为 589.0nm）作为光源，并以符号 n_D 或 n 表示。

折射率是物质的重要光学常数之一，均一物质各有其恒定的折射率，且同种物质溶液的折射率随着浓度的增大而递增，因此测出样品的折射率就可判断其均一程度和纯度。

折射率与相对分子质量成正比，其脂肪酸不饱和度大、含有共轭双键和烃基都分别能使折射率增大。

阿贝氏折射仪主要由 2 块直角棱镜、2 块目镜、读数标尺（装在圆盘内）和反光镜等部件组成。两块直角棱镜的 n_D 均为 1.75，装在金属框内，用一定温度的水流通过金属框内可以调整棱镜温度。两块棱镜和接触面相距 0.15mm，是装被测液体用的。阿米西棱镜又称补偿器，调整它，可以只使白光中的黄光通过，因而省去了钠黄光光源的设备。光线经反射镜的反射，由下棱镜射入界面，从目镜观察视野，调整棱镜转动手轮和补偿器，使视野明、暗的分界线恰在十字线的正中后，即可从刻度标尺上读取折射率，按照 GB/T 5527—2010《动植物油脂　折光指数的测定》进行。

油脂折射率的检测操作流程如表 5-13 所示。

表 5-13　　油脂折射率的检测操作流程

序号	步骤	操作内容
1	准备	在实验室准备实验所需的仪器设备、药品试剂等；开始实验前清点仪器设备是否齐全
2	仪器的校正	将折光仪放置在光线充足的位置，与恒温水浴锅循环泵系统连接；先用软布再用溶剂润湿的棉花球擦净棱镜表面，在温度计座处插入温度计；用已知折射率的物质校正仪器（常用纯水或十二烷酸乙酯或标准玻璃板进行校正）
3	调温	将折光仪的温度调节至试样规定的温度
4	取样	将棱镜可移动部分下降至水平位置，分开两面棱镜，先用软布再用溶剂润湿的棉花球擦净棱镜表面，让其自然干燥；用圆头玻棒取混匀、过滤的试样 2 滴，滴在棱镜上（玻棒不要触及镜面），转动上棱镜，关紧两块棱镜
5	调节、读数	约经过 3min 待试样温度稳定后，拧动阿米西棱镜手轮和棱镜转动手轮，使视野分成清晰可见的两个明暗部分，其分界线恰好在十字交叉的焦点上，记下标尺读数精确至 0.0001，并记下折光仪棱镜的温度
6	进样操作	用进样针从注样口小心注入样品，排除针管中的气体，然后注入 U 形管注液口、样品从 U 形管出液口流出方可停止注液，但不得有气泡打入 U 形管中；首次测量时，需先用样品润洗仪器 2~3 次，保证仪器内部无空气残留
7	测定	单击“开始”按钮，测定开始，当样品温度达到设定值时，显示的数值即为当前设定值下该样品的相对密度，打印数据
8	清洁	测定结束后，立即用软布、再用溶剂润湿的棉花球擦净棱镜表面，让其自然干燥

任务实施

一、准备工作

1. 仪器和用具

实验室专用仪器、设备及材料。

（1）折光仪：折射率测定范围为 $n_D=1.300$ 至 $n_D=1.700$，折光指数可读至±0.0001，如 Abbe 型，如图 5-2 所示。

（2）光源：钠蒸气灯。如果折射仪装有消色差补偿系统，也可使用白光。

（3）玻棒：一头烧成圆形。

（4）拭镜纸、镊子、脱脂棉等。

（5）水浴：带循环泵和恒温控制装置，控温精度为±0.1℃。

（6）标准玻璃板：已知折射率。

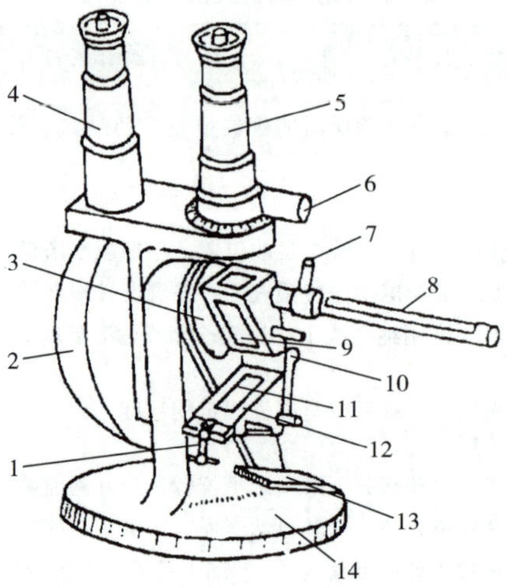

1—棱镜锁紧扳手；2—刻度盘罩；3—转轴；4—读数镜；5—测量镜；6—阿米西棱镜手柄；
7—恒温水入口；8—温度计；9—测量棱镜；10—铰链；11—辅助棱镜（开启状态）；12—加液槽；
13—反射镜；14—底盘。

图 5-2　阿贝折光仪的结构

2. 试剂

仅使用分析纯试剂，使用蒸馏水、去离子水或相同纯度的水。

（1）十二烷酸乙酯：纯度适合于测定折射率，已知折射率。

（2）已烷，或其他合适溶剂，例如石油醚、丙酮或甲苯，用于清洗折射仪棱镜。

二、试样制备

各种不同种类的油脂。

三、操作步骤

1. 校正仪器

将折光仪放置在光线充足的位置，与恒温水浴锅循环泵系统连接。先用软布再用溶剂润湿的棉花球擦净棱镜表面，在温度计座处插入温度计。用已知折射率的物质校正仪器（常用纯水或十二烷酸乙酯或标准玻璃板进行校正），如不符合校准物质的折射率时，用小钥匙拧动目镜下方的小螺丝，把明暗分界线调整正切在十字交叉线的交叉点上。

校正仪器时，水的折射率（n_D）如表 5-14 所示，可以此进行校正。开闭棱镜时不能用力过大，净化棱镜时必须用擦镜纸沾干，不得来回擦抹镜面。

表 5-14　　水的折射率

温度/℃	n_D	温度/℃	n_D
5	1.33368	22	1.33281
10	1.33354	24	1.33262
14	1.33348	26	1.33241
15	1.33341	28	1.33219
16	1.33333	30	1.33192
18	1.33317	40	1.33009
20	1.33299	50	1.32906

2. 调温

将折光仪的温度调节至试样规定的温度（或按照仪器说明书的操作步骤通过恒温循环水浴与精密温度计控制好测定温度，尽量降低由温度不同带来的实验误差）。

3. 取样

测定前，将棱镜可移动部分下降至水平位置，分开两面棱镜，先用软布再用溶剂润湿的棉花球擦净棱镜表面，让其自然干燥。用圆头玻棒取混匀过滤的试样 2 滴，滴在棱镜上（玻棒不要触及镜面），转动上棱镜，关紧 2 块棱镜。

4. 调节、读数

约经过 3min 待试样温度稳定后，拧动阿米西棱镜手轮和棱镜转动手轮，使视野分成清晰可见的 2 个明暗部分，其分界线恰好在十字交叉的焦点上，记下标尺读数精确至 0.0001，并记下折光仪棱镜的温度。

5. 清洁

测定结束后，立即先用软布再用溶剂润湿的棉花球擦净棱镜表面，让其自然干燥。

测定折射率 2 次以上，计算 3 次测定结果的算术平均值，作为测定结果。

四、注意事项

（1）折射率（折光指数）是物质的重要光学常数之一，均一物质各有其恒定的折射率，且同种物质溶液的折射率随着浓度的增大而递增，因此测出样品的折射率就可判断其均一程度和纯度。

（2）开闭棱镜时不能用力过大，净化棱镜时必须用擦镜纸沾干，不得来回擦抹镜面。

（3）根据相应植物油产品标准规定的要求，来确定样品折射率，以 n_D' 表示。

五、数据记录与处理

1. 结果计算

按照植物油标准规定的折射率以 n_D^{20} 或 n_D^{40} 表示。

如果测定温度 t_1 与参照温度 t 之间差异小于3℃，则按式（5-1）计算在参照温度 t 下的折射率 n_D'。

$$n_D^t = n_D^{t_1} + (t_1 - t)F \tag{5-1}$$

式中 t_1——测定温度,℃；

t——参照温度,℃；

F——校正系数；

当 $t=200$℃时，F 为 0.00035；

当 $t=400$℃、$t=500$℃和 $t=600$℃时，F 为 0.00036；

当 $t=800$℃或 800℃以上时，F 为 0.00037。

如果检测温度 t_1 与参照温度 t 之间差异等于或大于 30℃，重新进行检测。

检测结果取至小数点后 4 位。

2. 数据处理

油脂折射率的检测原始记录表见表 5-15。

表 5-15　　油脂折射率的检测原始记录表

参照标准/规程编号						
温度	________℃		相对湿度		________%	
使用试剂						
仪器名称						
实验器皿						
仪器参数						
样品编号	标尺度数	测定温度	测定温度	校正系数	结果	平均值
计算公式：$n_D^t = n_D^{t_1} + (t_1 - t)F$						
备注：						

检验：　　　　　　　　　　　　　　　　　复核：

日期：　　　　　　　　　　　　　　　　　日期：

任务评价

油脂折射率的检测评分标准见表 5-16。

表 5-16　　油脂折射率的检测评分标准

内容	评价标准	评分标准/分	评分记录
准备	仪器设备准备、调试；试剂配制准确	10	
校正	仪器校正准确	10	
调温	水浴锅温度设置准确	10	

续表

内容	评价标准	评分标准/分	评分记录
取样	使用折射仪进行取样操作	20	
调节	使用户拧动阿米西棱镜手轮和棱镜转动手轮进行调节	20	
读数	能够准确进行读数	20	
清洁	仪器设备使用完毕进行清洗	10	

油脂折射率的检测评价表见表 5-17。

表 5-17　　油脂折射率的检测评价表

<table>
<tr><td rowspan="13">评价</td><td>自我评价</td><td colspan="5"></td><td>评分
（满分 10）</td></tr>
<tr><td rowspan="4">组内互评</td><td>学号</td><td>姓名</td><td>评分
（满分 20）</td><td>学号</td><td>姓名</td><td>评分
（满分 20）</td></tr>
<tr><td>1 号</td><td></td><td></td><td>2 号</td><td></td><td></td></tr>
<tr><td>3 号</td><td></td><td></td><td>4 号</td><td></td><td></td></tr>
<tr><td>5 号</td><td></td><td></td><td></td><td></td><td></td></tr>
<tr><td rowspan="3">小组互评
（除自己组以外）</td><td colspan="2">组号</td><td colspan="2">评分
（满分 20）</td><td>组号</td><td>评分
（满分 20）</td></tr>
<tr><td colspan="2">________组</td><td colspan="2"></td><td>________组</td><td></td></tr>
<tr><td colspan="2">________组</td><td colspan="2"></td><td>________组</td><td></td></tr>
<tr><td rowspan="2">教师评价</td><td colspan="5" rowspan="2"></td><td>评分
（满分 50）</td></tr>
<tr><td></td></tr>
</table>

问题思考

导致油脂折射率升高的原因有哪些？

思政案例：守护大国粮仓的能工巧匠

任务五　油脂烟点的检测

学习目标

❖ 知识目标

1. 了解油脂烟点检测的技术和方法。
2. 了解油脂烟点检测的相关标准。

❖ 能力目标

1. 掌握烟点仪的使用和维护方法。

2. 掌握油脂烟点检测的原理和影响油脂烟点的因素。

3. 能够利用烟点检测仪独立完成油脂烟点的检测。

❖ 素质目标

1. “勿以恶小而为之，勿以善小而不为”，油脂烟点的测定是一项涉及火源和烟雾的实验，在进行实验时需要注意安全，避免发生意外事故，养成安全意识和责任意识。

2. 油脂烟点的检测是一项涉及废弃物处理的实验，需要正确处理实验废弃物，从而从身边小事开始树立环保意识。

任务描述

烟点是油脂在空气中被加热时，对其热稳定性进行衡量的指标之一。它是指油脂试样在避免通风并备有特殊照明的实验装置中进行加热时，当发出稀薄连续的蓝烟时油脂的温度。

知识准备

一般由短碳链或不饱和度大的脂肪酸组成的油脂烟点比长碳链的饱和脂肪酸组成的油脂烟点低；未精炼油脂烟点低于一级及二级油脂烟点，如精炼程度高的油脂烟点范围在 205~220℃，甚至可达 240℃。未精炼油脂如芝麻油的烟点为 160~170℃。此外，油脂在长时间加热并煎炸食品时，烟点会逐渐降低，这是由于发生了水解、氧化等反应，产生了一些低相对分子质量的物质。所以烟点与油脂的煎炸特性及其产品质量有关。按照 GB/T 20795—2006《植物油脂烟点测定》执行。

由于 GB/T 20795—2006 标准中介绍了 2 种方法，分别是自动测定仪测定法和目视测定法。在实际工作中常多采用目视测定法，因而本任务主要对目视测定法进行介绍。

油脂烟点的检测操作流程如表 5-18 所示。

表 5-18　油脂烟点的检测操作流程

序号	步骤	操作内容
1	准备	在实验室准备实验所需的仪器设备、药品试剂等；开始实验前清点仪器设备是否齐全
2	装样	将油脂样品小心地装入油样杯中（油样杯要认真地清洗干净并干燥，以去除影响烟点的任何物质），其液面正好在装样线上
3	调节	调节装置的位置，使照明光束正好通过油样杯杯口中心，火苗集中在杯底部的中央，将温度计垂直悬挂在样品杯中央，水银球离杯底 6.35mm
4	升温	迅速加热样品到发烟点前 42℃左右，然后调节热源，使样品升温速率为 5~6℃/min
5	记录	看见样品有少量、连续带蓝色的烟（油脂中的热分解物）冒出时，温度计指示的温度即为烟点（在样品开始连续发烟前，有股轻微的烟出现，可以忽略）
6	结果表示	双实验允许差不得超过 2℃，求其平均数即为测定结果，测定结果取整数

任务实施

一、准备工作

仪器和用具准备如下。

实验室专用仪器、设备及材料。

（1）烟点实验箱：如图 5-3 所示，单位为 mm。

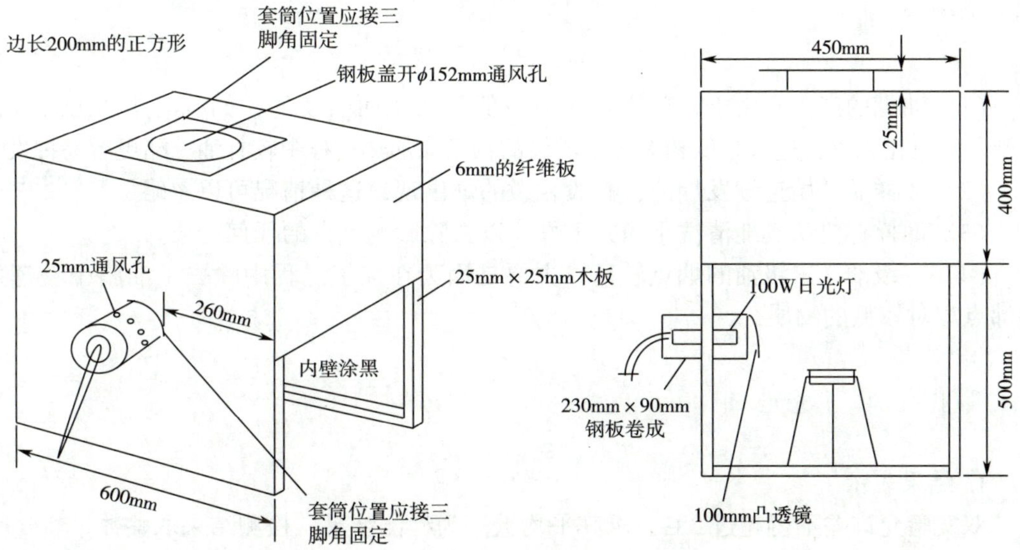

图 5-3　烟点实验箱

（2）温度计：量程 0~300℃，最小分度 1℃，温度计需经过校验。

（3）加热板。

（4）石棉板。

（5）样品杯：由黄铜或不锈钢制成。

（6）加热装置：可调压电炉或酒精灯、煤气灯。

二、试样制备

不同种类油脂。

三、操作步骤

1. 装样

将油脂样品小心地装入油样杯中，其液面正好在装样线上。

2. 调节

调节装置的位置，使照明光束正好通过油样杯杯口中心，火苗集中在杯底部的中央，将温度计垂直悬挂在样品杯中央，水银球离杯底 6. 35mm。

3. 升温

迅速加热样品到发烟点前 42℃左右，然后调节热源，使样品升温速率为 5~6℃/min。

4. 记录

看见样品有少量、连续带蓝色的烟（油脂中的热分解物）冒出时，温度计指示的温度即为烟点。

四、注意事项

（1）油烟的产生是由于一些沸点相对较低的物质而引发的，如游离脂肪酸、甘油一酯、不皂化物等，这些较低相对分子质量的物质在加热过程中较甘油三酯更容易挥发。

（2）在样品开始连续发烟前，有股轻微的烟出现，这种情况可以忽略。

（3）油样杯要认真地清洗干净并干燥，以去除影响烟点的任何物质。

（4）一级油、二级油的烟点较高，主要是因为在加工过程中除去了油脂中易挥发的沸点相对较低的物质。

五、数据记录与处理

1. 结果表示

双实验允许差不得超过 2℃，求其平均数即为检测结果。检测结果取整数。

2. 数据处理

油脂烟点的检测原始记录表见表 5-19。

表 5-19　　油脂烟点的检测原始记录表

<table>
<tr><td>参照标准/规程编号</td><td colspan="6"></td></tr>
<tr><td>温度</td><td colspan="2">______℃</td><td colspan="2">相对湿度</td><td colspan="2">______%</td></tr>
<tr><td>使用试剂</td><td colspan="6"></td></tr>
<tr><td>仪器名称</td><td colspan="6"></td></tr>
<tr><td>实验器皿</td><td colspan="6"></td></tr>
<tr><td>仪器参数</td><td colspan="6"></td></tr>
<tr><td>样品编号</td><td colspan="5">温度/℃</td><td>平均值</td></tr>
<tr><td rowspan="2"></td><td></td><td></td><td></td><td></td><td></td><td rowspan="2"></td></tr>
<tr><td></td><td></td><td></td><td></td><td></td></tr>
<tr><td colspan="7">备注：</td></tr>
</table>

检验：　　　　　　　　　　　　复核：

日期：　　　　　　　　　　　　日期：

任务评价

油脂烟点的检测评分标准见表 5-20。

表 5-20　　油脂烟点的检测评分标准

检测内容	评价标准	评分标准/分	评分记录
准备	仪器设备准备、预热	10	
装样	样品混匀，能够准确称量无撒漏	10	
调节	调节装置位置准确	20	
加热	加热温度控制准确、升温速率正确	10	
观察	观察样品状态及温度	20	
读数	能够准确进行烟点判断并读数	20	
整理	仪器设备、进行归位	10	

油脂烟点的检测评价表见表 5-21。

表 5-21　　油脂烟点的检测评价表

<table>
<tr><td rowspan="10">评价</td><td>自我评价</td><td colspan="5"></td><td>评分
（满分 10）</td></tr>
<tr><td rowspan="4">组内互评</td><td>学号</td><td>姓名</td><td>评分
（满分 20）</td><td>学号</td><td>姓名</td><td>评分
（满分 20）</td></tr>
<tr><td>1 号</td><td></td><td></td><td>2 号</td><td></td><td></td></tr>
<tr><td>3 号</td><td></td><td></td><td>4 号</td><td></td><td></td></tr>
<tr><td>5 号</td><td></td><td></td><td></td><td></td><td></td></tr>
<tr><td rowspan="3">小组互评
（除自己组以外）</td><td colspan="2">组号</td><td>评分
（满分 20）</td><td colspan="2">组号</td><td>评分
（满分 20）</td></tr>
<tr><td colspan="2">________组</td><td></td><td colspan="2">________组</td><td></td></tr>
<tr><td colspan="2">________组</td><td></td><td colspan="2">________组</td><td></td></tr>
<tr><td rowspan="2">教师评价</td><td colspan="5" rowspan="2"></td><td>评分
（满分 50）</td></tr>
<tr><td></td></tr>
</table>

问题思考

导致烟点测定结果不合格的因素有哪些？

任务六 油脂磷脂含量的加热实验

学习目标

❖ 知识目标

1. 了解油脂磷脂含量加热实验的新技术和新方法。
2. 了解油脂中磷脂的概念。

❖ 能力目标

1. 观察不同油脂在加热实验中的现象。
2. 能够识别油脂加热过程中的品质变化，以及分析其原因。

❖ 素质目标

1. 深刻领悟“科技创新是引领发展的第一动力”“科学精神必须高度珍视、不断弘扬”。

2. 学会具体问题具体分析，加强团队协作能力，做油脂加热实验，分工明确，互帮互助，树立安全意识，规范操作实验。

任务描述

磷脂是磷酸甘油酯的简称，是由甘油、脂肪酸、磷酸和氨基醇等所组成的复杂化合物。它是脂溶性和亲水性物质。磷脂既富有营养性又对油脂具有抗氧化增效作用，但它在油中存在，会使油色深暗、浑浊，遇高温（280℃）会焦化发苦，影响油品的质量和油脂深度加工。油脂加热至280℃时，磷脂会产生絮状沉淀物，因此加热实验就是油脂样品加热至280℃，冷却后观察有无析出物和油脂色泽变化情况，是检验油脂中磷脂含量的简易方法。

知识准备

植物油脂中的磷脂在280℃高温下会分解或析出，使得油色变深、变黑，并产生析出物或絮状沉淀等现象，由此判断植物油脂品质。通常油色变深、变黑，析出物或絮状沉淀物越多，表明植物油脂品质越差。检测方法按照GB/T 5531—2018《粮油检验　植物油脂加热试验》测定。根据GB/T 1536—2021《菜籽油》中的要求，加热实验主要采用目视法判定是否达标，因此本任务主要介绍目视法的测定步骤。

油脂磷脂含量的加热实验操作流程如表5-22所示。

表5-22　油脂磷脂含量的加热实验操作流程

序号	步骤	操作内容
1	准备	在实验室准备实验所需的仪器设备；开始实验前清点仪器设备是否齐全
2	初始油样颜色	取混匀样品约50mL注入100mL烧杯内，观察油样颜色
3	加热	将样品置于带有金属盘（砂浴盘）或石棉网的电炉上加热，用铁支柱架悬挂温度计，使水银球恰在试样中心，在16~18min加热使试样温度升至280℃，取下烧杯

续表

序号	步骤	操作内容
4	观察加热后颜色	待冷却至室温后，观察析出物多少和油色深浅情况
5	析出物的实验结果	以“无析出物”“有微量析出物”“有多量析出物”来表示
6	加热前后颜色变化的实验结果	用“油色变浅”“油色不变”“油色变深”“油色变黑”“其他”来表示

任务实施

一、准备工作

仪器和用具准备如下。

（1）电炉：1000W 可调电炉。

（2）装有细砂的金属盘（砂浴盘）或石棉网。

（3）烧杯：100mL。

（4）温度计：0~300℃，±2℃。

（5）铁支柱架。

油脂加热实验

二、试样制备

各种不同种类的油脂。

三、操作步骤

取混匀样品约 50mL 注入 100mL 烧杯内，观察油样颜色，将样品置于带有细砂的金属盘（砂浴盘）或石棉网的电炉上加热，用铁支柱架悬挂温度计，使水银球恰在试样中心，在 16~18min 加热使试样温度升至 280℃，取下烧杯，待冷却至室温后，观察析出物多少和油色深浅情况。

四、注意事项

实验要求在 16~18min 使试样温度升至 280℃，因此加热时不能采用电炉直接加热法，因为电炉直接加热，升温过快。加热时应在电炉上加上砂浴盘或石棉网，使试样升温均匀。

五、数据记录与处理

1. 结果表示

观察析出物的实验结果以“无析出物”“有微量析出物”“有多量析出物”来表示。有微量析出物：有析出物悬浮；有多量析出物：析出物成串、成片结团。

观察样品加热前后颜色变化的实验结果用“油色变浅”“油色不变”“油色变深”“油色变黑”“其他”来表示。其他是指以油色实际变化情况来描述，如油脂加热后变为绿色，则可写为油色变绿。

例如检测某三级菜籽油加热实验项目，结果可表示为“无析出物，油色变浅”。

2. 数据处理

油脂磷脂含量的加热实验原始记录表见表 5-23。

表 5-23　　油脂磷脂含量的加热实验原始记录表

参照标准/规程编号			
温度	________℃	相对湿度	________%
使用试剂			
仪器名称			
实验器皿			
仪器参数			
样品编号	析出物情况		颜色变化情况
结论：			
备注：			

检验：　　　　　　　　　　　　　　　　复核：

日期：　　　　　　　　　　　　　　　　日期：

任务评价

油脂磷脂含量的加热实验评分标准见表 5-24。

表 5-24　　油脂磷脂含量的加热实验评分标准

检验内容	评价标准	评分标准/分	评分记录
准备	仪器设备准备、预热	10	
装样	样品混匀，能够准确称量无撒漏	10	
加热	加热温度控制准确、升温速率正确	10	
观察	观察样品状态及温度	20	
判断	能够准确进行加热实验温度判断	20	
测定	冷却后进行观察，准确表述加热结果	20	
整理	仪器设备、进行归位	10	

油脂磷脂含量的加热实验评价表见表 5-25。

表 5-25　　油脂磷脂含量的加热实验评价表

<table>
<tr><td rowspan="10">评价</td><td>自我评价</td><td colspan="10"></td><td colspan="2">评分
（满分 10）</td></tr>
<tr><td rowspan="4">组内互评</td><td colspan="2">学号</td><td colspan="2">姓名</td><td colspan="2">评分
（满分 20）</td><td colspan="2">学号</td><td colspan="2">姓名</td><td colspan="2">评分
（满分 20）</td></tr>
<tr><td colspan="2">1 号</td><td colspan="2"></td><td colspan="2"></td><td colspan="2">2 号</td><td colspan="2"></td><td colspan="2"></td></tr>
<tr><td colspan="2">3 号</td><td colspan="2"></td><td colspan="2"></td><td colspan="2">4 号</td><td colspan="2"></td><td colspan="2"></td></tr>
<tr><td colspan="2">5 号</td><td colspan="2"></td><td colspan="2"></td><td colspan="2"></td><td colspan="2"></td><td colspan="2"></td></tr>
<tr><td rowspan="3">小组互评
（除自己组
以外）</td><td colspan="3">组号</td><td colspan="3">评分
（满分 20）</td><td colspan="3">组号</td><td colspan="3">评分
（满分 20）</td></tr>
<tr><td colspan="3">________组</td><td colspan="3"></td><td colspan="3">________组</td><td colspan="3"></td></tr>
<tr><td colspan="3">________组</td><td colspan="3"></td><td colspan="3">________组</td><td colspan="3"></td></tr>
<tr><td rowspan="2">教师评价</td><td colspan="10" rowspan="2"></td><td colspan="2">评分
（满分 50）</td></tr>
<tr><td colspan="2"></td></tr>
</table>

问题思考

加热实验导致油脂油色变浅的因素有哪些？

思政案例：做大国粮仓的最美守护人

项目六

油脂化学检验

任务一 油脂酸价检测

学习目标

❖ 知识目标

1. 了解油脂酸价检测的技术和方法。
2. 了解油脂出入库、储存过程中酸价质量指标的相关标准。

❖ 能力目标

1. 掌握相关检验仪器设备的使用和维护方法。
2. 能够掌握滴定法独立完成油脂酸价的检测。

❖ 素质目标

1. “食品安全事关民生，事关国计民生，必须高度重视、切实抓好。要坚持食品安全工作不懈怠、不折腾、不松劲，切实守护人民群众饮食安全。”油脂是人们日常生活中必不可少的食品原料之一，而酸价的高低直接关系到油脂的质量和安全。通过油脂酸价检测，可以及时发现油脂中的问题，保障食品安全。

2. 油脂化学检测实验需要学生具备一定的科学素养，能够理解实验原理和操作方法，能够分析实验结果，提出合理的结论。

任务描述

油脂酸价（酸值）是指中和1g油脂中游离脂肪酸所需氢氧化钾的质量，用mg/g表示。该指标是评价油脂品质好坏的重要依据之一。

一般从新收获、成熟的油料种籽中制取的植物油脂，含有游离脂肪酸的质量分数约为1%，但是当原料中含有较多的未熟粒、生芽粒、霉变粒等时，制取的植物油脂将会有较高的酸价。此外，在油脂储藏过程中，如果水分、杂质含量高，储存温度高时，脂肪酶活性大，也会使植物油中游离脂肪酸含量增高。

检测油脂中酸价可以评价油脂品质的好坏，也可以判断储藏期间品质变化情况，还可以指导油脂碱炼工艺，提供需要加碱的量。按照 GB 5009.229—2016《食品安全国家标准　食品中酸价的测定》执行。

检测方法有热乙醇指示剂滴定法、冷溶剂指示剂滴定法和冷溶剂自动电位滴定法。本任务主要介绍冷溶剂指示剂滴定法。要注意，油脂碱炼是指通过加入一定量的氢氧化钠中和油脂中游离脂肪酸生成钠皂。

知识准备

冷溶剂指示剂法适用于常温下能够被冷溶剂完全溶解成澄清溶液的食用油脂样品，适用范围包括食用植物油（辣椒油除外）、食用动物油、食用氢化油、起酥油、人造奶油、植脂奶油、植物油料七类。

冷溶剂指示剂滴定法是用有机溶剂将油脂试样溶解成样品溶液，再用氢氧化钾或氢氧化钠标准滴定溶液中和样品中的游离脂肪酸，以指示剂相应的颜色变化来判定滴定终点，最后通过滴定终点消耗的标准滴定溶液的体积计算样品油脂试样的酸价。

油脂酸价检测操作流程如表 6-1 所示。

表 6-1　油脂酸价检测操作流程

序号	步骤	操作内容
1	实验准备	在实验室准备实验所需的仪器设备、药品试剂等；开始实验前清点仪器设备是否齐全
2	称样	称取 2.5g 左右样品于锥形瓶中（尽量不要将样品粘在瓶壁上）
3	溶解试样	加入乙醚-异丙醇混合溶液 50～100mL 和 3～4 滴的酚酞指示剂，充分振摇溶解试样
4	滴定	用装有氢氧化钠或氢氧化钾标准滴定水溶液的刻度滴定管对试样溶液进行手工滴定，当试样溶液初现微红色，且 15s 无明显褪色时，为滴定的终点
5	空白实验	另取一个干净的 250mL 锥形瓶准确加入与试样测定时相同体积、相同种类的有机溶剂混合液和指示剂，振摇混匀；再用装有氢氧化钠或氢氧化钾标准滴定水溶液的刻度滴定管对试样溶液进行手工滴定，当溶液初现微红色，且 15s 无明显褪色时，为滴定的终点
6	数据记录	及时记录实验数据

滴定反应为：$R—COOH+KOH \longrightarrow R—COOK+H_2O$

任务实施

油脂酸价检测视频

一、准备工作

1. 仪器和用具

(1) 锥形瓶。

（2）微量滴定管 10mL，最小刻度 0.05mL（碱式）。为增加检验工作效率，也可用数显滴定仪替代。

（3）天平（感量 0.01g 和 0.0001g 各一台）。

2. 试剂

试剂为分析纯及以上，三级水。

（1）氢氧化钠或氢氧化钾标准滴定水溶液：浓度为 0.1mol/L 或 0.5mol/L。目前已有市售已知浓度的标准物质溶液，可购买一定浓度进行稀释或直接使用，一般低温冷藏有效期为 12 个月。

（2）乙醚–异丙醇混合液：500mL 的乙醚与 500mL 的异丙醇充分互溶混合，用时现配。乙醚为易制毒化学品，采购需通过公安部门办理备案方可使用。

（3）酚酞指示剂：称取 1g 的酚酞，加入 100mL 的 95%乙醇并搅拌至完全溶解。

（4）碱性蓝 6B 或百里香酚酞（适用于深色油脂）：称取 2g 碱性蓝 6B 或百里香酚酞，加入 100mL 的 95%乙醇溶液并搅拌至完全溶解。需要注意的是如果测定深色油的酸价，可减少试样用量，或适当增加混合溶剂的用量，以碱性蓝 6B 或百里酚酞为指示剂，终点变色明显。

二、试样制备

根据样品的颜色和估计的酸价按表 6–2 所规定称量称样。一般称取 2.5g 左右样品（一般吸管吸 3~4 管即可，不要刻意追求 2.5g，尽量不要将样品粘在瓶壁上）。

表 6–2　油脂酸价检测试样称样表

估计的酸价/(mg/g)	试样的最小称样量/g	使用滴定液的浓度/(mol/L)	试样称重的精确度/g
0~1	20	0.1	0.05
1~4	10	0.1	0.02
4~15	2.5	0.1	0.01
15~75	0.5~3.0	0.1 或 0.5	0.001
>75	0.2~1.0	0.5	0.001

三、操作步骤

1. 加混合溶剂

加入乙醚–异丙醇混合溶液 50~100mL 和 3~4 滴的酚酞指示剂，充分振摇溶解试样。

2. 滴定

再用装有氢氧化钠或氢氧化钾标准滴定水溶液的刻度滴定管对试样溶液进行手工滴定，当试样溶液初现微红色，且 15s 无明显褪色时，为滴定的终点。立刻停止滴定，记录下此滴定所消耗的标准滴定溶液的体积，此数值为 V。

3. 空白实验

取一个干净的250mL的锥形瓶准确加入与试样测定时相同体积、相同种类的有机溶剂混合液和指示剂，振摇混匀。再用装有氢氧化钠或氢氧化钾标准滴定水溶液的刻度滴定管对试样溶液进行手工滴定，当溶液初现微红色，且15s无明显褪色时，为滴定的终点。立刻停止滴定，记录下此滴定所消耗的标准滴定水溶液的体积，此数值为 V_0。

于此法，也可向配制好的试样溶解液中滴加数滴指示剂，然后用标准滴定溶液滴定试样溶解液至相应的颜色变化，且15s无明显褪色后停止滴定，表明试样溶解液的酸性正好被中和。然后以这种酸性被中和的试样溶解液溶解油脂试样，再用同样的方法继续滴定试样溶液至相应的颜色变化，且15s无明显褪色后停止滴定，记录下此滴定所消耗的标准滴定溶液的体积数，此数值为 V，如此无需再进行空白实验，即 $V_0=0$。

四、注意事项

（1）酸价<1mg/g时需缓缓通入氮气流，防止空气氧化油脂。若不通入氮气流，则测定结果偏高。

（2）试样称样量和滴定液浓度应使滴定液用量在0.2~10mL（扣除空白后）。若检测后，发现样品的实际称样量与该样品酸价所对应的应有称样量不符，应按照表6-1要求，调整称样量后重新检测。

（3）在保证检测精密度的情况下，试样的量和滴定液的浓度应使滴定液的用量不超过10mL。如果滴定所需氢氧化钾溶液（c=0.1mol/L）体积超过10mL时，可用（c=0.5mol/L）的氢氧化钾溶液。

（4）测定深色油的酸价，可减少试样用量，或适当增加混合溶剂的用量，以碱性蓝6B或百里酚酞为指示剂，终点变色明显。

（5）对于深色油滴定，为便于观察终点，还可以改变指示剂，改用碱性蓝6B或百里香酚酞（20g/L）。20g碱性蓝6B或百里香酚酞溶解于1L的95%乙醇溶液中。碱性蓝6B指示剂的变色范围为pH 9.4~14，酸性呈蓝色，中性显紫色，碱性显淡红色；百里香酚酞变色范围为pH 9.3~10.5，从无色到蓝色即为终点。

（6）若样品含有易挥发脂肪酸，则不得加热和过滤。

（7）氢氧化钾标准滴定溶液使用最少5天前配制的溶液，移上清液于棕色玻璃瓶中储存，用橡皮塞塞紧，溶液应为无色或淡黄色。氢氧化钾或氢氧化钠标准溶液的配制和标定，也可按照GB/T 601—2016执行。

五、数据记录与处理

1. 酸价计算

酸价（又称酸值）按照式（6-1）的要求进行计算。

$$X_{AV}=\frac{(V-V_0)\times c\times 56.1}{m} \tag{6-1}$$

式中 X_{AV}——酸价，mg/g；

V——试样测定所消耗的标准滴定溶液的体积，mL；

V_0——相应的空白测定所消耗的标准滴定溶液的体积，mL；

c——标准滴定溶液的摩尔浓度，mol/L；

56.1——氢氧化钾的摩尔质量，g/mol；

m——油脂样品的称样量，g。

当酸价≤1mg/g，计算结果保留小数点后两位；1mg/g<酸价≤100mg/g，计算结果保留小数点后一位；酸价>100mg/g，计算结果保留至整数位。

当酸价<1mg/g时，在重复条件下获得的两次独立检测结果的绝对差值不得超过算术平均值15%；当酸价≥1mg/g时，在重复条件下获得的两次独立检测结果的绝对差值不得超过算术平均值12%。

2. 数据处理

油脂酸价检测原始记录见表6-3。

表6-3　油脂酸价检测原始记录表

<table>
<tr><td colspan="10"></td><td>共　页　第　页</td></tr>
<tr><td colspan="2" rowspan="2">样品名称</td><td rowspan="2">样品状态</td><td rowspan="2">检测方法依据</td><td colspan="3">检测仪器</td><td rowspan="2">环境状况</td><td rowspan="2">检测地点</td><td rowspan="2">检测日期</td><td rowspan="2">备注</td></tr>
<tr><td>名称</td><td>编号</td><td>有效期</td></tr>
<tr><td colspan="2"></td><td></td><td></td><td></td><td></td><td></td><td>温度：____
相对湿度：____</td><td></td><td>____年
__月__日</td><td></td></tr>
<tr><td>样品编号</td><td>实验次数</td><td>样品质量(m)/g</td><td>标液消耗空白体积(V₀)/mL</td><td colspan="3">标液样品消耗体积(V₁)/mL</td><td>检测结果(X_{AV})/(mg/g)</td><td>平均值(X̄)/(mg/g)</td><td>平行允差/%</td><td>绝对差值/%</td></tr>
<tr><td rowspan="2"></td><td></td><td></td><td></td><td colspan="3"></td><td rowspan="2"></td><td rowspan="2"></td><td rowspan="2"></td><td rowspan="2"></td></tr>
<tr><td></td><td></td><td></td><td colspan="3"></td></tr>
<tr><td rowspan="2"></td><td></td><td></td><td></td><td colspan="3"></td><td rowspan="2"></td><td rowspan="2"></td><td rowspan="2"></td><td rowspan="2"></td></tr>
<tr><td></td><td></td><td></td><td colspan="3"></td></tr>
<tr><td colspan="11">备注：</td></tr>
</table>

检验：　　　　　　　　　　复核：

日期：　　　　　　　　　　日期：

任务评价

油脂酸价检测评分标准见表6-4。

表 6-4　　　　油脂酸价检测评分标准

检测内容	评价标准	评分标准/分	评分记录
准备	混合溶剂配制、标准溶液配制准确	10	
称量	样品混匀，能够准确称量无滴漏	10	
溶解	混合溶剂及指示剂滴加量正确、混合均匀	10	
滴定	滴定管准备（选择、查漏、润洗）正确	20	
	滴定操作规范、滴定终点判断准确	20	
	读数及记录规范、完成平行实验	20	
原始记录及结果计算	原始记录规范、有效数字修约正确；计算过程完整、计算正确	10	

油脂酸价检测评价表见表 6-5。

表 6-5　　　　油脂酸价检测评价表

<table>
<tr><td rowspan="10">评价</td><td>自我评价</td><td colspan="10"></td><td colspan="2">评分
（满分 10）</td></tr>
<tr><td rowspan="4">组内互评</td><td colspan="2">学号</td><td colspan="2">姓名</td><td colspan="2">评分
（满分 20）</td><td colspan="2">学号</td><td colspan="2">姓名</td><td colspan="2">评分
（满分 20）</td></tr>
<tr><td colspan="2">1 号</td><td colspan="2"></td><td colspan="2"></td><td colspan="2">2 号</td><td colspan="2"></td><td colspan="2"></td></tr>
<tr><td colspan="2">3 号</td><td colspan="2"></td><td colspan="2"></td><td colspan="2">4 号</td><td colspan="2"></td><td colspan="2"></td></tr>
<tr><td colspan="2">5 号</td><td colspan="2"></td><td colspan="2"></td><td colspan="2"></td><td colspan="2"></td><td colspan="2"></td></tr>
<tr><td rowspan="3">小组互评
（除自己组
以外）</td><td colspan="3">组号</td><td colspan="3">评分
（满分 20）</td><td colspan="3">组号</td><td colspan="3">评分
（满分 20）</td></tr>
<tr><td colspan="3">________组</td><td colspan="3"></td><td colspan="3">________组</td><td colspan="3"></td></tr>
<tr><td colspan="3">________组</td><td colspan="3"></td><td colspan="3">________组</td><td colspan="3"></td></tr>
<tr><td rowspan="2">教师评价</td><td colspan="10" rowspan="2"></td><td colspan="2">评分
（满分 50）</td></tr>
<tr><td colspan="2"></td></tr>
</table>

问题思考

1. 冷溶剂法测定油脂酸价时，加入乙醚–异丙醇混合液的目的是什么？
2. 影响植物油中游离脂肪酸含量增高的原因有哪些？
3. 测定油脂中酸价的目的有哪些？

思政案例：世界粮食日

任务二 油脂过氧化值的检测

学习目标

❖ 知识目标

1. 了解油脂过氧化值检测的技术和方法。
2. 了解植物油脂中过氧化值检测的相关标准。

❖ 能力目标

1. 掌握油脂过氧化值检测的方法。
2. 能够利用滴定法独立完成油脂过氧化值的检测。

❖ 素质目标

1. 树立高度的食品安全意识，油脂过氧化值检测是保障食品安全的重要环节之一，通过对食品中油脂过氧化值的检测，可以及时发现并排除潜在的安全隐患，提高消费者对食品安全的信心和保障。

2. 加强对食品安全相关法律法规和标准的学习，提高对食品安全风险的识别和评估能力，积极探索和应用先进的食品安全技术和管理方法，为保障食品安全作出贡献。

任务描述

油脂在氧化初期阶段，氢过氧化物的量逐渐增多，而达到深度氧化时，氢过氧化物开始分解、聚合，因此过氧化值是油脂初期氧化程度的指标之一。一般情况下，新鲜的油脂过氧化值<1. 2mmol/kg；过氧化值在 1. 2～2. 4mmol/kg 时，感官检验不觉得异常；过氧化值>4mmol/kg 时，油脂出现令人不愉快的辛辣味；如果超过 6mmol/kg 较多时，人们食用后可引起呕吐、腹泻等中毒症状。氢过氧化物对人体健康有害，过氧化值高的油脂及食品不宜食用。本任务学习油脂过氧化值的测定原理，熟悉油脂过氧化值检测中各种试剂的配制，掌握操作步骤和结果计算，理解油脂过氧化值测定中应注意的事项。

油脂过氧化值是指 1kg 油脂中过氧化物的物质的量，用 mmol/kg 表示。

因此，油脂过氧化值的检测是油脂酸败定性和定量检验的参考，是鉴定油脂品质的重要依据，也是食品安全国家标准中重要指标之一。按照 GB 5009. 227—2023《食品安全国家标准　食品中过氧化值的测定》执行。检测方法有滴定法和电位滴定法。

知识准备

油脂在氧化酸败过程中产生的氢过氧化物及过氧化物很不稳定，氧化能力较强，能氧化碘化钾成为游离碘，用硫代硫酸钠标准溶液滴定，根据析出的碘量计算过氧化值。其结果用过氧化物相当于碘的质量分数或 1kg 样品中活性氧的物质的量表示过氧化值的量。

油脂过氧化值的检测操作流程如表 6-6 所示。

表 6-6　　油脂过氧化值的检测操作流程

序号	步骤	操作内容
1	实验准备	在实验室准备实验所需的仪器设备、药品试剂等；开始实验前清点仪器设备是否齐全
2	称样	称取试样 2~3g（精确至 0.001g）置于 250mL 碘价瓶中
3	反应	试样的测定应避免在阳光直射下进行，加入 30mL 三氯甲烷-冰乙酸混合液，轻轻振摇使试样完全溶解，准确加入 1.00mL 饱和碘化钾溶液（准确加入 1mL 饱和碘化钾溶液时需用 1mL 移液管或移液器进行），盖上塞子，并轻轻振摇 0.5min，在暗处放置 3min
4	滴定	取出试样，加 100mL 水，摇匀后立即用装有硫代硫酸钠标准溶液的碱式滴定管滴定析出的碘（滴定管使用前应进行润洗、试漏），滴定至淡黄色时，加 1mL 淀粉指示剂，继续滴定并强烈振摇至溶液蓝色消失为终点
5	空白实验	测定需进行空白实验，空白实验所消耗 0.01mol/L 硫代硫酸钠溶液体积 V_0 不得超过 0.1mL，如若超过，应更换试剂，重新对样品进行测定
6	数据记录	及时记录实验数据

任务实施

一、准备工作

1. 仪器和用具

（1）碘量瓶：250mL（洁净干燥，不得带有油渍）。

（2）滴定管：10mL，最小刻度 0.05mL（棕色碱式滴定管）。

（3）滴定管：25mL 或 50mL，最小刻度 0.1mL。

（4）电热恒温干燥箱。

（5）天平：感量 1mg、0.01mg 各一台。

（6）旋转蒸发仪的配套旋蒸瓶为棕色的。

（7）恒温水浴振荡器。

（8）高速冷冻离心机：转速≥5000r/min。

（9）顶置搅拌器。

油脂过氧化值的检测视频

2. 试剂

试剂为分析纯及以上，三级水；所有试剂和水中不得含有溶解氧。

（1）石油醚的确认：取 100mL 石油醚于旋蒸瓶中，在不高于 40℃的水浴中，用旋转蒸发仪减压蒸干。用 30mL 三氯甲烷-冰乙酸溶液分次洗涤旋蒸瓶，合并洗涤液于 250mL 碘量瓶中。准确加入 1.00mL 碘化钾饱和溶液，塞紧瓶盖，并轻轻振摇 0.5min，在暗处放置 3min，加 1.0mL 淀粉指示剂后混匀，若无蓝色出现，此石油醚可用于试样制备；如加 1.0mL 淀粉指示剂混匀后有蓝色出现，则需更换试剂。

（2）三氯甲烷-冰乙酸混合液（2+3）：将三氯甲烷和冰乙酸按照 2：3 的体积比混合均匀。

（3）碘化钾饱和溶液：称取约 16g 碘化钾，加入 10mL 适量新煮沸冷却的水，摇匀后贮于棕色瓶中，盖塞，于避光处保存备用，应确保溶液中有饱和碘化甲结晶存在，若超过空白体积要求时应重新配制。

（4）硫代硫酸钠标准滴定溶液（0. 1mo1/L）：按照 GB/T 5009. 1—2003 要求进行配制和标定，或使用经国家认证并授予标准物质证书的标准滴定溶液。

（5）硫代硫酸钠标准滴定溶液（0. 01mo1/L）：由 0. 1mol/L 硫代硫酸钠标准滴定溶液以新煮沸冷却的水稀释而成。临用现配。

（6）硫代硫酸钠标准滴定溶液（0. 002mol/L）：由 0. 01mol/L 硫代硫酸钠标准滴定溶液以新煮沸冷却的水稀释而成。临用现配。

（7）淀粉指示剂（10g/L）：称取 0. 5g 可溶性淀粉，加少量蒸馏水调成糊状，边搅拌边倒入 50mL 沸水中，再煮沸搅匀后，放冷备用。

此溶液在 4~10℃的冰箱中可储藏 2~3 周，当滴定终点从蓝色到无色不明显时，需重新配制。

光线会促进空气对试剂氧化，因此实验应在漫射日光或人造光下进行，避免在阳光直射下进行。

二、试样制备

称取试样 2~3g（精确至 0. 001g）置于 250mL 碘量瓶中。（在称量过程中千万不要将样品粘在瓶壁上，以免影响测定结果），取样量和称量的精确度见表 6-7。

表 6-7　　油脂过氧化值的检测取样量和称量的精确度

估计的过氧化值/(mmol/kg)	试样量/g	称量的精确度/g
0~6	2. 0~5. 0	±0. 01
6~10	1. 2~2. 0	±0. 01
10~15	0. 8~1. 2	±0. 01
15~25	0. 5~0. 8	±0. 001
25~45	0. 3~0. 5	±0. 001

在进行试样的测定时要注意应避免在阳光直射下进行，并且称样量、放置时间、溶剂、温度等的改变与是否避光会导致结果有所不同，因此，操作条件应一致。

三、操作步骤

1. 反应

加入 30mL 三氯甲烷-冰乙酸混合液，轻轻振摇使试样完全溶解。准确加入 1. 00mL 碘化钾饱和溶液（准确加入 1mL 碘化钾饱和溶液时需用 1mL 移液管或移液器进行），盖上塞子，并轻轻振摇 0. 5min，在暗处放置 3min。

2. 滴定

取出试样，加100mL水，摇匀后立即用装有硫代硫酸钠标准溶液（过氧化值估计值在0.15g/100g及以下时，用0.002mol/L硫代硫酸钠标准溶液；过氧化值估计值大于0.15g/100g时，用0.01mol/L硫代硫酸钠标准溶液）的碱式滴定管滴定析出的碘（滴定管使用前应进行润洗、试漏）。滴定至淡黄色时，加1mL淀粉指示剂（在实际操作过程中，加入100mL水后的溶液颜色较浅或已知过氧化值较低的样品测定时，可先加入1mL淀粉再进行滴定），继续滴定并强烈振摇至溶液蓝色消失为终点。

3. 空白实验

测定需进行空白实验，空白实验所消耗0.01mol/L硫代硫酸钠标准溶液体积 V_0 不得超过0.1mL，如若超过，应更换试剂，重新对样品进行测定。

四、注意事项

（1）所有试剂和水中不得含有溶解氧。

（2）碘化钾溶液应澄清透明无色，在进行空白实验时，当加入淀粉溶液后，若呈蓝色，应考虑试剂是否符合要求。

（3）应用纯净干燥的二氧化碳或氮气冲洗锥形瓶，尽可能减少空气的氧化作用。

（4）制备 $Na_2S_2O_3$ 标准溶液所用水必须经过新煮沸，用以除去二氧化碳和微生物的作用。日光能促使 $Na_2S_2O_3$ 溶液分解。因此，硫代硫酸钠标准溶液应放在棕色瓶中保存。配成的 $Na_2S_2O_3$ 标准溶液浓度随放置时间的延长而稍有改变，在最初10~14天中，浓度常有增加（由于 $Na_2S_2O_3$ 的生成），之后浓度会缓慢地减小。长期保存的 $Na_2S_2O_3$ 标准溶液，应每隔一段时期重新加以标定。

（5）异辛烷飘浮在水相的表面，溶剂和滴定液需要充分的时间混合，当过氧化值≥35mmol/kg时，用淀粉溶液指示终点，会滞后15~30s。为充分释放碘，可加入少量的（浓度为0.5%~1.0%）高效HLB乳化剂（如Tween60）以缓解反应液的分层和减少碘释放的滞后时间。

五、数据记录与处理

1. 结果计算

（1）用过氧化物相当于碘的质量分数表示过氧化值时，按式（6-2）计算。

$$X_1 = \frac{(V - V_0) \times c \times 0.1269}{m} \times 100 \tag{6-2}$$

式中 X_1——过氧化值，g/100g；

V——试样消耗的硫代硫酸钠标准溶液体积，mL；

V_0——空白实验消耗的硫代硫酸钠标准溶液体积，mL；

c——硫代硫酸钠标准溶液的浓度，mol/L；

0.1269——与1.00mL硫代硫酸钠标准溶液［c（$Na_2S_2O_3$）= 1.000mol/L］相当的碘的质量；

m——试样质量，g；

100——换算系数。

计算结果以重复性条件下获得的两次独立检测结果的算术平均值表示，检测结果保留小数点后两位。

（2）用1kg样品中活性氧的物质的量表示过氧化值时，按式（6-3）计算。

$$X_2 = \frac{(V - V_0) \times c}{2 \times m} \times 1000 \tag{6-3}$$

式中 X_2——过氧化值，mmol/kg；

V——试样消耗的硫代硫酸钠标准溶液体积，mL；

V_0——空白实验消耗的硫代硫酸钠标准溶液体积，mL；

c——硫代硫酸钠标准溶液的浓度，mol/L；

m——试样质量，g；

1000——换算系数。

计算结果以重复性条件下获得的两次独立检测结果的算术平均值表示，检测结果保留小数点后两位。

2. 精密度

在重复性条件下获得的两次独立测定结果的绝对差值不得超过算术平均值的10%。

3. 数据处理

油脂过氧化值的检测原始记录表见表6-8。

表6-8　　油脂过氧化值的检测原始记录表

参照标准/规程编号					
温度	______℃		相对湿度	______%	
使用试剂					
仪器名称					
实验器皿					
仪器参数					
样品编号	样品质量（m）/g	滴定体积（V）/mL		检测结果/(mmol/kg)	结果平均值/(mmol/kg)
		标液空白耗量（V_0）/mL	标液总消耗量（V_1）/mL		
计算公式	$X_1 = \frac{(V - V_0) \times c \times 0.1269}{m} \times 100$		标准溶液浓度	c（Na_2SO_3）= ____ mol/L	
备注：					

检验：　　　　复核：

日期：　　　　日期：

任务评价

油脂过氧化值的检测评分标准见表 6-9。

表 6-9　　油脂过氧化值的检测评分标准

检测内容	评价标准	评分标准/分	评分记录
准备	混合溶剂配制、标准溶液配制准确	10	
称量	样品混匀，能够准确称量无滴漏	10	
溶解	混合溶剂及指示剂滴加量正确、混合均匀	10	
反应	避光反应操作正确、避光时间准确	10	
滴定	滴定管准备（选择、查漏、润洗）	10	
	滴定操作规范、滴定终点判断准确	20	
	读数及记录规范、完成平行实验	20	
原始记录及结果计算	原始记录规范、有效数字修约正确；计算过程完整、计算正确	10	

油脂过氧化值的检测评价表见表 6-10。

表 6-10　　油脂过氧化值的检测评价表

<table>
<tr><td rowspan="10">评价</td><td>自我评价</td><td colspan="5"></td><td>评分
（满分 10）</td></tr>
<tr><td rowspan="4">组内互评</td><td>学号</td><td>姓名</td><td>评分
（满分 20）</td><td>学号</td><td>姓名</td><td>评分
（满分 20）</td></tr>
<tr><td>1 号</td><td></td><td></td><td>2 号</td><td></td><td></td></tr>
<tr><td>3 号</td><td></td><td></td><td>4 号</td><td></td><td></td></tr>
<tr><td>5 号</td><td></td><td></td><td></td><td></td><td></td></tr>
<tr><td rowspan="3">小组互评
（除自己组以外）</td><td colspan="2">组号</td><td>评分
（满分 20）</td><td colspan="2">组号</td><td>评分
（满分 20）</td></tr>
<tr><td colspan="2">________组</td><td></td><td colspan="2">________组</td><td></td></tr>
<tr><td colspan="2">________组</td><td></td><td colspan="2">________组</td><td></td></tr>
<tr><td rowspan="2">教师评价</td><td colspan="5" rowspan="2"></td><td>评分
（满分 50）</td></tr>
<tr><td></td></tr>
</table>

问题思考

1. 为什么制备 $Na_2S_2O_3$ 标准溶液所用水必须经过新煮沸？

2. 在进行过氧化值检测时，试样加入饱和碘化钾溶液后为什么要避光？

思政案例：
节粮爱粮，不负“食”光

任务三 油脂含皂量的检测

学习目标

❖ 知识目标

1. 了解油脂含皂量检测的新技术和新方法。
2. 了解油脂含皂量检测的相关标准。

❖ 能力目标

1. 掌握油脂含皂量检测的原理，样品的制备，溶液的稀释。
2. 能够利用滴定法独立完成油脂含皂量的检测。

❖ 素质目标

1. 树立“食品安全责任重于泰山”的理念，提高食品安全责任感，明确自己在食品安全中的责任和义务，提高其对食品安全的责任感和使命感，积极参与食品安全工作。

2. 提高环保意识，油脂含皂量的测定涉及环保和可持续发展，需要意识到油脂含皂量的测定与环境保护和资源利用有着密切的关系，应该积极探索环保和可持续发展的实践路径，为促进社会和谐发展做出贡献。

任务描述

油脂碱炼的目的是除去油脂中游离脂肪酸。游离脂肪酸与碱反应生成脂肪酸盐。通常将脂肪酸盐称为肥皂或皂。脂肪酸盐极性增大，与油的溶解性降低。如果油脂碱炼后水洗不彻底，含皂量大，对油脂的透明度和质量有很大的影响也是衡量油脂碱炼时水洗工艺是否达到工艺操作要求的依据。

知识准备

植物油脂经过碱炼后，残留于油脂的脂肪酸钠的量称为含皂量，一般以油酸钠（$C_{17}H_{33}COONa$）的质量计。试样用有机溶剂溶解后，加入热水使皂化物溶解，用盐酸标准溶液滴定。按 GB/T 5533—2008《粮油检验　植物油脂含皂量的测定》执行。

油脂含皂量的检测操作流程如表 6-11 所示。

表 6-11　　油脂含皂量的检测操作流程

序号	步骤	操作内容
1	实验准备	在实验室准备实验所需的仪器设备、药品试剂等；开始实验前清点仪器设备是否齐全
2	称样	称取混匀的样品 40g，精确至 0.01g，置于具塞锥形瓶中，加入 1mL 水，将锥形瓶置于沸水浴中，充分摇匀

续表

序号	步骤	操作内容
3	溶解试样	加入50mL丙酮水溶液，在水浴中加热后，充分振摇，静置后分为两层，如果油脂中含有皂化物，则分层后的溶液上层将呈绿色或蓝色
4	滴定	用微量滴定管趁热逐滴滴加0.01mol/L盐酸标准溶液，每滴1滴振摇数次，滴至溶液从蓝色变为黄色，重新加热、振摇、滴定至上层呈黄色不褪色，记下消耗盐酸标准溶液的总体积
5	空白实验	测定需进行空白实验
6	数据记录	及时记录实验数据

任务实施

一、准备工作

1. 仪器和用具

(1) 具塞锥形瓶：250mL。

(2) 微量滴定管5mL或10mL，分度值0.02mL。

(3) 量筒：50mL。

(4) 移液管：1mL。

(5) 恒温水浴锅。

(6) 天平：分度值0.01g。

2. 试剂

试剂为分析纯及以上，三级水。

(1) 丙酮水溶液：量取20mL水加入至980mL丙酮中，摇匀。临分析前，每100mL中加入0.5mL 1%溴酚蓝溶液，滴加盐酸溶液或氢氧化钠溶液调节至溶液呈黄色。

(2) 盐酸标准溶液：c (HCl) = 0.01mol/L。

(3) 氢氧化钠溶液：c (NaOH) = 0.01mol/L。

(4) 指示剂：1%溴酚蓝溶液。

二、试样制备

称取混匀的样品40g，精确至0.01g，置于具塞锥形瓶中，加入1mL水，将锥形瓶置于沸水浴中，充分摇匀。

需要注意水浴锅，使用时防止烫伤。

三、操作步骤

1. 加丙酮加热溶解

加入50mL丙酮水溶液，在水浴中加热后，充分振摇，静置后分为两层，如果油脂中含有皂化物，则分层后的溶液上层将呈绿色或蓝色。

2. 滴定

用微量滴定管趁热逐滴滴加0.01mol/L盐酸标准溶液，每滴1滴振摇数次，滴至溶液从蓝色变为黄色。

重新加热、振摇、滴定至上层呈黄色不褪色，记下消耗盐酸标准溶液的总体积。

同时做空白实验。

四、注意事项

本方法适用于测定含皂量不超过0.05%的油脂样品，如油脂含皂量较高，检测时可减少试样用量（如4g）。

五、数据记录与处理

1. 含皂量计算

试样的含皂量按式（6-4）计算。

$$X = \frac{(V - V_0) \times c \times 0.304}{m} \times 100 \tag{6-4}$$

式中　X——油脂中含皂（以质量分数计），%；

V——滴定试样溶液消耗盐酸标准溶液的体积，mL；

V_0——滴定空白溶液消耗盐酸标准溶液的体积，mL；

c——盐酸标准溶液的浓度，mol/L；

m——试样质量，g；

0.304——1mmol油酸钠的质量，g/mmol。

双实验结果允许差不超过0.01%，求其平均数，即为检测结果。检测结果取小数点后两位。

2. 数据处理

油脂含皂量的检测原始记录表见表6-12。

表6-12　油脂含皂量的检测原始记录表

参照标准/规程编号			
温度	______℃	相对湿度	______%
使用试剂			
仪器名称			
实验器皿			
仪器参数			

续表

<table>
<tr><th rowspan="2">样品编号</th><th rowspan="2">样品质量（m）/g</th><th colspan="2">滴定体积 V/mL</th><th rowspan="2">检测结果/%</th><th rowspan="2">结果平均值/%</th></tr>
<tr><th>标液空白耗量（V_0）/mL</th><th>标液总消耗量（V_1）/mL</th></tr>
<tr><td rowspan="2"></td><td></td><td></td><td></td><td></td><td rowspan="2"></td></tr>
<tr><td></td><td></td><td></td><td></td></tr>
<tr><td rowspan="2"></td><td></td><td></td><td></td><td></td><td rowspan="2"></td></tr>
<tr><td></td><td></td><td></td><td></td></tr>
<tr><td>计算公式</td><td colspan="2">$X=\frac{(V-V_0)\times c\times 0.304}{m}\times 100$</td><td>标准溶液浓度</td><td colspan="2">c（NaCl）= ____ mol/L</td></tr>
<tr><td colspan="6">备注：</td></tr>
</table>

检验：　　　　　　　　　　　　　　　　复核：
日期：　　　　　　　　　　　　　　　　日期：

任务评价

油脂含皂量的检测评分标准见表 6-13。

表 6-13　　油脂含皂量的检测评分标准

检测内容	评价标准	评分标准/分	评分记录
准备	仪器设备准备、混合溶剂配制、标准溶液配制准确	10	
称量	样品混匀，能够准确称量无滴漏	10	
加热	加热温度选择正确、充分振摇	10	
溶解	混合溶剂及指示剂滴加量正确、混合均匀	10	
滴定	滴定管准备（选择、查漏、润洗）	10	
	滴定操作规范、滴定终点判断准确	20	
	读数及记录规范、完成平行实验	20	
原始记录及结果计算	原始记录规范、有效数字修约正确；计算过程完整、计算正确	10	

油脂含皂量的检测评价表见表 6-14。

表 6-14　　油脂含皂量的检测评价表

<table>
<tr><td rowspan="12">评价</td><td>自我评价</td><td colspan="5"></td><td>评分
（满分 10）</td></tr>
<tr><td rowspan="4">组内互评</td><td>学号</td><td>姓名</td><td>评分
（满分 20）</td><td>学号</td><td>姓名</td><td>评分
（满分 20）</td></tr>
<tr><td>1 号</td><td></td><td></td><td>2 号</td><td></td><td></td></tr>
<tr><td>3 号</td><td></td><td></td><td>4 号</td><td></td><td></td></tr>
<tr><td>5 号</td><td></td><td></td><td></td><td></td><td></td></tr>
<tr><td rowspan="3">小组互评
（除自己组以外）</td><td colspan="2">组号</td><td>评分
（满分 20）</td><td colspan="2">组号</td><td>评分
（满分 20）</td></tr>
<tr><td colspan="2">________组</td><td></td><td colspan="2">________组</td><td></td></tr>
<tr><td colspan="2">________组</td><td></td><td colspan="2">________组</td><td></td></tr>
<tr><td rowspan="2">教师评价</td><td colspan="5" rowspan="2"></td><td>评分
（满分 50）</td></tr>
<tr><td></td></tr>
</table>

问题思考

1. 油脂碱炼的目的有哪些？
2. 使油脂含皂量大的主要影响因素有哪些？

思政案例：
饮食减油，健康加油

任务四　油脂皂化值的检测

学习目标

❖ 知识目标

1. 了解油脂皂化值检测的技术和方法。
2. 了解油脂皂化值检测相关标准。

❖ 能力目标

1. 掌握油脂皂化值检测的原理、样品的制备、溶液的稀释。
2. 能够利用滴定法独立完成油脂皂化值的检测。

❖ 素质目标

1. 重视实验操作规范和安全意识。在进行油脂皂化值检测时，需要掌握正确的实验操作技巧和安全知识，以保证实验结果的准确性和自身的安全，这不仅是科学精神的要求，也是责任心的表现。

2. 关注环境保护和资源利用。在油脂皂化值检测中，使用的是有机溶剂，如果使用不当会对环境造成污染。认识到环境保护和资源利用的重要性，从小事做起，从自我做起，做一个环保和资源节约的行动者。

任务描述

皂化值是指在规定条件下皂化 1g 油脂所需的氢氧化钾的质量。油脂的皂化值与油脂的组成有关，如结合脂肪酸的种类和数量等。油脂中非甘油三酸酯物质的存在对皂化值也有影响。一般情况下，油脂的皂化值都有一定范围，测定皂化值可作为判定油脂纯度的参考依据。对于制皂工业，油脂皂化过程的加碱量可依据皂化值进行估算，并可估计肥皂的产率。

知识准备

本方法适宜于动植物油脂（不含矿物酸）中皂化值的测定，对于含有无机酸的产品（除非单独测定无机酸）不适用。按 GB/T 5534—2008《动植物油脂　皂化值的测定》执行。

油脂皂化值的检测操作流程如表 6-15 所示。

表 6-15　　油脂皂化值的检测操作流程

序号	步骤	操作内容
1	实验准备	在实验室准备实验所需的仪器设备、药品试剂等；开始实验前清点仪器设备是否齐全
2	称样	称取 2g 试样于锥形瓶中，精确至 0.005g
3	回流煮沸	用移液管将 25.0mL 氢氧化钾-乙醇溶液加到试样中，并加入一些助沸物，连接回流冷凝管与锥形瓶，并将锥形瓶放在加热装置上慢慢煮沸，不时摇动，维持沸腾状态 60min，对于高熔点油脂和难于皂化的需煮沸 2h
4	滴定	加 0.5~1mL 酚酞指示剂于热溶液中，并用标准盐酸溶液滴定到指示剂的粉色刚消失，如果皂化液是深色的，则用 0.5~1mL 的碱性蓝 6B 溶液作为指示剂
5	空白实验	不加试样，用 25.0mL 的氢氧化钾-乙醇溶液进行空白实验
6	数据记录	及时记录实验数据

任务实施

一、准备工作

1. 仪器和用具

（1）锥形瓶：容量 250mL，耐碱玻璃制成，带有磨口。

（2）回流冷凝管：带有连接锥形瓶的磨砂玻璃接头。

（3）加热装置（如水浴锅、电热板或其他适合的装置）：不能用明火加热。

（4）滴定管：容量 50mL，最小刻度为 0.1mL，或自动滴定管。

（5）移液管：容量 25mL，或自动吸管。

（6）分析天平。

2. 试剂

试剂为分析纯及以上，三级水。

（1）氢氧化钾-乙醇溶液：大约 0.5mol 氢氧化钾溶解于 1L 95%乙醇（体积分数）中。此溶液应为无色或淡黄色，通过下列任一方法可制得稳定的无色溶液。

①将 8g 氢氧化钾和 5g 铝片放在 1000mL 乙醇中回流 1h 后立刻蒸馏。将需要量（约 35g）的氢氧化钾溶解于蒸馏物中。静置数天，然后倾出清亮的上层清液弃去碳酸钾沉淀。

②加 4g 特丁醇铝到 1000mL 乙醇中，静置数天，倾出上清液，将需要量的氢氧化钾溶解于其中，静置数天，然后倾出清亮的上清液弃去碳酸钾沉淀。

（2）酚酞溶液：（ρ=0.1g/100mL）溶于 95%乙醇（体积分数）。

（3）助沸物：玻璃珠或瓷粒。

二、试样制备

称取 2g 试样于锥形瓶中，精确至 0.005g。

以皂化值（以 KOH 计）170~200mg/g、称样量 2g 为基础，对于不同范围皂化值样品，以称样量约为一半氢氧化钾-乙醇溶液被中和为依据进行改变。推荐的取样量见表 6-16。

表 6-16　　油脂皂化值的检测取样量

估计的皂化值（以 KOH 计）/(mg/g)	取样量/g
150~200	2.2~1.8
201~250	1.7~1.4
251~300	1.3~1.2
>300	1.1~1.0

三、操作步骤

1. 回流煮沸

用移液管将 25.0mL 氢氧化钾-乙醇溶液加到试样中，并加入一些助沸物，连接回流冷凝管与锥形瓶，并将锥形瓶放在加热装置上慢慢煮沸，不时摇动，维持沸腾状态 60min。对于高熔点油脂和难于皂化的需煮沸 2h。

2. 滴定

加 0.5~1mL 酚酞指示剂于热溶液中，并用标准盐酸溶液滴定到指示剂的粉色刚消失。如果皂化液是深色的，则用 0.5~1mL 的碱性蓝 6B 溶液作为指示剂。

同时进行空白实验，不加试样，用 25.0mL 的氢氧化钾－乙醇溶液进行空白实验。

四、注意事项

（1）油脂作为三脂肪酸甘油酯，在一定条件下发生水解：

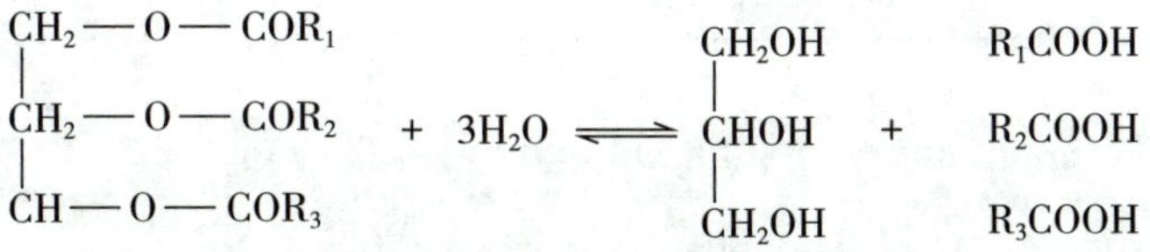

此反应为可逆反应，且反应速度很慢。如果加入氢氧化钾等碱类物质，反应为不可逆反应。

（2）因为油为水不溶物，但甘油和脂肪酸钾的极性较大，反应以水为介质，反应速度仍然较慢，而脂肪酸钾等盐溶于乙醇溶液，因此以乙醇为介质，反应速度可加快十几倍。试样的用量应视皂化值的大小而定，一般要求试样的质量调整到滴定试样所耗盐酸溶液约为滴定空白所耗盐酸的 50%。

（3）由于回流加热的溶液为易燃的乙醇溶液，因此加热时应采用不见明火的加热装置，如水浴锅。

五、数据记录与处理

1. 皂化值计算

按式（6-5）计算试样的皂化值。

$$I_s = \frac{(V_0 - V_1) \times c \times 56.1}{m} \tag{6-5}$$

式中 I_s——皂化值（以 KOH 计），mg/g；

V_0——空白实验所消耗的盐酸标准溶液的体积，mL；

V_1——试样所消耗的盐酸标准溶液的体积，mL；

c——盐酸标准溶液的实际浓度，mol/L；

m——试样的质量，g。

两次测定结果符合重复性要求的，取两次测定值的算术平均值作为测定结果。

2. 数据处理

油脂皂化值的检测原始记录表见表 6-17。

表 6-17　　油脂皂化值的检测原始记录表

参照标准/规程编号					
温度	________℃		相对湿度		________%
使用试剂					
仪器名称					
实验器皿					
仪器参数					
样品编号	样品质量 (m)/g	滴定体积 (V)/mL		检测结果 (I_s)/(mg/g)	结果平均值 /(mg/g)
		标液空白耗量 (V_0)/mL	标液总消耗量 (V_1)/mL		
计算公式	$I_s=\frac{(V_0-V_1)\times c\times 56.1}{m}$		标准溶液浓度	c (NaCl)/(mol/L)= ____ mol/L	
备注：					

检验：　　　　　　　　　　　　复核：

日期：　　　　　　　　　　　　日期：

任务评价

油脂皂化值的检测评分标准见表 6-18。

表 6-18　　油脂皂化值的检测评分标准

检测内容	评价标准	评分标准/分	评分记录
准备	仪器设备准备、混合溶剂配制、标准溶液配制准确	10	
称量	样品混匀，能够准确称量无滴漏	10	
溶解	混合溶剂及指示剂滴加量正确、混合均匀	10	
移液	移液管准备（选择、润洗）、移液管吸液、放液操作规范	10	
加热	回流装置安装正确、回流时间准确	10	
滴定	滴定管准备（选择、查漏、润洗）	10	
	滴定操作规范、滴定终点判断准确	10	
	读数及记录规范、完成平行实验	20	

续表

检测内容	评价标准	评分标准/分	评分记录
原始记录及结果计算	原始记录规范、有效数字修约正确；计算过程完整、计算正确	10	

油脂皂化值的检测评价表见表6-19。

表6-19　油脂皂化值的检测评价表

<table>
<tr><td rowspan="10">评价</td><td>自我评价</td><td colspan="10"></td><td colspan="2">评分
（满分10）</td></tr>
<tr><td rowspan="4">组内互评</td><td colspan="2">学号</td><td colspan="2">姓名</td><td colspan="2">评分
（满分20）</td><td colspan="2">学号</td><td colspan="2">姓名</td><td colspan="2">评分
（满分20）</td></tr>
<tr><td colspan="2">1号</td><td colspan="2"></td><td colspan="2"></td><td colspan="2">2号</td><td colspan="2"></td><td colspan="2"></td></tr>
<tr><td colspan="2">3号</td><td colspan="2"></td><td colspan="2"></td><td colspan="2">4号</td><td colspan="2"></td><td colspan="2"></td></tr>
<tr><td colspan="2">5号</td><td colspan="2"></td><td colspan="2"></td><td colspan="2"></td><td colspan="2"></td><td colspan="2"></td></tr>
<tr><td rowspan="3">小组互评
（除自己组以外）</td><td colspan="3">组号</td><td colspan="3">评分
（满分20）</td><td colspan="3">组号</td><td colspan="3">评分
（满分20）</td></tr>
<tr><td colspan="3">________组</td><td colspan="3"></td><td colspan="3">________组</td><td colspan="3"></td></tr>
<tr><td colspan="3">________组</td><td colspan="3"></td><td colspan="3">________组</td><td colspan="3"></td></tr>
<tr><td rowspan="2">教师评价</td><td colspan="10" rowspan="2"></td><td colspan="2">评分
（满分50）</td></tr>
<tr><td colspan="2"></td></tr>
</table>

问题思考

测定油脂中皂化值的作用有哪些？

思政案例：洪范八政，食为政首

项目七

粮油食品的共性检验

任务一 水分含量的检测

学习目标

❖ 知识目标

1. 了解水分在粮油食品中存在的状态及水分含量检测的意义。
2. 了解水分活度的概念及水分活度检测的方法。
3. 熟悉各种水分含量检测方法的适用范围及操作要点。

❖ 能力目标

1. 会正确使用近红外仪、分析天平、干燥器、干燥箱等仪器。
2. 会进行样品制备及恒重等基本操作。
3. 会用近红外法测定样品的水分含量。

❖ 素质目标

1. 深刻体会“水是生命之源”的思想，了解水对食品安全性的重要影响，养成良好的节水意识、用水习惯，树立正确的用水、节水观念，养成良好的敬业精神和食品安全意识。

2. 充分理解新时代的“红旗渠精神”，严于律己、勇于攻关，树立实事求是、求真求实的科研和人生态度。

任务描述

粮食中的水分不仅是粮食籽粒本身生命活动和保持其色、气、味及食用品质所必需的，同时也是加工工艺和技术参数选择的必备依据，还是粮食在商业环节中以质论价的依据。在粮食油料的收购、销售、调拨中，水分含量是质量标准中一项重要的限制性项目，凡高于或低于标准规定的水分含量指标，要进行扣量、增量处理。含水量的检测对于粮食、油料的安全储藏和加工生产，以及购、销、调拨等方面都有着很重要的意义。目前测定粮食、油料水分含量的方法有：加热干燥法、电测法、核磁共振法及近红外分光光度法等。检测时可根据准确性、重复性和再现性、操作的难易程度、测定所需时间、分析时所需成本来选择检测方法。本任务要求根据近红外法测定小麦中水分含量，此方法样品处理简单，灵敏快速。

知识准备

水分是一种重要的营养成分，对人体具有重要的生理意义，是生物体内化学反应的介质，也是生化反应的参与者，且具有体内物质运输与载体的作用。水分与蛋白质、脂类、碳水化合物、灰分等是构成粮油及其制品的基本物质，它是食物成分表中不可缺少的内容。

食品中水分含量是食品分析检验的重要项目之一，因为水分是食品的重要组成部分，不同种类的食品，水分含量差别很大。食品中水分含量的多少，直接影响食品的感官性状，影响胶体状态的形成和稳定。控制食品的水分含量，可以防止食品的腐败变质和营养成分的水解。例如，脱水蔬菜的非酶褐变可随水分含量的增加而增加；新鲜面包的水分含量若低于30%，则外观形态干瘪，失去光泽；乳粉水分含量控制在2.5%~3.0%，可抑制微生物生长繁殖，延长保存期。因此，通过了解食品中水分的含量，可以掌握食品的基础数据，同时增加其他测定项目数据的可比性，水分含量的数据可用于表示样品在同一计量基础上的其他分析的测定结果（如干基）。此外，各种生产原料中水分含量的高低，对于产品的品质和保存、成本核算、提高经济效益等方面均具有重要意义。

食品中水分通常有以下三种存在形式。

（1）游离水：由分子间力形成的吸附水及充满在毛细管或巨大孔隙中的毛细管水。这种水在加热时容易蒸发。

（2）结合水：真溶液和胶态溶液的分散介质，如食盐、砂糖、氨基酸、蛋白质或植物胶的水溶液中的水。这种水一部分容易除去，一部分不容易除去。

（3）化合水：以配价键结合的，其结合力比分子间力大，如葡萄糖、麦芽乳糖的结晶水或果胶、明胶所形成冻胶中的结合水。这种水很难用蒸发的方法除去。

粮食、油料的水分含量是指粮食、油料试样中水分的质量占试样质量的百分比。

所有正常粮食、油料的水分含量大小，都在一定数值范围之内。一般禾谷类粮食的临界水分含量为13%~15%；油料的临界水分含量为8%~10%。

近红外法测定水分的原理是：利用水分子中的O—H等化学键的泛频振动或转动对近红外光的吸收特性，用化学计量学方法建立小麦近红外光谱与其水分含量之间的相关关系，计算小麦样品的水分含量。本方法适用于小麦水分含量的快速测定，按GB/T 24898—2010《粮油检验　小麦水分含量测定　近红外法》执行。

近红外法检测水分含量的操作流程如表7-1所示。

表7-1　近红外法检测水分含量的操作流程

序号	步骤	操作内容
1	准备	打开近红外仪预热及自检测试
2	样品准备	按要求准备适量的样品

续表

序号	步骤	操作内容
3	测定	用近红外分析仪进行测定
4	读数	准确读出数据

任务实施

一、准备工作

1. 仪器和用具

（1）近红外分析仪：加入粮油近红外分析网络的仪器应符合 GB/T 24895—2010《粮油检验　近红外分析定标模型验证和网络管理与维护通用规则》的要求。未加入粮油近红外分析网络的仪器，应按照 GB/T 24895—2010 中有关定标模型验证的规定验证合格。

（2）样品粉碎设备（适用于测定粉状样品的近红外分析仪）：用于全麦粉样品的制备，粉碎后样品的粒度分布和均匀性应符合近红外分析仪建立定标模型时的要求。使用时应采用和定标模型建立与验证时同样的制备过程。

2. 检测仪准备

（1）按照近红外分析仪说明书的要求进行仪器预热和自检测试。

（2）在使用状态下，每天至少用监控样品对近红外分析仪监测一次，同一监控样品的粗蛋白质含量（干基）测定结果与最初的检测结果比较，绝对差应不大于 0.2%。

（3）如监控样品测定结果不符合上述的要求，应停止使用，并报网络管理者或仪器供应商予以调整或维修。

（4）检测样品的温度应控制在定标模型验证中规定的检测温度范围内。

二、试样制备

（1）整理样品，除去样品中的杂质和破碎粒。

（2）样品粉碎：粉碎后样品的粒度分布和均匀性应符合近红外分析仪建立定标模型时的要求。

三、操作步骤

1. 整粒小麦样品的检测

按照近红外分析仪说明书的要求，取适量的样品用近红外分析仪进行检测，记录检测数据。每个样品应检测 2 次，第一次测定后的检测样品应与原待测样品混匀后，再次取样进行第二次检测。

水分检测视频

2. 粉碎样品的检测

按照近红外分析仪说明书的要求，取适量的样品，使用规定的粉碎设备粉碎，将粉碎后样品用近红外分析仪进行检测，记录检测数据。每个样品应检测 2 次，第一次检测后的全麦粉样品应与原待测样品混匀后，再次取样进行第二次检测。

四、注意事项

（1）为了得到有效的结果，测定结果应在仪器使用的定标模型所覆盖的水分含量范围内。

（2）两次检测结果的绝对差应≤0.2%，取两次数据的平均值为检测结果，检测结果保留小数点后一位。

（3）如果两个检测结果的绝对差值大于 0.2%，则必须再进行 2 次独立检测，获得 4 个独立测试结果。若 4 个独立检测结果的极差（$X_{max}-X_{min}$）等于或小于允许差的 1.3 倍，则取 4 个独立测试结果的平均值作为最终检测结果；如果 4 个独立检测结果的极差（$X_{max}-X_{min}$）大于允许差的 1.3 倍，则取 4 个独立检测结果的中位数作为最终检测结果。

（4）对于仪器报警的异常测定结果，所得数据不应作为有效检测数据。

（5）验证样品集水分含量扣除系统偏差后的近红外测定值与其标准值之间的标准差（SEP）应不大于 0.20%。

（6）在同一实验室，由同一操作者使用相同的仪器设备，按相同检测方法，在短的时间内通过重新分样和重新装样，对同一被测样品相互独立进行检测，获得的两次检测结果的绝对差应不大于 0.2%。

（7）在不同实验室，由不同操作人员，使用同一型号的不同设备，用同一方法，对相同的样品，获得的两个独立检测结果之间的绝对差应不大于 0.3%。

五、数据记录与处理

水分含量的检测原始记录表见表 7-2。

表 7-2　水分含量的检测原始记录表

<table>
<tr><td colspan="2" rowspan="2">样品名称</td><td rowspan="2">样品状态</td><td rowspan="2">检测方法依据</td><td colspan="2">检测仪器</td><td rowspan="2">环境状况</td><td colspan="2" rowspan="2">检测地点</td><td colspan="2" rowspan="2">检测日期</td><td rowspan="2">备注</td></tr>
<tr><td>名称</td><td>编号</td></tr>
<tr><td colspan="2"></td><td></td><td></td><td></td><td></td><td>温度：____℃
相对湿度：____%</td><td colspan="2"></td><td colspan="2">____年
__月__日</td><td></td></tr>
<tr><td>样品编号</td><td>实验次数</td><td colspan="4">水分含量/%</td><td colspan="2">平均值/%</td><td colspan="2">极差/%</td><td colspan="2">绝对差/%</td></tr>
<tr><td rowspan="2"></td><td></td><td colspan="4"></td><td colspan="2" rowspan="2"></td><td colspan="2" rowspan="2"></td><td colspan="2" rowspan="2"></td></tr>
<tr><td></td><td colspan="4"></td></tr>
<tr><td rowspan="2"></td><td></td><td colspan="4"></td><td colspan="2" rowspan="2"></td><td colspan="2" rowspan="2"></td><td colspan="2" rowspan="2"></td></tr>
<tr><td></td><td colspan="4"></td></tr>
</table>

检测：　　　　　　　　　　　　　　　　校核：

任务评价

水分含量的检测评分标准见表 7-3。

表 7-3　　水分含量的检测评分标准

检测内容	评价标准	评分标准/分	评分记录
样品准备	能够准备样品	10	
仪器制备	按照近红外分析仪说明书的要求进行仪器预热和自检测试	10	
称量	样品混匀，能够准确称量无撒漏	10	
测定	能够正确使用近红外分析仪测定样品水分含量	20	
读数	能够准确读数	20	
数据处理	及时记录实验数据，并能对数据进行正确处理分析	20	
5S 管理	实验结束，及时进行 5S 整理	10	

水分含量的检测评价表见表 7-4。

表 7-4　　水分含量的检测评价表

<table>
<tr><td rowspan="4">评价</td><td>自我评价</td><td colspan="5"></td><td>评分
（满分 10）</td></tr>
<tr><td rowspan="3">组内互评</td><td>学号</td><td>姓名</td><td>评分
（满分 20）</td><td>学号</td><td>姓名</td><td>评分
（满分 20）</td></tr>
<tr><td>1 号</td><td></td><td></td><td>2 号</td><td></td><td></td></tr>
<tr><td>3 号</td><td></td><td></td><td>4 号</td><td></td><td></td></tr>
<tr><td rowspan="3">小组互评
（除自己组以外）</td><td>组号</td><td colspan="2">评分
（满分 20）</td><td colspan="2">组号</td><td colspan="2">评分
（满分 20）</td></tr>
<tr><td>______组</td><td colspan="2"></td><td colspan="2">______组</td><td colspan="2"></td></tr>
<tr><td>______组</td><td colspan="2"></td><td colspan="2">______组</td><td colspan="2"></td></tr>
<tr><td rowspan="2">教师评价</td><td colspan="5" rowspan="2"></td><td colspan="2">评分
（满分 50）</td></tr>
<tr><td colspan="2"></td></tr>
</table>

问题思考

1. 水分含量检测的方法主要有哪些？各适用于哪些试样中水分含量的检测？

2. 影响近红外法检测水分含量结果准确度的因素有哪些？如何保证检测结果的准确度？

3. 小麦中水分含量超标的危害有哪些？

思政案例：
“不忘初心，牢记使命”

任务二 灰分含量的检测

学习目标

❖ 知识目标

1. 了解灰分的概念及组分。
2. 了解灰分含量检测的项目及测定意义。
3. 掌握粮油食品灰分含量检测的原理及操作要点。
4. 了解灰化条件的选择及加速灰化的方法。

❖ 能力目标

1. 会正确操作高温炉等仪器。
2. 能进行炭化、灰化、恒重等基本操作。
3. 能正确制备灰分测定的样品并正确测定食品中的灰分含量。

❖ 素质目标

1. 深刻认识到“粮食安全事关国家安全与稳定的大局”，敢于制止餐饮浪费行为，养成节约习惯，积极营造浪费可耻、节约为荣的氛围，树立良好的节约意识。养成勤俭节约的良好习惯，增强的社会责任感和职业认同感。

2. 激发学习优秀传统文化的热情，领悟中华民族优秀的文化精华和时代价值，提高民族自信心和自豪感。

任务描述

食品中除含有大量有机物质外，还含有较丰富的无机成分。当高温灼烧时，食品中的组分将发生一系列的物理和化学变化，有机成分挥发逸散，而无机成分（主要是无机盐和氧化物）则残留下来，这些残留物称为灰分。灰分含量是反映食品中无机成分总量的一项指标。食品中的灰分按其溶解性还可分为水溶性灰分、水不溶性灰分和酸不溶性灰分。其中水溶性灰分反映的是可溶性的钾、钠、钙、镁等的氧化物和盐类的含量。水不溶性灰分反映的是污染的泥沙和铁、铝等氧化物及碱土金属的碱式磷酸盐的含量。酸不溶性灰分反映的是污染的泥沙和食品中原来存在的微量氧化硅的含量。本任务通过高温灼烧法测定小麦总灰分含量。

知识准备

灰分是指样品经高温灼烧后残留的物质。一般认为，灰分含量代表样品中无机物的总量。就构成灰分的元素而言，主要有钾、镁、磷、钙、钠、硫、硅等元素。各种粮食、油料所含灰分受品种、生长条件等方面的影响，含量一般在1.5%~3.0%，灰分在粮食籽粒中的分布是由外到里含量越来越低，一般粮食的外层和胚的灰分含量很高，约为1.2%（干基），而胚乳的灰分含量低，约为0.6%，通常仅有外层组织的1/2。

灰分通常指总灰分，总灰分是样品经高温灼烧后残留物的总称。在灰化过程中，样品中有机物氧化分解，灼烧后的无机物以盐或氧化物的形式保留下来，而样品中的部分无机物可能在灼烧中挥发损失，所以，严格地说，总灰分不能真正代表样品中无机物总量，也常被称为粗灰分。

总灰分含量的检测操作流程如表7-5所示。

表7-5　总灰分含量的检测操作流程

序号	步骤	操作内容
1	坩埚预处理	对坩埚进行恒重处理
2	称量	2~3g（精确至0.0001g）样品
3	炭化	小火加热使试样充分炭化至无烟
4	灰化	在550℃±25℃灼烧4h
5	恒重	灰化后的样品进行恒重处理
6	数据记录	及时记录实验数据

灰化是将样品经高温处理分解而变为无机态物质的过程。对样品中难挥发组分而言，可起到与其他组分分离，并达到浓缩的目的。灰化有干法灰化、湿法灰化、低温灰化等之分。

粮食灰分的测定是鉴定成品粮加工精度高低和品质优劣的重要依据之一。灰分测定对指导加工、提高成品粮品质具有重要意义。小麦粉灰分含量［干基（%）］见表7-6。

表7-6　小麦粉灰分含量［干基（%）］

粮种	小麦粉		
加工等级	精制粉	标准粉	普通粉
灰分/%	≤0.70	≤1.10	≤1.60

高温灼烧法测定小麦总灰分含量的原理是：一定量的样品经炭化后，放入高温炉内进行灼烧，其中的有机物在高温下被氧化分解，以二氧化碳、氮的氧化物及水等形式逸出，而无机物质残留下来，这些残留物即为灰分，称量残留物的质量即可计算出样品的总灰分含量。本法适用于食品、谷物、油脂、淀粉、饲料和油料饼粕中灰分的测定，不同测定样品的测定条件所不同的主要是灰化温度、灰化时间、是否添加助灰剂及助灰剂种类等，按照GB 5009.4—2016《食品安全国家标准　食品中灰分的测定》中第一法食品中总灰分的测定执行。

任务实施

一、准备工作

1. 仪器和用具

（1）高温炉：最高使用温度≥950℃。

（2）恒温水浴锅：控温精度±2℃。

（3）石英坩埚或瓷坩埚。

（4）干燥器（内有干燥剂）。

（5）电热板。

（6）分析天平：感量分别为0.1，1，0.1g。

2. 试剂

试剂为分析纯，水为三级水。

（1）乙酸镁溶液（80g/L）：称取8.0g乙酸镁加水溶解并定容至100mL，混匀。

（2）乙酸镁溶液（240g/L）：称取24.0g乙酸镁加水溶解并定容至100mL，混匀。

（3）10%盐酸溶液：量取24mL分析纯浓盐酸用蒸馏水稀释至100mL。

二、试样制备

1. 坩埚预处理

（1）含磷量较高的样品（如大豆及其制品）：取大小适宜的石英坩埚或瓷坩埚置高温炉中，在550℃±25℃下灼烧30min，冷却至200℃左右，取出，放入干燥器中冷却30min，准确称量。重复灼烧至前后两次称量相差不超过0.5mg为恒重。

（2）淀粉类样品：先用沸腾的稀盐酸洗涤，再用大量自来水洗涤，最后用蒸馏水冲洗。将洗净的坩埚置于高温炉内，在900℃±25℃下灼烧30min，并在干燥器内冷却至室温，称重，精确至0.0001g。

2. 称样

（1）含磷量较高的样品：灰分≥10g/100g的试样称取2~3g（精确至0.0001g）；灰分≤10g/100g的试样称取3~10g（精确至0.0001g，对于灰分含量更低的样品可适当增加称样量）。

（2）淀粉类样品：迅速称取样品2~10g（马铃薯淀粉、小麦淀粉以及大米淀粉至少称5g，玉米淀粉和木薯淀粉称10g），精确至0.0001g。将样品均匀分布在坩埚内，不要压紧。

三、操作步骤

1. 含磷量较高的豆类及其制品

称取试样后，加入1.0mL乙酸镁溶液（240g/L）或3.0mL乙酸镁溶液（80g/L），使试样完全润湿。放置10min后，在水浴上将水分蒸干，在电热板上以小火加热使试样充分炭化至无烟，然后置于高温炉中，在550℃±25℃灼烧4h。冷却至200℃左右，取出，放入干燥器中冷却30min，称量前如发现灼烧残渣有炭粒时，应向试样中滴入少许水湿润，使结块松散，蒸干水分再次灼烧至无炭粒即表示灰化完全，方可称量。重复灼烧至前后两次称量相差不超过0.5mg为恒重。

吸取3份与上述相同浓度和体积的乙酸镁溶液，做3次试剂空白实验。当3次实验结果的标准偏差小于0.003g时，取算术平均值作为空白值。若标准偏差大于或等于0.003g，应重新做空白实验。

2. 淀粉类样品

将坩埚置于高温炉口或电热板上，半盖坩埚盖，小心加热使样品在通气情况下完全炭化至无烟，即刻将坩埚放入高温炉内，将温度升高至900℃±25℃，保持此温度直至剩余的碳全部消失为止，一般1h可灰化完毕，冷却至200℃左右，取出，放入干燥器中冷却30min，称量前如发现灼烧残渣有炭粒时，应向试样中滴入少许水湿润，使结块松散，蒸干水分再次灼烧至无炭粒即表示灰化完全，方可称量。重复灼烧至前后两次称量相差不超过0.5mg为恒重。

3. 其他样品

液体和半固体试样应先在沸水浴上蒸干。固体或蒸干后的试样，先在电热板上以小火加热使试样充分炭化至无烟，然后置于高温炉中，在550℃±25℃灼烧4h。冷却至200℃左右，取出，放入干燥器中冷却30min，称量前如发现灼烧残渣有炭粒时，应向试样中滴入少许水湿润，使结块松散，蒸干水分再次灼烧至无炭粒即表示灰化完全，方可称量。重复灼烧至前后两次称量相差不超过0.5mg为恒重。

四、注意事项

（1）该方法适用于食品中灰分的测定，淀粉类食品中灰分的测定方法适用于灰分质量分数≤2%的淀粉和变性淀粉。

（2）灰化容器：①坩埚是测定灰分常用的灰化容器，常使用的有素烧瓷坩埚和铂坩埚，素烧瓷坩埚具有耐高温、耐酸、价格低廉等优点；但耐碱性差，灰化碱性食品（如水果、蔬菜、豆类等）时，瓷坩埚内壁的釉层会被部分溶解，造成坩埚吸留现象，多次使用往往难以达到恒重，在这种情况下宜使用新的瓷坩埚，或使用铂坩埚。铂坩埚具有耐高温、耐碱、导热性好、吸湿性小等优点，但价格昂贵，故使用时应特别注意其性能和使用规则。②瓷坩埚使用前应将其用盐酸溶液（盐酸与水体积比为1：4）煮1~2h，洗净、晾干后，用三氯化铁与蓝墨水的混合液在坩埚外壁及盖上编号，再在规定条件下重复灼烧至恒重（前后2次称量值相差不超过0.5mg）。用过的坩埚经初步洗刷后，可用粗盐酸或废盐酸浸泡10~20min，再用水冲刷干净。③灰化容器的大小要根据试样的性状来选用，需要预处理的液态样品、加热易膨胀的样品及灰分含量低、取样量较大的样品，需选用稍大些的坩埚。④把坩埚放入高温炉或从炉中取出时，要放在炉口停留片刻，使坩埚预热或冷却，防止因温度剧变而使坩埚破裂。灼烧后的坩埚应冷却到200℃以下再移入干燥器中，否则热的对流作用易造成残灰飞散，且冷却速度慢，冷却后干燥器内形成的真空度较大，盖子不易打开。从干燥器内取出坩埚时，因内部成真空，开盖恢复常压时，应该使空气缓缓流入，以防残灰飞散。

（3）取样量。取样量应根据试样的种类和性状来决定。食品的灰分与其他成分相比，含量较少，所以取样时应考虑称量误差，以灼烧后得到的灰分量为10~100mg来决定取样量。

（4）灰化是否完全的判断。以样品灼烧至灰分呈白色或浅灰色，无炭粒存在，且达到恒重为止。但对有些样品，即使灰化完全，残灰也不一定呈白色或浅灰色，如铁含量高的食品，残灰呈褐色；锰、铜含量高的食品，残灰呈蓝绿色。有时即使灰的表面呈白色，内部仍残留有炭块。所以应根据样品的组成、性状观察残灰的颜色，正确判断灰化程度。

（5）加速灰化的方法。对于含磷较多的谷物及其制品，其磷酸过剩于阳离子，随着灰化的进行，磷酸将以磷酸二氢钾、磷酸二氢钠等形式存在，残灰在比较低的温度下会熔融而包住炭粒，试样难以完全灰化，即使灰化相当长时间也达不到恒重。对这类难灰化的样品，可采用下述方法来加速灰化。①加入乙酸镁等灰化助剂，这类镁盐随着灰化的进行而分解，与过剩的磷酸结合，避免发生熔融而残灰呈松散状态，这样就可避免炭粒被包裹，从而大大缩短灰化时间。该方法应做空白实验，以校正加入的镁盐灼烧后分解产生氧化镁（MgO）的量。②称量前如发现灼烧残渣有炭粒，应向试样中滴入少许水湿润，使结块松散，蒸干水分并再次灼烧至无炭粒即表示灰化完全。加速灰化时，一定要沿坩埚壁加去离子水，不可直接将水洒在残灰上，以防残灰飞扬，造成损失和测定误差。

（6）试样经预处理后，在放入高温炉灼烧前要先进行炭化处理。样品炭化时要注意热源强度，防止在灼烧时，高温引起试样中的水分急剧蒸发，使试样飞溅；防止糖、蛋白质、淀粉等易发泡膨胀的物质在高温下发泡膨胀而溢出坩埚；不经炭化而直接灰化，炭粒易被包住，造成灰化不完全。

五、数据记录处理

1. 以试样质量计

（1）加了乙酸镁溶液的试样中灰分的含量，按式（7-1）计算。

$$X_1 = \frac{m_1 - m_2 - m_0}{m_3 - m_2} \times 100 \tag{7-1}$$

式中 X_1——加了乙酸镁溶液试样中灰分的含量，g/10g；

m_1——坩埚和灰分的质量，g；

m_2——坩埚的质量，g；

m_0——氧化镁（乙酸镁灼烧后生成物）的质量，g；

m_3——坩埚和试样的质量，g；

100——单位换算系数。

（2）未加乙酸镁溶液的试样，试样中灰分的含量，按式（7-2）计算。

$$X_2 = \frac{m_1 - m_2}{m_3 - m_2} \times 100 \tag{7-2}$$

式中 X_2——未加乙酸镁溶液试样中灰分的含量，g/10g；

m_1——坩埚和灰分的质量，g；

m_2——坩埚的质量，g；

m_3——坩埚和试样的质量，g；

100——单位换算系数。

2. 以干物质计

（1）加了乙酸镁溶液的试样中灰分的含量，按式（7-3）计算。

$$X_1 = \frac{m_1 - m_2 - m_0}{(m_3 - m_4) \times \omega} \times 100 \qquad (7-3)$$

式中 X_1——加了乙酸镁溶液试样中灰分的含量，g/10g；

m_1——坩埚和灰分的质量，g；

m_2——坩埚的质量，g；

m_0——氧化镁（乙酸镁灼烧后生成物）的质量，g；

m_3——坩埚和试样的质量，g；

ω——试样干物质含量（质量分数），%；

100——单位换算系数。

（2）未加乙酸镁溶液的试样中灰分的含量，按式（7-4）计算。

$$X_2 = \frac{m_1 - m_2}{(m_3 - m_2) \times \omega} \times 100 \qquad (7-4)$$

式中 X_2——未加乙酸镁溶液的试样中灰分的含量，g/10g；

m_1——坩埚和灰分的质量，g；

m_2——坩埚的质量，g；

m_3——坩埚和试样的质量，g；

ω——试样干物质含量（质量分数），%；

100——单位换算系数。

试样中灰分含量≥10g/100g 时，保留三位有效数字；试样中灰分含量<10g/100g 时，有效数字为小数点后两位。

在重复性条件下获得的两次独立检测结果的绝对差值不得超过算术平均值的 5%。

3. 数据处理

灰分含量的检测原始记录表见表 7-7。

表 7-7 灰分含量的检测原始记录表

样品	1	2	计算公式
坩埚的质量（m_2）/g			（1）以试样质量计： 加了乙酸镁溶液的试样中灰分的含量为 $X_1 = \frac{m_1 - m_2 - m_0}{m_3 - m_2} \times 100$， 未加乙酸镁溶液的试样中灰分的含量为 $X_2 = \frac{m_1 - m_2}{m_3 - m_2} \times 100$； （2）以干物质计： 加了乙酸镁溶液的试样中灰分的含量为 $X_1 = \frac{m_1 - m_2 - m_0}{(m_3 - m_2) \times \omega} \times 100$， 未加乙酸镁溶液的试样中灰分的含量为 $X_2 = \frac{m_1 - m_2}{(m_3 - m_2) \times \omega} \times 100$
坩埚和试样的质量（m_3）/g			
坩埚和灰分的质量（m_1）/g			
氧化镁（乙酸镁灼烧后生成物）的质量（m_0）/g			

续表

数据处理	
结论	该批样品灰分含量为________%

任务评价

灰分含量的检测评分标准见表 7-8。

表 7-8　　灰分含量的检测评分标准

检测内容	评价标准	评分标准/分	评分记录
坩埚恒重	实验前能对坩埚进行恒重处理	20	
称量	样品混匀，能够准确称量无撒漏	10	
炭化	准确对样品进行炭化	20	
灰化	高温炉使用正确，能对样品进行灰化	20	
恒重	能正确地进行恒重判断	20	
数据记录	能够准确快速记录实验数据	10	

灰分含量的检测评价表见表 7-9。

表 7-9　　灰分含量的检测评价表

<table>
<tr><td rowspan="12">评价</td><td>自我评价</td><td colspan="10"></td><td colspan="2">评分
（满分 10）</td></tr>
<tr><td rowspan="4">组内互评</td><td colspan="2">学号</td><td colspan="2">姓名</td><td colspan="2">评分
（满分 20）</td><td colspan="2">学号</td><td colspan="2">姓名</td><td colspan="2">评分
（满分 20）</td></tr>
<tr><td colspan="2">1 号</td><td colspan="2"></td><td colspan="2"></td><td colspan="2">2 号</td><td colspan="2"></td><td colspan="2"></td></tr>
<tr><td colspan="2">3 号</td><td colspan="2"></td><td colspan="2"></td><td colspan="2">4 号</td><td colspan="2"></td><td colspan="2"></td></tr>
<tr><td colspan="2">5 号</td><td colspan="2"></td><td colspan="2"></td><td colspan="2"></td><td colspan="2"></td><td colspan="2"></td></tr>
<tr><td rowspan="3">小组互评
（除自己组以外）</td><td colspan="3">组号</td><td colspan="3">评分
（满分 20）</td><td colspan="3">组号</td><td colspan="3">评分
（满分 20）</td></tr>
<tr><td colspan="3">________组</td><td colspan="3"></td><td colspan="3">________组</td><td colspan="3"></td></tr>
<tr><td colspan="3">________组</td><td colspan="3"></td><td colspan="3">________组</td><td colspan="3"></td></tr>
<tr><td rowspan="2">教师评价</td><td colspan="10" rowspan="2"></td><td colspan="2">评分
（满分 50）</td></tr>
<tr><td colspan="2"></td></tr>
</table>

问题思考

1. 为什么将灼烧后的残留物称为粗灰分？粗灰分与无机盐含量之间有什么区别？

2. 样品在灰化之前为什么要经过炭化处理？

3. 对于难灰化的样品可采取哪些措施加速灰化？

思政案例：
红旗渠精神

任务三 粗脂肪含量的检测

学习目标

❖ 知识目标

1. 了解食品中脂类的分类、作用及检测的意义。
2. 掌握索氏提取法检测粗脂肪含量的原理、设备及提取溶剂的选择。

❖ 能力目标

1. 正确安装索氏抽提装置。
2. 能熟练运用索氏提取法检测食品中的粗脂肪含量。
3. 会用索氏提取法检测脂肪含量。

❖ 素质目标

1. 认识到“绿水青山就是金山银山”是我国生态文明建设的重要理念，充分领悟人与自然环境相互依存的关系，树立可持续发展的理念和保障食品安全的职业理想。

2. 充分理解“量变会产生质变”，凡事都要讲究适度原则，辩证看待油脂使用，培养学生逻辑思维、理论联系实际的能力，为人民群众“舌尖上的安全”保驾护航。

任务描述

脂肪是粮食和油料籽粒中重要的化学成分，检验粮食、油料的粗脂肪含量可为收购油料以质论价、计算出油率、研究粮油营养价值，以及对其进行合理利用等提供依据。由于应用乙醚作为提取剂，除将粮食籽粒中脂肪提取出来外，抽提物中尚含有游离脂肪酸、磷脂、固醇、蜡质及色素等脂溶性物质，故称为粗脂肪测定。检验食品、粮食、油料中粗脂肪含量的方法主要有：索氏抽提法、直滴式抽提法、酸水解法和氯仿-甲醇法、核磁共振含油量快速测定仪、乳脂测定法等。最常用的方法是采用索氏抽提的测定方法。

知识准备

脂肪是人体的重要组成成分，是生命运转的必需品。脂肪中的磷脂和胆固醇是人体细胞的主要成分，脑细胞和神经细胞中含量最多。脂肪是人体热能的主要来源，每克脂肪在体内可提供37.62kJ的热能，比碳水化合物和蛋白质高1倍以上。脂肪大部分储存在皮下，用于调节体温，保护对温度敏感的组织，防止热能散失。脂肪与蛋白质结合生成的脂蛋白在调节人体生理机能和完成体内生化反应方面都起着非常重要的作用。脂肪是食品中重要的营养成分之一，人体所需的必需脂肪酸是由脂肪提供的，脂肪也是脂溶性维生素的良好溶剂，可辅助脂溶性维生素的吸收。

食品中脂类的组成复杂，主要包括甘油三酯、甘油二酯、甘油单酯、脂肪酸、磷脂、糖脂、固醇类等，其中甘油三酯是食品中脂肪的主要成分，通常占总脂的95%~99%。不同食品，脂肪含量不同，其中植物性或动物性油脂脂肪含量最高，而水果、蔬菜中脂肪含量很低。

食品中脂肪的存在形式有游离态的，如动物性脂肪及植物性油脂；也有结合态的，如天然存在的磷脂、糖脂、脂蛋白及某些加工食品（如焙烤食品及麦乳精等）中的脂肪，它们与蛋白质或碳水化合物等成分形成结合态。对大多数食品来说，游离态脂肪是主要的，结合态脂肪含量较少。在食品加工过程中，原料、半成品、成品中的脂肪含量对产品的风味、组织结构、品质、外观、口感等都有直接的影响。蔬菜本身的脂肪含量较低，在生产蔬菜罐头时，添加适量的脂肪可以改善产品的风味；对于面包之类的焙烤食品，脂肪，特别是卵磷脂等组分的含量，对面包的体积、结构及柔软度都有一定影响。但脂肪摄入过多对健康不利，会导致一些慢性病的发生；含油脂高的食品，如果储存条件不当会氧化，产生自由基和氧化聚合产物，严重危害人体健康。每日膳食中脂肪提供的能量比例不宜超过总能量的30%。

测定食品的脂肪含量可用以评价食品的营养价值，而且对实行工艺监督、生产管理、研究食品的储藏方式等方面都有重要的意义。食品中脂肪的含量是食品质量安全管理中的一项重要指标。

粗脂肪主要由甘油三酯构成，还包括甘油二酯、甘油一酯、游离脂肪酸、磷脂、固醇、维生素以及色素等成分。根据提取粗脂肪所使用的溶剂不同，其粗脂肪成分各不相同。粗脂肪的抽提常采用无水乙醚、石油醚等溶剂。索氏提取法测定粗脂肪含量的原理是：在一定条件下，根据脂肪能溶于乙醚有机溶剂的特性，将试样置于连续抽提器——索氏抽提器中，用乙醚或石油醚连续提取试样（反复经过抽提、蒸发、回流、抽提这一循环过程），被抽提物的脂肪在下部的烧瓶中逐渐浓集，直至将试样中脂肪全部收集到烧瓶中，蒸发去除乙醚，干燥后称量提取物的质量，即可测得粗脂肪的含量。该法适用于水果、蔬菜及其制品、粮食及粮食制品、肉及肉制品、蛋及蛋制品、水产及其制品、焙烤食品、糖果等食品中游离态脂肪含量的测定。目前检验粮食中粗脂肪含量的主要是依据 GB 5009.6—2016《食品安全国家标准　食品中脂肪的测定》。

索氏提取法检测粗脂肪含量操作流程如表 7-10 所示。

表 7-10　　索氏提取法检测粗脂肪含量操作流程

序号	步骤	操作内容
1	实验准备	在实验室准备实验所需的仪器设备、药品试剂等；开始实验前清点仪器设备是否齐全

续表

序号	步骤	操作内容
2	样品制备	取除去杂质的干净试样 30~50g，磨碎
3	试样包扎	从备用的样品中，用烘盒称取 2~5g 试样，在 105℃温度下烘 30min，趁热倒入研钵中，加入约 2g 脱脂细砂一同研磨，将试样和细砂研到出油状后，完全转入滤纸筒内（筒底塞一层脱脂棉，并在 105℃温度下烘 30min），用脱脂棉蘸少量乙醚揩净研钵上的试样和脂肪，并入滤纸筒内，最后再用脱脂棉塞入上部，压住试样
4	提取	将抽提器安装妥当，然后将装有试样的滤纸筒置于抽提筒内，滤纸包在抽提筒高度应低于虹吸管，同时注入乙醚至虹吸管高度以上，待乙醚流净后，再加入乙醚至虹吸管高度的 2/3 处，用一小块脱脂棉轻轻地塞入冷凝管上口，打开冷凝管进水管，开始加热抽提，水浴的温度（一般控制在 60~70℃），使冷凝乙醚以每分钟回流 120~150 滴，抽提的乙醚每小时回流 6~8 次
5	乙醚回收	脂肪被抽净后，用长柄镊子小心地取出滤纸筒，再加热使乙醚回流 2 次，后加热至溶剂液面接近虹吸管的顶端，小心取下烧瓶，换上备用烧瓶，将抽提器倾斜放置，使乙醚液面高于虹吸管顶端，回收乙醚，此时，换上抽提用烧瓶，直至烧瓶中乙醚基本被蒸完，最后，取下冷凝器、抽提筒（筒内乙醚倒入回收瓶中）
6	烘干恒重	将抽提瓶在 105℃温度下先烘 90min，再烘 20min，烘至恒重为止
7	数据记录	及时记录实验数据

任务实施

一、准备工作

1. 仪器和用具

粗脂肪含量的检测视频

(1) 分析天平：感量 1，0. 1mg。

(2) 电热恒温箱。

(3) 电热恒温水浴锅。

(4) 粉碎机、研钵。

(5) 备有变色硅胶的干燥器。

(6) 滤纸筒。

(7) 索氏抽提器：各部件应洗净，在 105℃温度下烘干，其中抽提瓶烘至恒重。

(8) 圆孔筛：孔径为 1mm。

(9) 广口瓶。

(10) 脱脂线、脱脂细砂。

(11) 脱脂棉：将医用级棉花浸泡在乙醚或已烷中 24h，其间搅拌数次，取出在空气中晾干。

2. 试剂

(1) 无水乙醚（此次实验选择乙醚）：分析纯，无色透明液体，有特殊刺激气味，带甜味，极易挥发，易燃、低毒。其蒸气重于空气，在空气的作用下能氧化成过氧化物、醛和乙酸，暴露于光线下能促进其氧化。当乙醚中含有过氧化物时，在蒸发后所分离残留的过氧化物（过氧乙醚）加热到100℃以上时能引起强烈爆炸；这些过氧化物可加5%硫酸亚铁水溶液振摇除去。与无水硝酸、浓硫酸和浓硝酸的混合物反应也会发生猛烈爆炸。

（2）石油醚：沸程为30~60℃。

二、试样制备

取除去杂质的干净试样30~50g，磨碎，通过孔径为1.0mm圆孔筛，然后装入广口瓶中备用。试样应研磨至适当的粒度，保证连续测定10次，测定的相对标准偏差RSD≤2.0%。

三、操作步骤

1. 试样包扎

从备用的样品中，用烘盒称取2~5g试样，在105℃下烘30min，趁热倒入研钵中，加入约2g脱脂细砂一同研磨。将试样和细砂研到出油状后，完全转入滤纸筒内（筒底塞一层脱脂棉，并在105℃下烘30min），用脱脂棉蘸少量乙醚揩净研钵上的试样和脂肪，并入滤纸筒内，最后再用脱脂棉塞入上部，压住试样。包扎方法如图7-1所示。

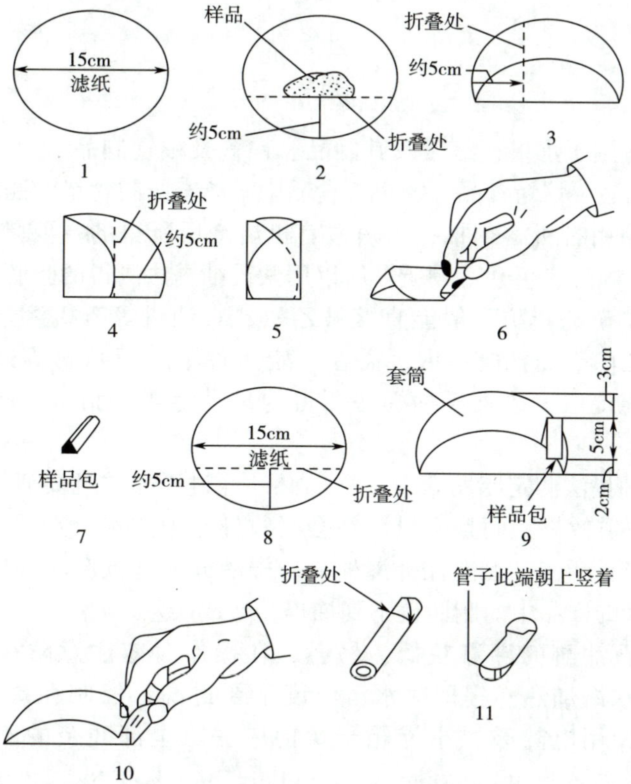

图7-1 样品包扎方法示意图

2. 抽提

将索氏抽提器（图7-2）安装妥当，然后将装有试样的滤纸筒置于抽提筒内，滤纸包在抽提筒高度应低于虹吸管，同时注入乙醚至虹吸管高度以上，待乙醚流净后，再加入乙醚至虹吸管高度的2/3处，用一小块脱脂棉轻轻地塞入冷凝管上口，打开冷凝管进水管，开始加热抽提。水浴的温度（一般控制在60~70℃），使冷凝乙醚以每分钟回流120~150滴，抽提的乙醚每小时回流6~8次。抽提的时间须视试样含油量而定，一般在8h以上，抽提至抽提管内的乙醚用玻璃片检查（点滴实验）无油迹为止。

3. 乙醚回收

脂肪被抽净后，用长柄镊子小心地取出滤纸筒，再加热使乙醚回流2次。后加热至溶剂液面接近虹吸管的顶端。小心取下烧瓶，换上备用烧瓶，将抽提器倾斜放置，使乙醚液面高于虹吸管顶端，回收乙醚，此时，换上抽提用烧瓶，直至烧瓶中乙醚基本被蒸完。最后，取下冷凝器、抽提筒（筒内乙醚倒入回收瓶中）。

4. 烘干恒质

将抽提瓶在105℃下先烘90min，再烘20min，烘至恒质为止（前后2次质量差在0.2mg以内即视为恒重）。抽提瓶增加的质量即为粗脂肪的质量。

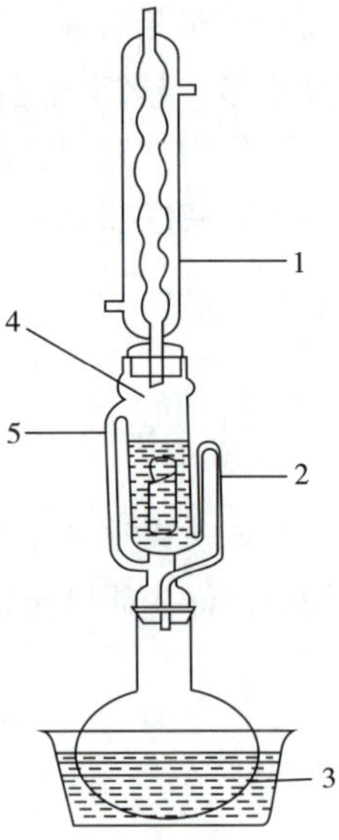

1—冷凝管；2—虹吸管；
3—提取瓶；4—抽提筒；
5—连接管。

图7-2　索氏抽提器

四、注意事项

（1）该方法适用于水果、蔬菜及其制品、粮食及粮食制品、肉及肉制品、蛋及蛋制品、水产及其制品、焙烤食品、糖果等食品中游离态脂肪含量的测定。

（2）一般食品用有机溶剂抽提，蒸去有机溶剂后所得的主要是游离脂肪。此外，还含有部分磷脂、固醇、色素等物质，所以用索氏抽提法测得的脂肪，也称粗脂肪。

（3）食品中的游离脂肪一般能直接被乙醚、石油醚等有机溶剂抽提，而结合态脂肪不能直接被乙醚、石油醚提取，需在一定条件下进行水解等处理，使之转变为游离态脂肪后方能提取，故索氏抽提法测得的只是游离态脂肪，而结合态脂肪测不出来。

（4）用索氏抽提法测定脂肪含量，样品必须经过干燥并且要研细，样品含水分会影响有机溶剂的提取效果，而且有机溶剂会吸收样品中的水分造成非脂成分溶出。装样品的滤纸筒一定要严密，不能往外漏样品。样品放入滤纸筒时高度不要超过回流弯管，否则超过弯管的样品中的脂肪得不到抽提，造成误差。

（5）乙醚和石油醚的沸点较低，易燃，在操作时应注意防火。切忌直接用明火加热，应使用水浴加热。提取时水浴温度不要过高，控制在每小时抽提6~8次为宜。抽提物在使用电热鼓风干燥箱干燥前应去除全部残余的乙醚，避免发生爆炸危险。

（6）抽提用的乙醚和石油醚要求无水，同时不含醇类和过氧化物，并要求其中挥发残渣含量低。因水和醇可导致水溶性物质溶解，如水溶性盐类、糖类等，使测定结果偏高。过氧化物会导致脂肪氧化，在烘干时也有引起爆炸的危险。过氧化物的检查方法：取 6mL 乙醚，加 2mL 10%碘化钾溶液，用力振摇，放置 1min 后，若出现黄色，则证明有过氧化物存在，应另选乙醚或处理后再用。

（7）在抽提时，冷凝管上端最好连接一个氯化钙干燥管，或塞一团干燥的脱脂棉球，这样可防止空气中水分进入，也可避免乙醚挥发。

（8）可凭经验，也可用滤纸或毛玻璃检查抽提是否完全。将抽提筒下口滴下的乙醚滴在滤纸或毛玻璃上，挥发后不留下油迹表明已抽提完全，若留下油迹说明抽提不完全。

（9）试样反复加热会因脂类氧化而增重，质量增加时，以增重前的质量作为恒重数值。

（10）脂肪测定仪是根据索氏抽提法的原理制成的仪器，可同时测定多个试样，即用有机溶剂无水乙醚或石油醚溶解脂肪，用抽提法使脂肪从溶剂中分离出来，然后烘干、称量、计算出脂肪含量。脂肪测定仪主要有加热浸泡抽提、溶剂回收和冷却三大部分组成。操作时可以根据试剂沸点和环境温度不同而调节加热温度，试样在抽提过程反复浸泡及抽提，从而达到快速测定的目的。脂肪测定仪操作简单，使用安全，可自动实现抽提及回收溶剂。目前该仪器应用普遍。

五、数据记录与处理

1. 粗脂肪计算

粗脂肪湿基含量、干基含量和标准水杂下含量分别按式（7-5）~式（7-7）计算。

$$X(\text{湿基}，\%) = 100 \times \frac{m_1}{m} \tag{7-5}$$

$$Y(\text{干基}，\%) = 100 \times \frac{m_1}{m(100 - M)} \tag{7-6}$$

$$Z(\text{标准水杂下}，\%) = 100 \times \frac{m_1(100 - M_1)}{m(100 - M)} \tag{7-7}$$

式中　X——湿基粗脂肪含量（以质量分数计），%；

Y——干基粗脂肪含量（以质量分数计），%；

Z——标准水杂下粗脂肪含量（以质量分数计），%；

m_1——粗脂肪质量，g；

m——试样质量，g；

M——试样水分以质量分数计，%；

M_1——试样标准水分、标准杂质之和，%。

在重复性条件下获得的两次独立检测结果的绝对差值不得超过算术平均值的 10%。检测结果取小数点后一位。

2. 数据处理

粗脂肪含量的检测原始记录表见表 7-11。

表 7-11　　粗脂肪含量的检测原始记录表

项目	编号 1	编号 2
试样的质量/g		
105℃烘干质量/g		
抽提瓶质量/g		
抽提瓶+脂肪烘干质量/g		
粗脂肪质量/g		
粗脂肪含量平均值/(g/100g)		
粗脂肪含量极差/(g/100g)		
粗脂肪含量相对极差/%		

任务评价

粗脂肪含量的检测评分标准见表 7-12。

表 7-12　　粗脂肪含量的检测评分标准

检测内容	评价标准	评分标准/分	评分记录
准备	能够正确组装索氏提取装置	10	
称量	样品混匀，能够准确称量无撒漏	10	
试样包扎	能够正确的对试样进行包扎	20	
抽提	正确的进行抽提操作，并能对重点进行判断	20	
乙醚回收	乙醚回收操作正确，不撒液、漏液	10	
烘干至恒重	能够正确进行恒重判断	20	
数据记录	能够准确快速记录实验数据	10	

粗脂肪含量的检测评价表见表 7-13。

表 7-13　　粗脂肪含量的检测评价表

<table>
<tr><td rowspan="5">评价</td><td>自我评价</td><td colspan="5"></td><td>评分
（满分 10）</td></tr>
<tr><td rowspan="4">组内互评</td><td>学号</td><td>姓名</td><td>评分
（满分 20）</td><td>学号</td><td>姓名</td><td>评分
（满分 20）</td></tr>
<tr><td>1 号</td><td></td><td></td><td>2 号</td><td></td><td></td></tr>
<tr><td>3 号</td><td></td><td></td><td>4 号</td><td></td><td></td></tr>
<tr><td>5 号</td><td></td><td></td><td></td><td></td><td></td></tr>
</table>

续表

<table>
<tr><td rowspan="5">评价</td><td rowspan="3">小组互评
(除自己组以外)</td><td>组号</td><td>评分
(满分 20)</td><td>组号</td><td>评分
(满分 20)</td></tr>
<tr><td>________组</td><td></td><td>________组</td><td></td></tr>
<tr><td>________组</td><td></td><td>________组</td><td></td></tr>
<tr><td rowspan="2">教师评价</td><td colspan="3" rowspan="2"></td><td>评分
(满分 50)</td></tr>
<tr><td></td></tr>
</table>

问题思考

1. 为什么采用索氏提取法测得的脂肪称为粗脂肪?
2. 用索氏提取法测定脂肪含量时，样品为什么要经过干燥处理?
3. 索氏提取法适用于哪些试样中脂肪含量的测定? 测定过程中有哪些注意事项?

任务四 粗蛋白含量的检测

学习目标

❖ 知识目标

1. 了解蛋白质的定义、组成及性质。
2. 了解粮油食品中蛋白质的作用及测定意义。
3. 熟悉粮油中各种蛋白质含量检测方法的使用范围及操作要点。

❖ 能力目标

1. 能进行样品消化、蒸馏、滴定等基本操作。
2. 会用凯氏定氮法检测样品中的蛋白质含量。

❖ 素质目标

1. 深刻理解“扬德炀和”“讲信修睦”的内涵，感悟“食品人”肩负着为中国食品安全保驾护航的使命，激励将个人理想信念融入国家和民族的事业中，提升专业认同感，激发探索性学习欲望。

2. 深入剖析“三鹿奶粉事件”对乳品产业的影响，培养敏锐鉴别食品掺伪的洞察力，树立食品从业人员服务大众的奉献精神和求真务实的职业担当，提高诚实守信的意识，增强自身的社会责任感和职业认同感，拥有良好的职业素养。

任务描述

蛋白质是粮油及其制品的重要组成之一，也是粮油及其制品中重要的营养指标，蛋白质的测定方法主要有两类：一类是利用其物理特性进行的折射率测定法、紫外吸收分光光度法、旋光法；另一类是利用其化学特性进行的定氮法、双缩脲反应法、染料结合法和福林-酚试剂反应法。其中定氮法、双缩脲反应法和物理方法不具有特异性，可作为蛋白质总量的检测方法。目前粮食中蛋白质检测主要依据 GB 5009.5—2016《食品安全国家标准　食品中蛋白质的测定》，其中规定了凯氏定氮法、分光光度法和燃烧法。本任务要求采用凯氏定氮法测定粮油及其制品中粗蛋白含量。该法适用于各种食品中蛋白质的测定，其操作简单，测定结果的重现性好，是蛋白质含量测定的经典方法之一，迄今为止一直为国内外法定的标准检测方法。

知识准备

蛋白质是生命的物质基础，是构成生物体细胞的重要成分，是组织形成和生长的主要营养素。人及动物只能从食物中获得蛋白质及其分解产物来构成自身的蛋白质，所以蛋白质是人体重要的营养物质，也是食品中重要的营养指标。分析和测定食品中的蛋白质含量对于评价食品的营养价值、合理开发利用食品资源、优化产品配方、指导生产、提高产品质量等具有十分重要的意义。

蛋白质是复杂的含氮有机物，由 20 种氨基酸通过酰胺键以一定的方式结合起来，并且具有一定的空间结构，其相对分子质量很大。组成蛋白质的元素主要为 C、H、O、N，在某些蛋白质中还含有微量的 P、Cu、Fe、I 等元素。氮是存在于蛋白质中的特征元素，是蛋白质区别于其他有机化合物的主要标志。不同蛋白质中氨基酸的构成比例及方式不同，所以不同的蛋白质含氮量也不同，一般蛋白质含氮量为 16%，即 1 份氮相当于 6.25 份蛋白质，此数值（6.25）称为蛋白质的换算系数。不同种类食品的蛋白质换算系数有所不同，如玉米、高粱、肉与肉制品、鸡蛋（全蛋）等为 6.25，花生为 5.46，大米及米粉为 5.95，大豆及其粗加工制品为 5.71，大豆蛋白制品为 6.25，普通小麦、面粉为 5.70，纯乳与纯乳制品为 6.38。

测定蛋白质的原理可分为两大类：一类是利用蛋白质的共性，即含氮量、肽键和折射率等测定蛋白质含量；另一类是利用蛋白质中特定氨基酸残基、酸性或碱性基团及芳香基团等测定蛋白质含量。但因食品种类繁多，成分复杂，测定干扰因素多，目前，蛋白质含量测定最常用的方法是凯氏定氮法，它是测定总有机氮比较准确和操作简便的方法之一，在国内外应用普遍。凯氏定氮法经过不断地研究改进，在应用范围、测定结果的准确度、仪器装置及分析操作的速度等方面均取得了一定的进步。该方法通过测出样品中的总氮量再乘以相应的蛋白质换算系数而得到蛋白质的含量。新鲜食品中的含氮化合物大多数以蛋白质为主体，但由于样品中常含有核酸、生物碱、含氮类脂、卟啉、含氮色素等少量非蛋白质含氮化合物，故凯氏定氮法测得的结果为粗蛋白含量。

凯氏定氮法测定蛋白质的主要原理是：将含有蛋白质的粮油及其制品与硫酸、硫酸钾和催化剂硫酸铜一起加热消化，粮油及其制品中有机物的碳和氢被氧化为二氧化碳和水逸出，蛋白质被分解为氨，氨与硫酸结合成硫酸铵，硫酸铵与浓氢氧化钠溶液作用释放出氨，氨用硼酸溶液吸收，然后用盐酸标准溶液滴定，计算出试样含氮量再乘以相应的蛋白质换算系数，即可计算出试样中蛋白质含量。

凯氏定氮法检测粗蛋白含量操作流程如表 7-14 所示。

表 7-14　　凯氏定氮法检测粗蛋白含量操作流程

序号	步骤	操作内容
1	准备	在实验室准备实验所需的仪器设备、药品试剂等；开始实验前清点仪器设备是否齐全
2	称量	称取充分混匀的固体试样 0.2~2g、液体试样 10~25g（相当于 30~40mg 氮），精确至 0.001g，移入干燥的 100mL、250mL 或 500mL 定氮瓶中
3	样品消化	向定氮瓶中加入 0.4g 硫酸铜、6g 硫酸钾及 20mL 硫酸，轻摇后于瓶口放一小漏斗，将瓶以 45°角斜支于有小孔的石棉网上；小心加热，待内容物全部炭化，泡沫完全停止后，加强火力，并保持瓶内液体微沸，至液体呈蓝绿色并澄清透明后，再继续加热 0.5~1h；取下放冷，小心加入 20mL 水，放冷后，移入 100mL 容量瓶中，并用少量水洗定氮瓶，洗液并入容量瓶中，再加水至刻度，混匀备用；同时做试剂空白实验
4	碱法蒸馏	向接收瓶内加入 10.0mL 硼酸溶液及 1~2 滴 A 混合指示剂或 B 混合指示剂，并使冷凝管的下端插入液面下，根据试样中氮含量，准确吸取 2.0~10.0mL 试样处理液由小玻杯注入反应室，以 10mL 水洗涤小玻杯并使之流入反应室内，随后塞紧棒状玻塞，将 10.0mL 氢氧化钠溶液倒入小玻杯，提起玻塞使其缓缓流入反应室，立即将玻塞盖紧，并水封，夹紧螺旋夹，开始蒸馏
5	硼酸吸收	蒸馏 10min 后移动蒸馏液接收瓶，液面离开冷凝管下端，再蒸馏 1min，然后用少量水冲洗冷凝管下端外部，取下蒸馏液接收瓶
6	盐酸滴定	尽快以硫酸或盐酸标准滴定溶液滴定至终点，如用 A 混合指示液，终点颜色为灰蓝色；如用 B 混合指示液，终点颜色为浅灰红色，同时做试剂空白
7	数据记录	及时记录实验数据

任务实施

一、准备工作

1. 仪器和用具

（1）天平：感量为 1mg。

（2）定氮蒸馏装置：如图 7-3 所示。

（3）自动凯氏定氮仪。

（4）粉碎机。

2. 试剂

（1）硫酸铜（$CuSO_4 \cdot 5H_2O$）。

（2）硫酸钾（K_2SO_4）。

（3）95%乙醇（C_2H_5OH）。

（4）硼酸溶液（20g/L）：称取 20g 硼酸（H_3BO_3），加水溶解后并稀释至 1000mL。

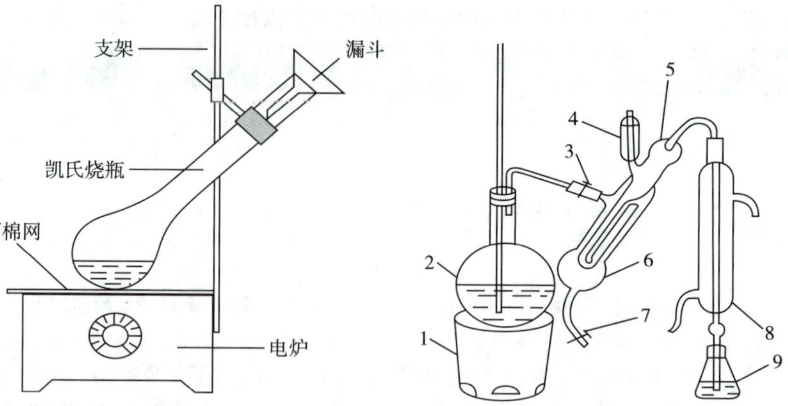

1—电炉；2—水蒸气发生器（2L 烧瓶）；3—螺旋夹；4—小玻杯及棒状玻塞；5—反应室；6—反应室外层；7—橡皮管及螺旋夹；8—冷凝管；9—蒸馏液接收瓶。

图 7-3　凯氏微量消化与蒸馏装置

（5）氢氧化钠溶液（400g/L）：称取 40g 氢氧化钠（NaOH）加水溶解后，放冷，并稀释至 100mL。

（6）硫酸标准滴定溶液 [c（$1/2H_2SO_4$）] 0.0500mol/L 或盐酸标准滴定溶液 [c（HCl）] 0.0500mol/L。

（7）甲基红乙醇溶液（1g/L）：称取 0.1g 甲基红（$C_{15}H_{15}N_3O_2$），溶于 95%乙醇，用 95%乙醇稀释至 100mL。

（8）亚甲基蓝乙醇溶液（1g/L）：称取 0.1g 亚甲基蓝（$C_{16}H_{18}ClN_3S \cdot 3H_2O$），溶于 95%乙醇，用 95%乙醇稀释至 100mL。

（9）溴甲酚绿乙醇溶液（1g/L）：称取 0.1g 溴甲酚绿（$C_{21}H_{14}Br_4O_5S$），溶于 95%乙醇，用 95%乙醇稀释至 100mL。

（10）A 混合指示液：2 份甲基红乙醇溶液与 1 份亚甲基蓝乙醇溶液临用时混合。

（11）B 混合指示液：1 份甲基红乙醇溶液与 5 份溴甲酚绿乙醇溶液临用时混合。

二、试样制备

对于粮食，称取样品 200g 进行研磨，使其完全通过 0.8mm 孔径的筛子，研磨后的样品要充分混匀。

对于大豆、花生等大粒油料试样采用机械粉碎，有壳油料应先去壳后再机械粉碎。

对于亚麻籽、油菜籽、大麻籽等小籽粒，以及葵花籽等带壳小籽粒去壳后的油籽仁在分析前可以不粉碎。

三、操作步骤

1. 试样处理

称取充分混匀的固体试样 0.2～2g、液体试样 10～25g（相当于 30～40mg 氮），精确至0.001g，移入干燥的100mL、250mL或500mL定氮瓶中，加入0.4g硫酸铜、6g硫酸钾及20mL硫酸，轻摇后于瓶口放一小漏斗，将瓶以45°角斜支于有小孔的石棉网上。小心加热，待内容物全部炭化，泡沫完全停止后，加强火力，并保持瓶内液体微沸，至液体呈蓝绿色并澄清透明后，再继续加热0.5~1h。取下放冷，小心加入20mL水，放冷后，移入100mL容量瓶中，并用少量水洗定氮瓶，洗液并入容量瓶中，再加水至刻度，混匀备用。同时做试剂空白实验。

2. 安装装置

按图7-3装好定氮蒸馏装置，向水蒸气发生器内装水至2/3处，加入数粒玻璃珠，加甲基红乙醇溶液数滴及数毫升硫酸，以保持水呈酸性，加热煮沸水蒸气发生器内的水并保持沸腾。

3. 加液蒸馏

向接收瓶内加入10.0mL硼酸溶液及1~2滴A混合指示剂或B混合指示剂，并使冷凝管的下端插入液面下，根据试样中氮含量，准确吸取2.0~10.0mL试样处理液由小玻杯注入反应室，以10mL水洗涤小玻杯并使之流入反应室内，随后塞紧棒状玻塞。将10.0mL氢氧化钠溶液倒入小玻杯，提起玻塞使其缓缓流入反应室，立即将玻塞盖紧，并水封。夹紧螺旋夹，开始蒸馏。

4. 吸收

蒸馏10min后移动蒸馏液接收瓶，液面离开冷凝管下端，再蒸馏1min。然后用少量水冲洗冷凝管下端外部，取下蒸馏液接收瓶。

5. 滴定

尽快以硫酸或盐酸标准滴定溶液滴定至终点，如用A混合指示液，终点颜色为灰蓝色；如用B混合指示液，终点颜色为浅灰红色。同时做试剂空白。

整个实验结束后，除洗涤蒸馏瓶外，还要及时冲洗各活塞处的碱液，避免碱液与玻璃起反应使活塞打不开。

四、注意事项

（1）凯氏定氮法适用于各种食品中蛋白质的测定，不适用于添加无机含氮物质、有机非蛋白质含氮物质的食品的测定。

（2）所用试剂溶液应用无氨蒸馏水配制。

（3）在消化反应中，为加速蛋白质的分解，缩短消化时间，常加入下列物质。

①硫酸钾：加入硫酸钾可以提高溶液的沸点而加快有机物分解，它与硫酸作用生成硫酸氢钾可提高反应温度，一般纯硫酸的沸点在340℃左右，而添加硫酸钾后，可使温度提高至400℃以上，原因主要在于随着消化过程中硫酸不断地被分解，水分不断逸出而使硫酸钾浓度增大，故沸点升高，其反应式如下：

$$K_2SO_4+H_2SO_4 = 2KHSO_4$$

$$2KHSO_4 = K_2SO_4+SO_3\uparrow+H_2O\uparrow$$

但硫酸钾加入量不能太大，否则消化体系温度过高，又会引起已生成的铵盐发生热分解放出氨而造成损失：

$$(NH_4)_2SO_4 \longrightarrow NH_3\uparrow + (NH_4)HSO_4$$

$$2(NH_4)HSO_4 \longrightarrow 2NH_3\uparrow + 2SO_3\uparrow + 2H_2O$$

$$2CuSO_4 \longrightarrow Cu_2SO_4 + SO_2\uparrow + O_2\uparrow$$

除硫酸钾外，也可以加入硫酸钠、氯化钾等盐类来提高沸点，但效果不如硫酸钾。

②硫酸铜：硫酸铜起催化剂的作用。凯氏定氮法中可用的催化剂种类很多，除硫酸铜外，还有氧化汞、汞、硒粉、二氧化钛等，但考虑到效果、价格及环境污染等多种因素，应用最广泛的是硫酸铜，使用时常加入少量过氧化氢、次氯酸钾等作为氧化剂以加速有机物氧化，硫酸铜的作用机理如下：

$$C + 2CuSO_4 = Cu_2SO_4 + SO_2\uparrow + CO_2\uparrow$$

$$Cu_2SO_4 + H_2SO_4 = 2CuSO_4 + H_2O + SO_2\uparrow$$

此反应不断进行，待有机物全部被消化完后，不再有硫酸亚铜（褐色）生成，溶液呈现清澈的蓝绿色。故硫酸铜除起催化剂的作用外，还可指示消化终点的到达，以及下一步蒸馏时作为碱性反应的指示剂。

（4）若取样量较大，如试样超过5g，可按每克试样5mL的比例增加硫酸用量。

（5）消化时不要用强火，应保持缓和沸腾，以免黏附在定氮瓶内壁上的含氮化合物在无硫酸存在的情况下未消化完全而造成氮损失。另外，消化过程中应注意不时转动定氮瓶，以便利用冷凝酸液将附在瓶壁上的固体残渣洗下，促进其消化完全。

（6）样品中若含脂肪或糖较多时，消化过程中易产生大量泡沫，为防止泡沫溢出瓶外，在开始消化时应用小火加热，并时时摇动；或者加入少量辛醇或液体石蜡或硅油消泡剂，并同时注意控制热源强度。

（7）当样品消化液不易澄清透明时，可将定氮瓶冷却，加入30%过氧化氢2~3mL后继续加热消化。

（8）一般消化至呈透明后，继续消化30min即可，但对于含有特别难以氨化的氮化合物的样品，如含赖氨酸、组氨酸、色氨酸、酪氨酸或脯氨酸等，需适当延长消化时间。有机物如分解完全，消化液呈蓝色或浅绿色，但含铁量多时，呈较深绿色。

（9）蒸馏时，蒸馏装置不能漏气，蒸汽发生要均匀充足，蒸馏过程中不得停火断气，否则将发生倒吸。另外，蒸馏前，加碱要足量，操作要迅速；漏斗应采用水封措施，以免氨由此逸出损失。蒸馏前若加碱量不足，消化液呈蓝色不生成氢氧化铜沉淀，此时需再增加氢氧化钠用量。蒸馏完毕后，应先将冷凝管下端提离液面，再蒸1min后关掉热源，否则可能造成吸收液倒吸。

（10）硼酸吸收液的温度不应超过40℃，否则对氨的吸收作用减弱而造成损失，此时可置于冷水浴中。

（11）当只检测样品中氮含量时，不需要乘蛋白质换算系数（F）。

五、数据记录及处理

试样中蛋白质含量按式（7-8）计算。

$$X=\frac{(V_1-V_2)\times c\times 0.0140}{m\times V_3/100}\times F\times 100 \tag{7-8}$$

式中 X——试样中蛋白质的含量，g/100g；

V_1——试液消耗硫酸或盐酸标准滴定液的体积，mL；

V_2——试剂空白消耗硫酸或盐酸标准滴定液的体积，mL；

c——硫酸或盐酸标准滴定溶液浓度，mol/L；

0.0140——1.0mL 硫酸［c（$1/2H_2SO_4$）= 1.000mol/L］或盐酸［c（HCl）= 1.000mol/L］标准滴定溶液相当的氮的质量，g；

m——试样的质量，g；

V_3——吸取消化液的体积，mL；

F——氮换算为蛋白质的系数，常见食物中的蛋白质换算系数见表 7-15；

100——换算系数。

蛋白质含量≥1g/100g 时，结果保留三位有效数字；蛋白质含量<1g/100g 时，结果保留两位有效数字。

表 7-15　　　　常见食物中的蛋白质换算系数

食品类别		换算系数	食品类别		换算系数
小麦	全小麦粉	5.83	大米及米粉		5.95
	麦糠麸皮	6.31	鸡蛋	鸡蛋（全）	6.25
	麦胚芽	5.80		蛋黄	6.12
	麦胚粉、黑麦、普通小麦、面粉	5.70		蛋白	6.32
燕麦、大麦、黑麦粉		5.83	肉与肉制品		6.25
小米、裸麦		5.83	动物明胶		5.55
玉米、黑小麦、饲料小麦、高粱		6.25	纯乳及纯乳制品		6.38
油料	麻、棉籽、葵花籽、蓖麻、红花籽	5.30	复合配方食品		6.38
	其他油料	6.25	酪蛋白		6.25
	菜籽	5.33			6.40
坚果、种子类	巴西果	5.46	胶原蛋白		5.79
	花生	5.46	豆类	大豆及其粗加工制品	5.71
	杏仁	5.18		大豆蛋白制品	6.25
	核桃、榛子、椰果等	5.30	其他食品		6.25

在重复条件下获得的两次独立检测结果的绝对差值不得超过算术平均值的 10%。粗蛋白质含量的检测原始记录表见表 7-16。

表 7-16　　粗蛋白质含量的检测原始记录表

项目	编号	
	1	2
试样的质量 (m)/g		
吸取消化液的体积 (V_3)/mL		
盐酸标准滴定溶液浓度 (c)/(mol/L)		
试样消耗硫酸或盐酸标准溶液体积 (V_1)/mL		
试剂空白消耗硫酸或盐酸标准滴定溶液体积 (V_2)/mL		
蛋白质含量 (X)/(g/100g)		
蛋白质含量平均值/(g/100g)		
蛋白质含量极差/(g/100g)		
蛋白质含量相对极差/%		

任务评价

粗蛋白含量的检测评分标准见表 7-17。

表 7-17　　粗蛋白含量的检测评分标准

检测内容	评价标准	评分标准/分	评分记录
样品准备	正确准备样品	10	
仪器准备	正确准备检测仪器设备	10	
称量	样品混匀，能够准确称量无撒漏	10	
湿法消化	能够正确对样品进行消化	10	
碱法蒸馏	能够熟练进行蒸馏操作	10	
硼酸吸收	能够正确进行硼酸吸收操作，并能正确的对终点颜色进行判断	10	
盐酸滴定	滴定管使用正确，能对滴定终点进行判别	10	
数据记录与计算	数据记录及时，结果正确，测定结果的绝对差值不得超过 10%	20	
5S 管理	实验结束，及时进行 5S 整理	10	

粗蛋白含量的检测评价表见表 7-18。

表 7-18　　粗蛋白含量的检测评价表

<table>
<tr><td rowspan="10">评价</td><td>自我评价</td><td colspan="10"></td><td colspan="2">评分
（满分 10）</td></tr>
<tr><td rowspan="4">组内互评</td><td colspan="2">学号</td><td colspan="2">姓名</td><td colspan="2">评分
（满分 20）</td><td colspan="2">学号</td><td colspan="2">姓名</td><td colspan="2">评分
（满分 20）</td></tr>
<tr><td colspan="2">1 号</td><td colspan="2"></td><td colspan="2"></td><td colspan="2">2 号</td><td colspan="2"></td><td colspan="2"></td></tr>
<tr><td colspan="2">3 号</td><td colspan="2"></td><td colspan="2"></td><td colspan="2">4 号</td><td colspan="2"></td><td colspan="2"></td></tr>
<tr><td colspan="2">5 号</td><td colspan="2"></td><td colspan="2"></td><td colspan="2"></td><td colspan="2"></td><td colspan="2"></td></tr>
<tr><td rowspan="3">小组互评
（除自己组
以外）</td><td colspan="3">组号</td><td colspan="3">评分
（满分 20）</td><td colspan="3">组号</td><td colspan="3">评分
（满分 20）</td></tr>
<tr><td colspan="3">________组</td><td colspan="3"></td><td colspan="3">________组</td><td colspan="3"></td></tr>
<tr><td colspan="3">________组</td><td colspan="3"></td><td colspan="3">________组</td><td colspan="3"></td></tr>
<tr><td rowspan="2">教师评价</td><td colspan="10" rowspan="2"></td><td colspan="2">评分
（满分 50）</td></tr>
<tr><td colspan="2"></td></tr>
</table>

问题思考

1. 凯氏定氮法测定蛋白质的原理是什么？影响凯氏定氮法检测蛋白质含量结果准确度的因素有哪些？

2. 凯氏定氮法检测蛋白质含量过程中用到哪些试剂？各有什么作用？

3. 为什么凯氏定氮法检测食品中的蛋白质含量称为粗蛋白含量？

4. 什么是蛋白质换算系数？凯氏定氮法检测蛋白质的结果为什么要乘以蛋白质换算系数？

思政案例：珍惜每一粒粮食

项目八

粮食中真菌毒素和农药残留的检测

任务一 粮食中脱氧雪腐镰刀菌烯醇的快速检测

学习目标

❖ 知识目标

1. 了解脱氧雪腐镰刀菌烯醇检测的新技术和新方法。
2. 了解脱氧雪腐镰刀菌烯醇检测的相关标准。

❖ 能力目标

1. 掌握真菌毒素快速检测仪器的使用和维护方法。
2. 能够利用真菌毒素快速检测仪独立完成小麦中脱氧雪腐镰刀菌烯醇的检测。

❖ 素质目标

1. 粮食种植、加工和储运过程易受真菌毒素污染，严重威胁人畜健康，在学习的过程中注重“术道结合”，养成“为耕者谋利、为食者造福、为业者护航”的担当精神。

2. 在粮食检验的工作过程中养成良好的心理素质和职业道德素质和科学严谨的工作态度。深刻认识到要做一行爱一行，具有分析问题和解决问题的能力，具有良好的职业道德。

任务描述

小麦在我国粮食生产、流通和消费中具有重要地位，近年来种植面积稳定在3.6亿亩（1亩=666.67m^2），占粮食作物总面积的22%左右；年产量约1.2亿t，占粮食总产量的20%以上。联合国粮食及农业组织估计，全球1/4的粮食受到霉菌毒素的污染。由于脱氧雪腐镰刀菌烯醇对人和动物都具有安全风险隐患，世界各国针对不同小麦及其制品均制定了严格的限量标准。GB 2761—2017《食品安全国家标准　食品中真菌毒素限量》规定，小麦及其制品中脱氧雪腐镰刀菌烯醇的限量指标为1000μg/kg，与美国和欧洲联盟（欧盟）的标准相比较，我国毒素限量较为严格。小麦中脱氧雪腐镰刀菌烯醇检测方法有胶体金定性卡法、胶体金定量分析卡法、酶联免疫吸附测定法、液相或气相串联质谱法等。本任务要求根据胶体金定量卡法测定小麦中脱氧雪腐镰刀菌烯醇，此方法样品处理简单，5~10min 就可以看到检测结果。

知识准备

小麦中霉菌毒素的污染主要由小麦赤霉病发生流行所致。小麦赤霉病是由镰刀菌侵染小麦引起的一种重要的真菌病害，广泛分布于世界湿润和半湿润地区。近年来，受全球气候变化和农作物耕作制度改变的影响，我国小麦赤霉病发生呈流行趋势。小麦赤霉病流行不仅会造成产量的减少，还会产生多种镰刀菌毒素污染，无论食用或饲用，对人和动物都具有安全风险隐患。常见的镰刀菌毒素种类繁多，包括脱氧雪腐镰刀菌烯醇（呕吐毒素）、玉米赤霉烯酮和伏马毒素等。

脱氧雪腐镰刀菌烯醇可引起动物拒食、呕吐，并具有一定的细胞毒性和免疫毒性，对于成长较快的细胞具有损伤作用，表现为抑制蛋白质和脱氧核糖核酸（DNA）的合成。化学名为 3α，7α，15-三羟基草镰孢菌-9-蒽-8-酮，属单端孢霉烯族化合物。由于它可以引起猪的呕吐而得名，对人体有一定危害作用，欧盟分类标准为三级致癌物。

脱氧雪腐镰刀菌烯醇测定主要原理是：试样提取液中脱氧雪腐镰刀菌烯醇与检测条中胶体金微粒发生呈色反应，颜色深浅与试样中脱氧雪腐镰刀菌烯醇含量相关，脱氧雪腐镰刀菌烯醇含量越高，检测线颜色越浅。用读数仪测定检测条的颜色深浅，根据颜色深浅和读数仪内置曲线自动计算出试样中脱氧雪腐镰刀菌烯醇的含量。这个方法适用于 HMG001 系列快速检测及监测分析系统胶体金快速定量法检测，检出限为 120μg/kg。执行标准：LS/T 6113—2015《粮油检验　粮食中脱氧雪腐镰刀菌烯醇测定　胶体金快速定量法》。

脱氧雪腐镰刀菌烯醇胶体金定量快速检测操作流程如表 8-1 所示。

表 8-1　　脱氧雪腐镰刀菌烯醇胶体金定量快速检测操作流程

序号	步骤	操作内容
1	准备	全封闭式孵育器设置 40℃，保持恒温；读数仪开机预热 5min 以上，试剂回温 1h 以上
2	称量	5.00g±0.02g 样品
3	提取	20mL 纯水，剧烈振荡 1min
4	离心	4000r/min，离心 3min
5	稀释	100μL 上清液+600μL 样品稀释液
6	反应	移取 200μL 待检液于微孔中吹打混匀，孵育 3min，然后插入试纸条，反应 5min
7	读数	1min 之内读数

任务实施

一、准备工作

1. 仪器和用具

实验室常规仪器、设备及材料。

（1）天平：分度值 0.01g。

（2）粉碎机：可使试样粉碎后全部通过 20 目筛。

（3）离心机：转速不低于 4000r/min。

（4）涡旋振荡器。

（5）孵育器：可进行 40℃恒温孵育，具有时间调整功能。

（6）读数仪：可测定并显示胶体金定量检测试纸条的测定结果。

（7）脱氧雪腐镰刀菌烯醇胶体金快速定量检测试纸条：需 2~8℃冷藏保存。

（8）脱氧雪腐镰刀菌烯醇样品稀释液：需 2~8℃冷藏保存。

脱氧雪腐镰刀菌烯醇胶体金快速定量检测（纯水）视频

2. 检测仪准备

打开全封闭式孵育器，调节温度至 40℃，并保持恒温。打开胶体金读数仪，预热 5min。单击“曲线管理”，取曲线二维码，靠近仪器指示位置，成功读取曲线后单击“返回”，然后单击“单机定量”，依次单击并选择产品名称、批次号、检测样本等内容。

二、试样制备

1. 粉碎

将要检测的小麦样品倒入粉碎机，每次粉碎样品量大于 20g 并小于粉碎机内容量的 2/3，盖上粉碎机上盖并扣固定，打开开关，开始粉碎，为防止粉碎机过热工作，每次粉碎 30s 后需暂停 10s 再次启动，粉碎 4~6 次，保证样品达到规定过 20 目筛的细度，将粉碎好的小麦样品全部转移到标记好的样品袋中。

2. 称量

先将样品进行充分混匀，打开电子天平，放上称量纸，去皮清零，用干净的不锈钢称量勺将准备好的小麦样品放在称量纸上，称取 5g（误差小于或等于 0.02g），转移到做好标记的 50mL 离心管中。

3. 提取

用 20mL 移液管或 20mL 量筒移取 20mL 纯水加入盛有样品的离心管中，盖紧离心管盖，反复摇晃，疏松开离心管底部的样品结块，然后在振荡器上充分振荡 1min，振荡时样品与提取液应充分接触，无粘在离心管壁上或底部的积块，确保毒素提取充分。

4. 离心

取用 2 个 2mL 离心管，做好标记，将振荡后的液体转移到对应的 2mL 离心管中，再取等重的任意液体转移到另外一个做好标记的 2mL 离心管中，将离心管配平放入迷你离心机中，4000r/min 离心 3min，完成后，小心取出离心管，放在离心管架上。

若使用实验室大型离心机，则无需转移，直接配平离心即可。

5. 稀释

取一个 7mL 离心管，做好标记。用 100～1000μL 移液器取 600μL 摇匀的样品稀释液至 7mL 离心管中，用 20～200μL 移液器取 100μL 离心后得到的上清液，加入装有样品稀释液的离心管中，枪头插到液面下 2～3mm 处，轻轻吸打 3～5 次，盖紧离心管盖，使用振荡器充分混匀后，放在离心管架上，待检。

三、操作步骤

取出所需数量的试纸条，做好标记，并将所需数量的微孔试剂放在 40℃ 全封闭式孵育器上。

1. 加液

用 20～200μL 移液器取 200μL 待检液于微孔试剂中，采用半枪吸打方式，吸打 6～8 次并伴随搅拌，使微孔试剂充分溶解，并防止产生气泡。

2. 孵育

紧闭孵育器上盖，按下计时器，孵育 3min。

3. 插条反应

将试纸条印有 Logo 一端的手柄向上，另一端向下并充分浸入微孔溶液中，紧闭孵育器上盖，按下计时器，40℃ 条件下反应 5min。

4. 读数

去掉试纸条下端的样品垫，装入专用试纸条卡槽，保证两条色带在卡壳视窗中间，注意不要触碰或损坏试纸条中部的检测区域。将样品卡壳视窗面向上，插入读数仪中，按下“TEST”按钮或点击屏幕“检测”键，读取结果，如需打印，单击“打印”键即可。检测结果应在反应结束后 1min 内读取。

若检测结果超出曲线范围上限，需要再次检测时，可取离心后得到的上清液，用纯水稀释，再按后续步骤进行稀释、检测。

再次检测时，检测结果需乘以稀释倍数。

四、注意事项

（1）检测试纸条应在有效期内使用，使用前将试纸条和待检样本恢复至室温。

（2）检测过程中请勿触碰试纸条中央的白色膜面，如不小心接触后请遗弃。

（3）枪头与离心管等耗材不可混用，以免交叉污染。

（4）孵育后，务必立即去掉试纸条下端的样品垫，并在 1min 内读取结果，否则试纸条干燥后颜色深度会有变化，影响最后的结果。

（5）仪器读取结果必须使用试纸条配套读数仪和样品卡槽。

（6）试剂从试剂桶取出后，请立即盖好试剂桶盖，如果一次用不完 8 个微孔，可用微孔孔盖盖住剩余微孔，并立即放回到装有干燥剂的试剂桶中密封保存。请小心开启微孔盖，以保证全部试剂保留在微孔中。

（7）如发现阳性检测结果，检测结果需要使用法定的确证方法进行确证。

（8）GB 2761—2017《食品安全国家标准　食品中真菌毒素限量》中规定了小麦、玉米及其制品中脱氧雪腐镰刀菌烯醇的限量指标是1000μg/kg，参考本实验的重复要求（≤20%），当脱氧雪腐镰刀菌烯醇含量≥800μg/kg 时，处于可疑的临界超标水平，可参照 GB 5009. 111—2016《食品安全国家标准　食品中脱氧雪腐镰刀菌烯醇及其乙酰化衍生物的测定》中规定的高效液相色谱法进行结果确认。为保证结果的可靠性，建议参照 LS/T 6113—2015《粮油检验　粮食中脱氧雪腐镰刀菌烯醇测定　胶体金快速定量法》中附录 A. 1 中的准确性评价方法，用质控样品定期或不定期对检验方法进行确认。

五、数据记录与处理

粮食中脱氧雪腐镰刀菌烯醇的快速检测原始记录表见表 8-2。

表 8-2　　粮食中脱氧雪腐镰刀菌烯醇的快速检测原始记录表

<table>
<tr><th colspan="2" rowspan="2">样品名称</th><th rowspan="2">样品状态</th><th rowspan="2">检测方法依据</th><th colspan="2">检测仪器</th><th rowspan="2">环境状况</th><th rowspan="2">检测地点</th><th rowspan="2">检测日期</th><th rowspan="2">备注</th></tr>
<tr><th>名称</th><th>编号</th></tr>
<tr><td colspan="2"></td><td></td><td></td><td></td><td></td><td>温度：____℃
相对湿度：____%</td><td></td><td>____年
__月__日</td><td></td></tr>
<tr><th>样品编号</th><th>实验次数</th><th>样品质量/g</th><th>稀释倍数</th><th colspan="2">仪器显示读数测定结果/（μg/kg）</th><th>平均值/（μg/kg）</th><th>修约值/（μg/kg）</th><th>平行允差/（μg/kg）</th><th>实测差/（μg/kg）</th></tr>
<tr><td rowspan="2"></td><td></td><td></td><td></td><td colspan="2"></td><td rowspan="2"></td><td rowspan="2"></td><td rowspan="2"></td><td rowspan="2"></td></tr>
<tr><td></td><td></td><td></td><td colspan="2"></td></tr>
<tr><td rowspan="2"></td><td></td><td></td><td></td><td colspan="2"></td><td rowspan="2"></td><td rowspan="2"></td><td rowspan="2"></td><td rowspan="2"></td></tr>
<tr><td></td><td></td><td></td><td colspan="2"></td></tr>
<tr><td rowspan="2"></td><td></td><td></td><td></td><td colspan="2"></td><td rowspan="2"></td><td rowspan="2"></td><td rowspan="2"></td><td rowspan="2"></td></tr>
<tr><td></td><td></td><td></td><td colspan="2"></td></tr>
</table>

检测：　　　　　　　　　　　　　　　　　　　　校核：

任务评价

粮食中脱氧雪腐镰刀菌烯醇的快速检测评分标准见表 8-3。

表 8-3　　粮食中脱氧雪腐镰刀菌烯醇的快速检测评分标准

检测内容	评价标准	评分标准/分	评分记录
准备	能够准确稀释、无撒漏，移液准确	10	
称量	样品混匀，能够准确称量无撒漏	10	
提取	提取时间准确，提取之前样品完全混匀	20	

续表

检测内容	评价标准	评分标准/分	评分记录
离心	离心机操作正确，离心样液转移准确	10	
稀释	能利用移液枪准确吸取样液并稀释	20	
反应	正确的孵育时间，试纸条放置准确	20	
读数	能够准确快速将试纸条放入读数仪中并准确读数	10	

粮食中脱氧雪腐镰刀菌烯醇的快速检测评价表见表 8-4。

表 8-4　　粮食中脱氧雪腐镰刀菌烯醇的快速检测评价表

<table>
<tr><td rowspan="10">评价</td><td>自我评价</td><td colspan="10"></td><td colspan="2">评分
（满分 10）</td></tr>
<tr><td rowspan="4">组内互评</td><td colspan="2">学号</td><td colspan="2">姓名</td><td colspan="2">评分
（满分 20）</td><td colspan="2">学号</td><td colspan="2">姓名</td><td colspan="2">评分
（满分 20）</td></tr>
<tr><td colspan="2">1 号</td><td colspan="2"></td><td colspan="2"></td><td colspan="2">2 号</td><td colspan="2"></td><td colspan="2"></td></tr>
<tr><td colspan="2">3 号</td><td colspan="2"></td><td colspan="2"></td><td colspan="2">4 号</td><td colspan="2"></td><td colspan="2"></td></tr>
<tr><td colspan="2">5 号</td><td colspan="2"></td><td colspan="2"></td><td colspan="2"></td><td colspan="2"></td><td colspan="2"></td></tr>
<tr><td rowspan="3">小组互评
（除自己组
以外）</td><td colspan="3">组号</td><td colspan="3">评分
（满分 20）</td><td colspan="3">组号</td><td colspan="3">评分
（满分 20）</td></tr>
<tr><td colspan="3">________组</td><td colspan="3"></td><td colspan="3">________组</td><td colspan="3"></td></tr>
<tr><td colspan="3">________组</td><td colspan="3"></td><td colspan="3">________组</td><td colspan="3"></td></tr>
<tr><td rowspan="2">教师评价</td><td colspan="10" rowspan="2"></td><td colspan="2">评分
（满分 50）</td></tr>
<tr><td colspan="2"></td></tr>
</table>

问题思考

1. 为什么样品要在 40℃ 条件下孵育 5min？
2. 实验误差的来源主要有哪几个方面？
3. 小麦中脱氧雪腐镰刀菌烯醇超标的危害有哪些？

思政案例：为粮油质检事业不懈耕耘的人

任务二　粮食中黄曲霉毒素 B_1 的快速检测

学习目标

❖ 知识目标

1. 了解黄曲霉毒素 B_1 检测的新技术和新方法。

2. 了解黄曲霉毒素 B_1 检测的相关标准。

❖ 能力目标

1. 掌握真菌毒素快速检测仪器的使用和维护方法。
2. 能够利用真菌毒素快速检测仪独立完成稻谷中黄曲霉毒素的检测。

❖ 素质目标

1. 体会食品安全的重要性，树立符合职业规范的品行。
2. 增强食品质量与平安的意识，提升获取信息、自主学习、拓展创新等综合能力。

任务描述

稻谷在我国粮食生产、流通和消费中具有重要地位，近年来稻谷播种面积在 3000 万 hm^2 左右，占粮食总播种面积的 25%。产量约 21000 万 t，占粮食总产量的 30%以上。由于黄曲霉毒素 B_1 对人和动物都具有安全风险隐患，世界各国针对不同稻谷黄曲霉毒素 B_1 均制定了严格的限量标准。目前不同国家、地区对黄曲霉毒素检测的种类要求均不同，欧盟除了规定了黄曲霉毒素 B_1 限量标准，同时还规定了黄曲霉毒素 B_1、黄曲霉毒素 B_2、黄曲霉毒素 G_1、黄曲霉毒素 G_2 总和的限量要求。GB 2761—2017《食品安全国家标准　食品中真菌毒素限量》规定，稻谷、糙米、大米中黄曲霉毒素 B_1 的限量指标为 10μg/kg。稻谷中黄曲霉毒素 B_1 检测方法有胶体金定性卡法、酶联免疫吸附测定法、胶体金定量分析卡法、液相或气相串联质谱法等。本任务要求根据胶体金定量卡法测定稻谷中黄曲霉毒素 B_1，此方法样品处理简单，5~10min 就可以看到检测结果。

知识准备

黄曲霉毒素是曲霉属真菌的次生代谢产物，主要有黄曲霉毒素 B_1、黄曲霉毒素 B_2、黄曲霉毒素 G_1、黄曲霉毒素 G_2 4 种，其中黄曲霉毒素 B_1（Aflatoxin B_1）是二氢呋喃氧杂萘邻酮的衍生物，含有一个双呋喃环和一个氧杂萘邻酮（香豆素），具有强致癌性及剧毒性，是迄今发现的各种真菌毒素中最稳定的一种。黄曲霉毒素 B_1 对包括人和若干动物具有强烈的毒性，其半数致死量为 0.36mg/kg 体重，属特剧毒的毒物范围，黄曲霉毒素 B_1 的代谢主要发生在肝脏。从 1993 年开始黄曲霉毒素被认定为世界卫生组织（WHO）的癌症研究机构划定的一类致癌物，是世界公认三大强致癌物质之一，而黄曲霉毒素 B_1 因毒性最大、污染最重，是危害最大一种黄曲霉毒素。

黄曲霉毒素 B_1 污染的食物主要是花生、玉米、稻谷等粮油食品和饲料原料、饲料成品，且以南方高温、高湿地区受污染最为严重，已严重影响食品和饲料质量安全。

黄曲霉毒素 B_1 检测原理方法及操作步骤，主要应用免疫测定中的竞争法检测原理。将胶体金纳米粒子标记黄曲霉毒素 B_1 单抗，在硝酸纤维素膜上一区域包被一定浓度的人工抗原作为检测线，同时在另一区域包被羊抗鼠抗体作为质控线。当试样中黄曲霉毒素 B_1 药物与检测线上的抗原竞争结合胶体金标记的单抗，从而引起检测线颜色发生变化，当试样中不含黄曲霉毒素 B_1 时，检测线显色最深，当试样中黄曲霉毒素 B_1

含量增加至或高于试纸预设的检测限时，检测线不显色。用读数仪测定检测条的颜色深浅，根据颜色深浅和读数仪内置曲线自动计算出试样中黄曲霉毒素 B_1 的含量。这个方法适用于 HMG001 系列快速检测及监测分析系统胶体金快速定量法检测，检出限为 2μg/kg。执行标准：LS/T 6111—2015《粮油检验　粮食中黄曲霉毒素 B_1 测定　胶体金快速定量法》。

粮食中黄曲霉毒素 B_1 的快速检测操作流程如表 8-5 所示。

表 8-5　　粮食中黄曲霉毒素 B_1 的快速检测操作流程

序号	步骤	操作内容
1	准备	全封闭式孵育器设置 40℃，保持恒温、读数仪开机预热 5min 以上，试剂回温 1h 以上，配制 50%乙醇-水溶液
2	称量	5.00g±0.02g 样品
3	提取	20mL 50%乙醇-水溶液，剧烈振荡 1min
4	离心	4000r/min，离心 3min
5	稀释	50μL 上清液+1000μL 样品稀释液
6	反应	移取 200μL 待检液于微孔中吹打混匀，孵育 3min，然后插入试纸条，反应 5min
7	读数	1min 之内读数

任务实施

一、准备工作

黄曲霉毒素 B_1 荧光定量检测试纸条操作视频

1. 仪器和用具

(1) 天平：分度值 0.01g。

(2) 粉碎机：可使试样粉碎后全部通过 20 目筛。

(3) 离心机：转速不低于 4000r/min。

(4) 涡旋振荡器。

2. 检测仪准备

打开全封闭式孵育器，调节温度至 40℃，并保持恒温。打开荧光读数仪，预热 5min。单击“曲线管理”，取曲线二维码，靠近仪器指示位置，成功读取曲线后单击“返回”，然后单击“单机定量”，依次单击并选择产品名称、批次号、检测样本等内容。

二、试样制备

与本项目“任务一　粮食中脱氧雪腐镰刀菌烯醇的快速检测”相同。

三、操作步骤

与本项目“任务一　粮食中脱氧雪腐镰刀菌烯醇的快速检测”相同。

四、注意事项

（1）GB 2761—2017 中规定了稻谷中黄曲霉毒素 B_1 的限量指标是 10μg/kg，参考本实验的重复要求（≤20%），当黄曲霉毒素 B_1 含量≥8μg/kg 时，处于可疑的临界超标水平，可参照 GB 5009. 22—2016 中规定的方法进行结果确认。为保证结果的可靠性，建议参照 LS/T 6111—2015 中附录 A. 1 中的准确性评价方法，用质控样品定期或不定期对检验方法进行确认。

（2）其他注意事项同本项目“任务一　粮食中脱氧雪腐镰刀菌烯醇的快速检测”。

五、数据记录与处理

粮食中黄曲霉毒素 B_1 的快速检测原始记录表见表 8-6。

表 8-6　　粮食中黄曲霉毒素 B_1 的快速检测原始记录表

<table>
<tr><td colspan="2" rowspan="2">样品名称</td><td rowspan="2">样品状态</td><td rowspan="2">检测方法依据</td><td colspan="2">检测仪器</td><td rowspan="2">环境状况</td><td rowspan="2">检测地点</td><td rowspan="2">检测日期</td><td rowspan="2">备注</td></tr>
<tr><td>名称</td><td>编号</td></tr>
<tr><td colspan="2"></td><td></td><td></td><td></td><td></td><td>温度：____℃
相对湿度：____%</td><td></td><td>____年
__月__日</td><td></td></tr>
<tr><td>样品编号</td><td>实验次数</td><td>样品质量/g</td><td>稀释倍数</td><td colspan="2">仪器显示读数测定结果/(μg/kg)</td><td>平均值/(μg/kg)</td><td>修约值/(μg/kg)</td><td>平行允差/(μg/kg)</td><td>实测差/(μg/kg)</td></tr>
<tr><td rowspan="2"></td><td></td><td></td><td></td><td colspan="2"></td><td rowspan="2"></td><td rowspan="2"></td><td rowspan="2"></td><td rowspan="2"></td></tr>
<tr><td></td><td></td><td></td><td colspan="2"></td></tr>
<tr><td rowspan="2"></td><td></td><td></td><td></td><td colspan="2"></td><td rowspan="2"></td><td rowspan="2"></td><td rowspan="2"></td><td rowspan="2"></td></tr>
<tr><td></td><td></td><td></td><td colspan="2"></td></tr>
<tr><td rowspan="2"></td><td></td><td></td><td></td><td colspan="2"></td><td rowspan="2"></td><td rowspan="2"></td><td rowspan="2"></td><td rowspan="2"></td></tr>
<tr><td></td><td></td><td></td><td colspan="2"></td></tr>
</table>

检测：　　　　　　　　　　　　　　　　校核：

任务评价

粮食中黄曲霉毒素 B_1 的快速检测评分标准见表 8-7。

表 8-7　　粮食中黄曲霉毒素 B_1 胶体金快速检测的评分标准

检测内容	评价标准	评分标准/分	评分记录
准备	能够准确稀释、无撒漏，移液准确	10	
称量	样品混匀，能够准确称量无撒漏	10	
提取	提取时间准确，提取之前样品完全混匀	20	
离心	离心机操作正确，离心样液转移准确	10	
稀释	能利用移液枪准确吸取样液并稀释	20	
反应	正确的孵育时间，试纸条放置准确	20	
读数	能够准确快速将试纸条放入读数仪中并准确读数	10	

粮食中黄曲霉毒素 B_1 的快速检测评价表见表 8-8。

表 8-8　　粮食中黄曲霉毒素 B_1 的快速检测评价表

<table>
<tr><td rowspan="13">评价</td><td>自我评价</td><td colspan="5"></td><td>评分
（满分 10）</td></tr>
<tr><td rowspan="4">组内互评</td><td>学号</td><td>姓名</td><td>评分
（满分 20）</td><td>学号</td><td>姓名</td><td>评分
（满分 20）</td></tr>
<tr><td>1 号</td><td></td><td></td><td>2 号</td><td></td><td></td></tr>
<tr><td>3 号</td><td></td><td></td><td>4 号</td><td></td><td></td></tr>
<tr><td>5 号</td><td></td><td></td><td></td><td></td><td></td></tr>
<tr><td rowspan="3">小组互评
（除自己组以外）</td><td colspan="2">组号</td><td>评分
（满分 20）</td><td colspan="2">组号</td><td>评分
（满分 20）</td></tr>
<tr><td colspan="2">________组</td><td></td><td colspan="2">________组</td><td></td></tr>
<tr><td colspan="2">________组</td><td></td><td colspan="2">________组</td><td></td></tr>
<tr><td rowspan="2">教师评价</td><td colspan="5" rowspan="2"></td><td>评分
（满分 50）</td></tr>
<tr><td></td></tr>
</table>

问题思考

1. 为什么要使用 50% 乙醇-水溶液提取？
2. 实验误差的来源主要有哪几个方面？
3. 稻谷中黄曲霉毒素 B_1 超标的危害有哪些？

任务三 磷化物检测的定性与定量分析

学习目标

❖ 知识目标

1. 了解粮食流通环节涉及的磷化物残留的最新发展动态。
2. 了解磷化物的性质、农药安全使用准则及相关国家卫生标准限量。
3. 了解前处理技术的基本原理及在农药残留分析中的应用。

❖ 能力目标

1. 掌握粮食中磷化物残留量、相关的方针、政策和法规。
2. 熟悉磷化物检测的方法和技能，能够正确进行结果处理。

❖ 素质目标

1. “创新是引领发展的第一动力”，要具备创新意识与思维能力，开发研究新型熏蒸杀虫剂，践行科学家精神，为“健康中国”和“食品安全”建设做出贡献。

2. 充分领悟“工匠精神”的内涵，成为知识型、技能型、创新型劳动者营造劳动光荣的社会风尚和精益求精的敬业风气。

任务描述

磷化物遇水和酸放出磷化氢，与硝酸银生成黑色磷化银；如有硫化物存在，同时放出硫化氢，与硝酸银生成黑色硫化银，干扰测定，而硫化氢又能与乙酸铅生成黑色硫化铅，以此证明是否有硫化物干扰。

定性分析：磷化物遇水和酸放出磷化氢，与硝酸银生成黑色磷化银；如有硫化物存在，同时放出硫化氢，与硝酸银生成黑色硫化银，干扰测定，而硫化氢又能与乙酸铅生成黑色硫化铅，以此证明是否有硫化物干扰。

定量分析：磷化物遇水和酸，放出磷化氢，蒸出后吸收于酸性高锰酸钾溶液中被氧化成磷酸，与钼酸铵作用生成磷钼酸铵，遇氯化亚锡还原成蓝色化合物钼蓝，与标准系列比较定量。

知识准备

磷化物包括磷化铝、磷化钙和磷化锌，由于价廉、杀虫效果好，是我国主要仓库熏蒸杀虫剂。磷化物在酸、碱、水或光的作用下，均能产生有毒的气体——磷化氢（PH_3）。如磷化锌与硫酸作用，分解产生磷化氢，其反应如下：

$$Zn_3P_2+3H_2SO_4 \longrightarrow 3ZnSO_4+2PH_3\uparrow$$

磷化氢对人的毒性主要作用于神经系统，抑制中枢神经，刺激肺部，引起肺水肿和使心脏扩大，其中以神经系统受害最严重。在熏蒸处理虫粮过程中，粮食对磷化氢有一定的吸附作用，但经充分通风散气后，粮食中残留量一般均能降低到食品安全标准规定以下。我国食品安全国家标准规定，稻谷、麦类、旱粮类、杂粮类、成品粮等谷物以及大豆、薯类中磷化物允许量（以 PH_3 计）≤0.05mg/kg（GB 2763—2021《食

品安全国家标准　食品中农药最大残留限量》)。磷化氢对人的毒性主要作用于神经系统，抑制中枢神经，刺激肺部，引起肺水肿和使心脏扩大，其中以神经系统受害最严重。

在熏蒸处理虫粮过程中，粮食对磷化氢有一定的吸附作用，但经充分通风散气后，粮食中残留量一般均能降低到食品安全标准规定以下。

磷化物检测的定性与定量分析操作流程如表 8-9 所示。

表 8-9　磷化物检测的定性与定量分析操作流程

序号	步骤	操作内容
1	定性分析	称样→置于锥形瓶中→加水→加酒石酸→塞好双孔塞→水浴加热→观察
2	定量分析	样品安装蒸馏吸收装置，安装完成后检查是否漏气
3	PH_3 的产生与吸收	二氧化碳气体经过饱和硝酸汞溶液、酸性高锰酸钾溶液、饱和硫酸肼溶液的洗气瓶洗涤后进入反应瓶
4	转移、褪色	滴加饱和亚硫酸钠溶液使高锰酸钾溶液褪色
5	显色	加入 0.1mL 氯化亚锡溶液，混匀
6	比色	波长 680nm 处测吸光度

任务实施

一、准备工作

1. 仪器和用具

水浴锅及其他实验室常规仪器、设备及材料。

2. 试剂

(1) 定性分析试剂：酒石酸、硝酸银溶液（100g/L）储存于棕色瓶中；乙酸铅溶液（100g/L）、乙酸镉溶液（100g/L）。

(2) 高锰酸钾溶液（16.5g/L）：称取 16.5g 高锰酸钾，加水溶解后稀释至 1000mL，静置三天或加热煮沸 3min，冷却，放置过夜，用玻璃棉或石棉过滤备用。

(3) 高锰酸钾溶液（3.3g/L）：将高锰酸钾溶液（16.5g/L）用水稀释 5 倍。

(4) 硫酸溶液（体积比 1∶17）：取 28mL 硫酸缓缓加入 400mL 水中，冷却后加水至 500mL。

(5) 硫酸溶液（体积比 1∶5）：取 83.3mL 硫酸缓缓加入 400mL 水中，冷却后加水至 500mL。

(6) 饱和亚硫酸钠溶液：取 28.5g 无水亚硫酸钠，加约 70mL 水，微热溶解后，放冷，稀释至 100mL。

(7) 钼酸铵溶液（50g/L）。

（8）氯化亚锡溶液：取0.1g氯化亚锡，溶于5mL盐酸中，临用时现配。

（9）盐酸（体积比1∶1）。

（10）饱和硝酸汞溶液。

（11）饱和硫酸肼溶液。

（12）酸性高锰酸钾溶液：高锰酸钾溶液（16.5g/L）和硫酸（2mol/L）等量混合。

（13）磷化物标准溶液：准确称取0.0400g经105℃干燥过的无水磷酸二氢钾，溶于水，移入100mL容量瓶中，加水稀释至刻度（可加1滴三氯甲烷以增加保存时间），此溶液每毫升相当于0.10mg磷化氢。

（14）磷化物标准使用液：吸取10.0mL磷化物标准溶液，置于100mL容量瓶中，加水至刻度，混匀，此溶液每毫升相当于10μg磷化氢。

二、试样制备

取200~250mL锥形瓶，配一适宜双孔软木塞或橡皮塞，每孔内塞以内径0.4~0.5cm、长5cm的玻璃管，每管内悬挂一长7cm、宽0.3~0.5cm的滤纸条，临用时，一纸条用硝酸银溶液湿润，另一纸条用乙酸铅溶液湿润。

三、操作步骤

（一）定性分析

迅速称取20.0g样品，置于锥形瓶中，加适量水至浸没样品，再加约0.5g酒石酸，立即塞好准备好的双孔塞，使滤纸条末端距液面约5cm，在暗处置于40~50℃水浴内加热30min，观察试纸颜色变化情况。

（二）定量分析

1. PH_3的产生与吸收

于3个串联的气体吸收管中各加5mL高锰酸钾溶液（3.3g/L）和1mL硫酸（硫酸与水体积比1∶17），二氧化碳发生瓶中装大理石碎块，从分液漏斗中加适量的盐酸（盐酸与水体积比1∶1），作为二氧化碳发生器，二氧化碳气体顺序经装有饱和硝酸汞溶液、酸性高锰酸钾溶液、饱和硫酸肼溶液的洗气瓶洗涤后，进入反应瓶中（如用氮气代替二氧化碳，可以只通过硫酸肼溶液安全瓶直接进入反应瓶）。预先通二氧化碳（或氮气）5min，打开反应瓶的塞子，迅速投入称好的50g样品，立即塞好瓶塞，加大抽气速度使分液漏斗中的5mL硫酸（硫酸与水体积比为1∶17）和80mL水加至反应瓶中，然后减慢抽气和二氧化碳（或氮气）气流速度，将放置反应瓶的水浴加热至沸30min，并继续通入二氧化碳（或氮气）。

以空气代替二氧化碳，空气顺序经装有酸性高锰酸钾溶液，碱性焦性没食子酸溶液（5g焦性没食子酸溶于15mL水，48g氢氧化钾溶于32mL水中，然后两液混合）的洗气瓶洗涤后进入反应瓶，其余操作同上，装置如图8-1所示。

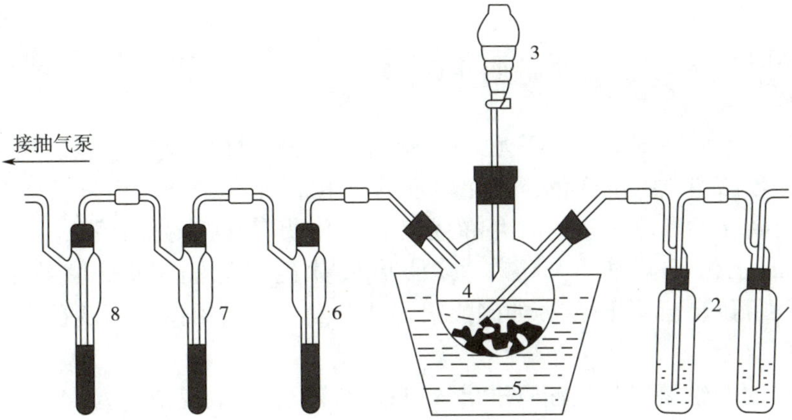

1，2—洗气瓶；3—分液漏斗；4—反应瓶；5—水浴；6，7，8—气体吸收管。

图 8-1 蒸馏吸收装置（以空气代替二氧化碳）

2. 转移吸收液并褪去高锰酸钾颜色

反应完毕后，先除去气体吸收管进气的一端，再除去抽气管的一端，取下 3 个气体吸收管，分别滴加饱和亚硫酸钠溶液使高锰酸钾溶液褪色，合并吸收管中的溶液至 50mL 比色管中，气体吸收管用少量水洗涤，洗液并入比色管中，加 4.4mL 硫酸（硫酸与水体积比为 1∶5），2.5mL 钼酸铵溶液（50g/L），混匀。

3. 标准曲线制备与样品测定

吸取 0，0.1，0.2，0.3，0.4，0.5mL 磷化物标准使用液（相当于 0，1，2，3，4，5μg 磷化氢），分别放入 50mL 比色管中，加 30mL 水，5.4mL 硫酸（硫酸与水体积比为 1∶5），2.5mL 钼酸铵溶液（50g/L），混匀。于样品及标准管中各加水至 50mL 混匀，再各加 0.1mL 氯化亚锡溶液，混匀。15min 后，用 3cm 比色杯，以零管调节零点，于波长 680nm 处测吸光度，绘制标准曲线比较，或与标准色列目测比较。取与处理样品量相同的试剂，按同一操作方法做试剂空白实验。磷化物标准曲线及样品检测的操作流程见表 8-10。

表 8-10　磷化物标准曲线及样品检测的操作流程

步骤	实验管						样品管
	S_0	S_1	S_2	S_3	S_4	S_5	
标准液体积/mL	0	0.10	0.20	0.30	0.40	0.50	—
加水	各加水约 35mL						35mL
调节反应酸性条件	各加 5.4mL 3mol/L H_2SO_4 溶液						4.4mL
加钼酸铵溶液	各加 2.5mL，摇匀各试管						
加水	定容至 50mL 刻度						
加 $SnCl_2$ 溶液还原显色	各加 0.1mL，加一管摇一管						
比色，测吸光度	680nm 波长下 3cm 比色皿，S_0 管调零						

四、注意事项

（1）定性分析中如试纸均不变色，表明磷化物呈阴性反应或未超过规定，如硝酸银试纸变色，乙酸铅试纸不变色，表示可能有磷化物存在，需再定量，如两种试纸均变色，可能有磷化物和硫化物同时存在或仅有硫化物存在，遇此情况，重取样品，加水后再加 5mL 乙酸镉溶液（100g/L），使形成黄色硫化镉沉淀，立即密塞，放置 10min，再加酒石酸，操作同前，如硝酸银试纸变黑，乙酸铅试纸不变色，表示有磷化物存在，需再定量。

（2）安装时蒸馏装置时应注意进出气口不要接反，安装完成后检查是否漏气。

（3）大理石主要成分为碳酸钙，与盐酸作用可产生二氧化碳。大理石中可能会含有硫化物等杂质，在酸性条件下可产生影响氧化—还原反应的硫化氢，因此需要通过洗气过程消除影响。

（4）通气速度不宜过快，以能分辨出气泡为宜，避免大量的水蒸气进入气体吸收管中影响后续操作。以空气代替二氧化碳时，是通过抽气装置使空气经洗气瓶洗涤后进入反应瓶、吸收管。

（5）显色时样液加 4.4mL 3mol/L H_2SO_4，而标液加 5.4mL 3mol/L H_2SO_4，相差 1mL，这是由于样品吸收时在 3 个气体吸收管中已各加了 1mL 1mol/L 硫酸，相当 3mol/L 硫酸 1mL。

（6）酸度对显色有影响，钼蓝形成时的酸度需控制在一定范围内。

（7）氯化亚锡不太稳定，在空气中被氧化成不溶性氯化物，失去还原剂作用，因此必须临用时配制。

（8）各种试剂加入顺序应严格遵循操作步骤，加入后要迅速摇匀，避免局部溶液过浓，尤其是在加入氯化亚锡溶液后要迅速摇匀，否则会在显色液中的局部氯化亚锡过浓，造成氯化亚锡不仅与磷钼酸铵作用，显色，而且与游离钼作用，显色，使溶液颜色加深，导致失败。

（9）用空气代替二氧化碳，但要采用酸性高锰酸钾溶液将其中的还原性气体，如硫化氢、二氧化硫除去。空气中的氧气通过碱性焦性没食子酸溶液而除去，剩余的主要是氮气。

（10）玻璃仪器要洗净，尤其是用洗液浸泡过的器皿，一定要用自来水将洗液冲净。

五、数据记录与处理

磷化物检测的定性与定量分析原始记录表见表 8-11。

表 8-11　　　　磷化物检测的定性与定量分析原始记录表

<table>
<tr><td colspan="2" rowspan="2">样品名称</td><td rowspan="2">样品状态</td><td rowspan="2">检测方法依据</td><td colspan="2">检测仪器</td><td rowspan="2">环境状况</td><td rowspan="2">检测地点</td><td rowspan="2">检测日期</td><td rowspan="2">备注</td></tr>
<tr><td>名称</td><td>编号</td></tr>
<tr><td colspan="2"></td><td></td><td></td><td></td><td></td><td>温度：____℃
相对湿度：____%</td><td></td><td>____年
__月__日</td><td></td></tr>
<tr><td>样品编号</td><td>实验次数</td><td>样品质量/g</td><td>定性分析</td><td colspan="2">定量分析</td><td>平均值</td><td>修约值</td><td>平行允差</td><td>实测差</td></tr>
<tr><td rowspan="2"></td><td></td><td></td><td></td><td colspan="2"></td><td rowspan="2"></td><td rowspan="2"></td><td rowspan="2"></td><td rowspan="2"></td></tr>
<tr><td></td><td></td><td></td><td colspan="2"></td></tr>
<tr><td rowspan="2"></td><td></td><td></td><td></td><td colspan="2"></td><td rowspan="2"></td><td rowspan="2"></td><td rowspan="2"></td><td rowspan="2"></td></tr>
<tr><td></td><td></td><td></td><td colspan="2"></td></tr>
<tr><td rowspan="2"></td><td></td><td></td><td></td><td colspan="2"></td><td rowspan="2"></td><td rowspan="2"></td><td rowspan="2"></td><td rowspan="2"></td></tr>
<tr><td></td><td></td><td></td><td colspan="2"></td></tr>
</table>

检测：　　　　　　　　　　　　　　　　　　　　校核：

任务评价

磷化物检测的定性与定量分析评分标准见表 8-12。

表 8-12　　　　磷化物检测的定性与定量分析评分标准

检测内容	评价标准	评分标准/分	评分记录
标准液配备	能够准确移取、无撒漏，配备准确	20	
定性实验	能够利用定性分析中硝酸银试纸、乙酸铅试纸变分析，反应时间准确	20	
定量实验装置	定量实验装置安装连接准确	10	
显色	钼蓝、氯化亚锡等试剂添加准确，并振荡混匀	10	
标准曲线绘制	能正确绘制标准曲线	20	
测吸光值	能够准确快速测定样品并测定空白值	20	

磷化物检测的定性与定量分析评价表见表 8-13。

表 8-13　　　　磷化物检测的定性与定量分析评价表

<table>
<tr><td rowspan="5">评价</td><td>自我评价</td><td colspan="5"></td><td>评分
（满分 10）</td></tr>
<tr><td rowspan="4">组内互评</td><td>学号</td><td>姓名</td><td>评分
（满分 20）</td><td>学号</td><td>姓名</td><td>评分
（满分 20）</td></tr>
<tr><td>1 号</td><td></td><td></td><td>2 号</td><td></td><td></td></tr>
<tr><td>3 号</td><td></td><td></td><td>4 号</td><td></td><td></td></tr>
<tr><td>5 号</td><td></td><td></td><td></td><td></td><td></td></tr>
</table>

续表

<table>
<tr><td rowspan="5">评价</td><td rowspan="3">小组互评（除自己组以外）</td><td>组号</td><td>评分（满分 20）</td><td>组号</td><td colspan="2">评分（满分 20）</td></tr>
<tr><td>________组</td><td></td><td>________组</td><td colspan="2"></td></tr>
<tr><td>________组</td><td></td><td>________组</td><td colspan="2"></td></tr>
<tr><td rowspan="2">教师评价</td><td colspan="4" rowspan="2"></td><td>评分（满分 50）</td></tr>
<tr><td></td></tr>
</table>

问题思考

1. 氯化亚锡溶液为何要现配现用？
2. 磷化物的危害有哪些？

思政案例：如何区分新米和陈米

任务四 有机氯农药残留量的检测

学习目标

❖ 知识目标

1. 了解粮食流通环节涉及的磷化物残留、有机氯农药残留及有机磷农药残留的最新发展动态。
2. 了解有机氯农药的性质、农药安全使用准则及相关国家卫生标准限量。
3. 了解前处理技术的基本原理及在农药残留分析中的应用。

❖ 能力目标

1. 掌握粮食中有机氯农药残留量检测的原理、相关的方针、政策和法规。
2. 熟悉农药残留分析掌握农产品农药残留的前处理、样品分析、快速检测的方法和技能，能够正确进行结果处理。
3. 掌握气相色谱法的使用，相关农药的测定以及仪器的维护保养方法。

❖ 素质目标

1. 农药作为控制农作物病虫害的有效措施，在保护农业生产、提高农业综合生产能力、促进粮食稳定增产方面有重要作用。但是农药的过度使用引起了各类食品安全事件，威胁大众的健康和生命，要认真做好粮食的安全检测工作。
2. 仓廪实，天下安，粮食事关国运民生，粮食安全是国家安全的重要基础。应学好专业知识，掌握专业技术，传承“公诚勤朴”的精神，以服务三农为使命，实现人生价值。

任务描述

有机氯农药残留量的检测有多种方法，气相色谱法是目前使用最为广泛的技术，其中气相色谱法又可分为毛细管柱气相色谱法和填充柱气相色谱法，它们都具有分离效果好、快速、灵敏度高等优点。本任务介绍毛细管柱气相色谱法。

毛细管柱气相色谱法测定原理：试样中有机氯农药组分经有机溶剂提取、凝胶色谱层析净化，用毛细管柱气相色谱分离，电子捕获检测器检测，以保留时间定性，外标法定量。

知识准备

有机氯农药（Ocp）是一类组成里含有氯的有机杀虫剂、杀菌剂。一般分为两大类：一类是滴滴涕类，称为氯代苯及其衍生物，包括滴滴涕及六六六等；另一类是氯化甲撑萘类，如艾氏剂、狄氏剂、异狄氏剂、七氯、氯丹及毒杀芬等。我国曾经使用较多的是滴滴涕和六六六。

滴滴涕、六六六具有广谱、高效、价廉、使用方便、中等毒性等优点，但是其化学性质稳定，在自然界中不易分解（在日光下分解缓慢，被微生物分解亦少，耐酸、耐热，但不耐碱），即使停用，2~6 年仍有一半残留未被分解（滴滴涕分解半量时间为 3~10 年；六六六为 2 年），因此长期使用，会连年积累，致使土壤、水域、农产品中有机农药积累增多。我国已于 1983 年停止生产。

六六六，又称六氯苯、六氯环已烷，简写 BHC 或 HCH，分子式为 $C_6H_6C_{16}$，有 8 种异构体。在粮油食品安全分析中检测其中的甲体（α）、乙体（β）、丙体（γ）和丁体（δ）四种，其他异构体，因其含量极少，又不重要，一般不包括在六六六总量内。

滴滴涕又称二二三，简写 DDT，化学名称是二氯二苯三氯乙烷，分子式为 $C_{14}H_9Cl_5$。其同分异构体有邻位（o，p），对位（p，p'），工业品中无间位（m，p），在粮油食品安全检测中，检测的是 p，p'-DDT 和 o，p'-DDT 以及其常发现的代谢产物 p，p'-DDD 和 p，p'-DDE。

GB 2763—2021《食品安全国家标准　食品中农药最大残留限量》中有关六六六、滴滴涕农药残留标准见表 8-14。

表 8-14　部分食品中有机氯农药最大残留限量　　单位：mg/kg

品种	指标	
	六六六	滴滴涕
原粮、豆类	0.05	0.05
小麦	（林丹）0.05	—

注：林丹，即 γ-六六六。

有机氯农药残留量的检测操作流程如表 8-15 所示。

表 8-15　有机氯农药残留量的检测操作流程

序号	步骤	操作内容
1	称取试样	称取具有代表性试样 1g（精确至 0.01g）
2	提取	加入 30mL 石油醚，浓缩至约 1mL，加 2mL 乙酸乙酯-环已烷溶解再浓缩至约 1mL

续表

序号	步骤	操作内容
3	净化	以乙酸乙酯-环己烷溶液洗脱，用氮气吹除溶剂，用正己烷定容至 1mL
4	色谱分析	色谱柱：DM-5 石英弹性毛细管柱

任务实施

一、准备工作

1. 仪器和用具

（1）气相色谱仪：配电子捕获检测器。

（2）凝胶净化柱：长 30cm，内径 2.3~2.5cm 具活塞玻璃层析柱，柱底垫少许玻璃棉。用洗脱剂乙酸乙酯-环己烷（体积比 1∶1）浸泡的凝胶，以湿法装入柱中，柱床高约 26cm，凝胶始终保持在洗脱剂中。

（3）全自动凝胶色谱系统：带有固定波长（254nm）紫外检测器。供选择使用。

（4）旋转蒸发仪。

（5）组织匀浆器。

（6）振荡器。

（7）氮气浓缩器。

2. 试剂材料

（1）丙酮：分析纯，重蒸。

（2）石油醚：沸程 30~60℃，分析纯，重蒸。

（3）乙酸乙酯：分析纯，重蒸。

（4）环己烷：分析纯，重蒸。

（5）正己烷：分析纯，重蒸。

（6）氯化钠：分析纯。

（7）无水硫酸钠：无水硫酸钠置于干燥箱中，120℃下干燥 4h，冷却后密闭保存。

（8）聚苯乙烯凝胶（Bio-Beads S-X3）：200~400 目，或同类产品。

（9）农药标准品：α-六六六、β-六六六、γ-六六六、δ-六六六、p，p'-滴滴伊、p，p'-滴滴滴、o，p'-滴滴涕、p，p'-滴滴涕、六氯苯、五氯硝酸苯、五氯苯胺、五氯苯基硫醚、艾氏剂、狄氏剂、异狄氏剂、异狄氏剂醛、异狄氏剂酮、七氯、环氧七氯、氧氯丹、反氯丹、顺氯丹、α-硫丹、β-硫丹、硫丹硫酸盐、灭蚁灵，纯度≥98%。

（10）农药标准溶液：分别准确称取或量取上述农药标准品适量，用少量苯溶解后，再用正己烷稀释成一定浓度的标准储备溶液。

量取标准储备液，用正己烷稀释为系列混合标准溶液。

二、试样制备

1. 提取

大豆油样品：称取具有代表性试样 1g（精确至 0.01g），直接加入 30mL 石油醚，振摇 30min 后，将有机相全部转移至旋转蒸发瓶中，浓缩至约 1mL，加 2mL 乙酸乙酯-环己烷（体积比 1∶1）溶解再浓缩，如此重复 3 次，浓缩至约 1mL，供凝胶色谱层析净化用。或将浓缩液转移至全自动凝胶色谱系统配套的进样试管中，用乙酸乙酯-环己烷溶液洗涤蒸发瓶数次，将洗涤液合并至试管中，定容至 10mL。

2. 净化

选择下列手动或全自动净化方法中的任何一种。

（1）手动凝胶色谱柱净化：将试样浓缩液经凝胶柱以乙酸乙酯-环己烷溶液洗脱，弃去 0~35mL 流分，收集 35~70mL 流分。将其用旋转蒸发器浓缩至 1mL，再经凝胶柱以乙酸乙酯-环己烷溶液洗脱，收集 35~70mL 流分。蒸发浓缩后，再用氮气吹除溶剂，用正己烷定容至 1mL，供气相色谱分析用。

（2）全自动凝胶渗透色谱系统净化：试样由 5mL 试样环注入凝胶渗透色谱柱，泵流速 5.0mL/min，以乙酸乙酯-环己烷溶液洗脱，弃去 0~7.5min 流分，收集 7.5~15min 流分，15~20min 冲洗凝胶渗透色谱柱，净收集的流分旋转蒸发浓缩至约 1mL，再用氮气吹除溶剂，用正己烷定容至 1mL，供气相色谱分析用。

三、操作步骤

1. 气相色谱参考条件

色谱柱：DM-5 石英弹性毛细管柱，长 30m、内径 0.32mm、膜厚 0.25μm，或等效柱。

柱温：采用程序升温如下。

$$90℃\ (1min) \xrightarrow{40℃/min} 170℃ \xrightarrow{2.3℃/min} 230℃\ (17min) \xrightarrow{40℃/min} 280℃\ (5min)$$

进样口温度：280℃，不分流进样。

进样量：1μL。

检测器：电子捕获检测器，温度 300℃。

载气：氮气，流速 1mL/min，尾吹 25mL/min。

柱前压力：0.5MPa。

2. 色谱分析

分别吸取 1μL 混合标准溶液及试样净化液注入气相色谱仪分离分析，记录色谱图，以保留时间定性，以试样和标准的峰高或峰面积比较定量。

四、注意事项

（1）有机氯农药为弱极性物质，因而提取选用弱极性溶剂——石油醚提取。此外，提取剂的沸点以45～80℃为宜，因为沸点太低，容易挥发，而沸点太高，则不易浓缩。在选择提取剂时，还要考虑溶剂的稳定性，即溶剂不能与样品发生作用，提取溶剂还不能含氯。

（2）磺化法是在提取液中，直接加入1/10量的浓硫酸，振摇后，其中油脂、色素等干扰物质，遇到浓硫酸就磺化为极性较大且易溶于水的化合物。利用这一反应，使提取液中主要干扰物质油脂、色素磺化后，与有机层分离而除去。磺化法主要用于对酸稳定性的滴滴涕、六六六等有机氯农药。它具有操作简便，不受任何影响的优点。此外，也可采用柱层析、液-液分配等操作净化，但这类净化步骤繁琐、有机溶剂用量大，农药也容易损失。

（3）采用离心法分离石油醚提取液较原有方法所采用的液液分配法，分离更彻底，能有效地消除水溶性杂质对测定的影响，保护色谱柱和检测器。原有的国家标准采用的在分液漏斗中进行液液分配，需要较长时间的静置分层。

（4）有机氯农药易挥发，故挥干溶剂时温度勿高于60℃，最好50℃减压挥干。干后不能久置，应立即加入溶剂，否则回收率将降低。减压浓缩时，千万注意不要蒸至全干，如蒸至全干，结果偏低。

（5）样品经净化、浓缩、定容之后，不能含有水分，以免污染电子捕获检测器，降低灵敏度。若样品净化不干净或试剂有问题（必要时所用试剂要重蒸处理）时，检测器易受污染，其灵敏度即会降低，此时基流会明显下降，若用标准曲线法定量，此时应缓慢进行，让检测器自净片刻，基流回复原来水平后再进行，否则结果偏低（若用内标法定量则影响较小）。

油脂样品的石油醚溶液用浓硫酸磺化一次后可能仍残留少量的油脂，在薄层层析时原点处有油迹，有时干扰δ-六六六的测定。因此，有时油脂提取液需经硫酸磺化处理2次。

（6）进样注射器要清洗洁净，防止相互污染，一般先用苯洗2次，方可进样品溶液。

（7）由于六六六、滴滴涕各异构体响应值不同，电子捕获检测器的线性范围较窄，所以应根据实验室的仪器对各种农药的响应值配制合适浓度的混合标准溶液，因此，实验前用不同浓度的α-六六六、β-六六六、γ-六六六、δ-六六六、p，p'-DDE、o，p'-DDT、p，p'-DDD、p，p'-DDT标准样品溶液比较不同进样体积（1，2.5，5，10μL）从而找出合适的进样体积。对农药含量高的样品，应稀释进样2～5μL，使农药含量在线性范围以内，否则误差过大。用微量进样器吸样液时要注意排除针管中气泡，进样动作尽量迅速。

（8）对保留时间与标准略有差别的组分，可改变柱温度测定，必要时可改换分析柱再行测定。

（9）如果采用柱层析方法进行净化，利用内涂有OV-101固定液的石英弹性毛细管色谱柱，可同时测定有机氯农药和拟除虫菊酯类农药多种残留，参见GB/T 5009.146—2008《植物性食品中有机氯和拟除虫菊酯类农药多种残留量的测定》。

五、数据记录与处理

1. 结果计算

试样中各农药的含量按式（8-1）计算

$$X=\frac{m_1\times V_1\times f\times 1000}{m\times V_2\times 1000} \tag{8-1}$$

式中　X——试样中各农药的含量，mg/kg；

m_1——被测样液中各农药的含量，ng；

f——稀释因子；

m——试样质量，g；

V_1——样液进样体积，μL；

V_2——样液最后定容体积，mL。

结果的表述：报告平行测定的算术平均值的两位有效数。在重复性条件下获得的两次独立测定结果的绝对差不得超过算术平均值的 15%（即相对相差≤15%）

2. 数据处理

有机氯农药残留的检测分析原始记录表见表 8-16。

表 8-16　　有机氯农药残留的检测分析原始记录表

<table>
<tr><td colspan="2" rowspan="2">样品名称</td><td rowspan="2">样品状态</td><td rowspan="2">检测方法依据</td><td colspan="2">检测仪器</td><td rowspan="2">环境状况</td><td rowspan="2">检测地点</td><td rowspan="2">检测日期</td><td rowspan="2">备注</td></tr>
<tr><td>名称</td><td>编号</td></tr>
<tr><td colspan="2"></td><td></td><td></td><td></td><td></td><td>温度：____℃
相对湿度：____%</td><td></td><td>____年
__月__日</td><td></td></tr>
<tr><td>样品编号</td><td>实验次数</td><td>样品质量/g</td><td>标准曲线</td><td colspan="2">样品测定</td><td>平均值</td><td>修约值</td><td>平行允差</td><td>实测差</td></tr>
<tr><td rowspan="2"></td><td></td><td></td><td></td><td colspan="2"></td><td rowspan="2"></td><td rowspan="2"></td><td rowspan="2"></td><td rowspan="2"></td></tr>
<tr><td></td><td></td><td></td><td colspan="2"></td></tr>
<tr><td rowspan="2"></td><td></td><td></td><td></td><td colspan="2"></td><td rowspan="2"></td><td rowspan="2"></td><td rowspan="2"></td><td rowspan="2"></td></tr>
<tr><td></td><td></td><td></td><td colspan="2"></td></tr>
<tr><td rowspan="2"></td><td></td><td></td><td></td><td colspan="2"></td><td rowspan="2"></td><td rowspan="2"></td><td rowspan="2"></td><td rowspan="2"></td></tr>
<tr><td></td><td></td><td></td><td colspan="2"></td></tr>
</table>

检测：　　　　　　　　　　　　　　　　　　　　校核：

任务评价

有机氯农药残留量的检测评分标准见表 8-17。

表 8-17　　有机氯农药残留量的检测评分标准

检测内容	评价标准	评分标准/分	评分记录
标准液配备	能够准确移取、无撒漏，移液准确，配备准确	20	
样品的制备	样品的提取和净化，进行样品的前处理	20	
色谱条件选择	根据实验和文献进行色谱条件的选择	10	
色谱分析	准确进样	10	
标准曲线绘制	能正确绘制标准曲线	20	
色谱测定	能够准确测定样品并测定	20	

有机氯农药残留量检测的评价表见表 8-18。

表 8-18　　有机氯农药残留量检测的评价表

<table>
<tr><td rowspan="12">评价</td><td>自我评价</td><td colspan="5"></td><td>评分
（满分 10）</td></tr>
<tr><td rowspan="4">组内互评</td><td>学号</td><td>姓名</td><td>评分
（满分 20）</td><td>学号</td><td>姓名</td><td>评分
（满分 20）</td></tr>
<tr><td>1 号</td><td></td><td></td><td>2 号</td><td></td><td></td></tr>
<tr><td>3 号</td><td></td><td></td><td>4 号</td><td></td><td></td></tr>
<tr><td>5 号</td><td></td><td></td><td></td><td></td><td></td></tr>
<tr><td rowspan="3">小组互评
（除自己组以外）</td><td colspan="2">组号</td><td>评分
（满分 20）</td><td colspan="2">组号</td><td>评分
（满分 20）</td></tr>
<tr><td colspan="2">________组</td><td></td><td colspan="2">________组</td><td></td></tr>
<tr><td colspan="2">________组</td><td></td><td colspan="2">________组</td><td></td></tr>
<tr><td rowspan="2">教师评价</td><td colspan="5" rowspan="2"></td><td>评分
（满分 50）</td></tr>
<tr><td></td></tr>
</table>

问题思考

1. 磺化法使用的限制？
2. 电子捕获检测器使用注意事项，为何载气要 99.99%？

思政案例：
深入整治粮食
购销领域系统性腐败

任务五　有机磷农药残留量的检测

学习目标

❖ 知识目标

1. 了解粮食流通环节涉及的有机磷农药残留的最新发展动态。

2. 了解有机磷农药的性质、农药安全使用准则及相关国家卫生标准限量。

3. 了解前处理技术的基本原理及在农药残留分析中的应用。

❖ 能力目标

1. 掌握粮食中有机磷农药残留量测定原理、相关的方针、政策和法规。

2. 熟悉农药残留分析掌握农产品农药残留的前处理、样品分析、快速检测的方法和技能，能够正确进行结果处理。

3. 掌握气相色谱法的使用，相关农药的测定以及仪器的维护保养。

❖ 素质目标

1. 感悟工匠精神对于职业发展的指导意义，增强社会责任感，培养踏实严谨、吃苦耐劳的大国工匠精神。

2. 深刻认识到食品安全对于保护人民群众身体健康的重要作用，积极投身食品安全加工队伍中，树立绿色环保和可持续发展的理念，树立“依标准鉴定”“质量第一”的观念，树立严谨、务实的学习精神。

任务描述

有机磷农药残留量的测定有多种方法，我国主要采用气相色谱法，依据 GB/T 5009. 20—2003《食品中有机磷农药残留量的测定》。

有机磷农药残留的测定（气相色谱法）测定原理：选用适当的溶剂从样品中提取有机磷农药，经净化后，含有机磷的样品溶液在富氢焰上燃烧，以 HPO 碎片的形式，放射出波长 526nm 的特性光。这种光通过滤光片选择后，由光电倍增管接收，转换成电信号，经微电流放大器放大后被记录下来。样品的峰面积或峰高与标准品的峰面积或峰高进行比较定量。

知识准备

自 1938 年德国发现有机磷农药有强大的杀虫效果后，有机磷农药开始广泛应用于农业。有机磷农药多属于磷酸酯类化合物。多为油状液体，少数为结晶固体，具有大蒜臭味，易挥发，难溶于水，可溶于有机溶剂，遇酸、碱易降解。这类农药具有杀虫效力高、用药量少、分解快、残留低的特点。由于有机磷农药化学性质不稳定，在自然界极易分解，对植物药害小，减少了对环境的污染。同时这类农药在生物体内能迅速分解解毒，在食物中残留时间极短，所以慢性中毒比较少见，与有机氯农药相比，在慢性中毒方面较为安全。但由于有机磷农药对哺乳动物急性毒性较强，如使用不当或误食后可造成严重急性中毒。我国常用的有机磷农药有敌百虫、甲胺磷、乐果、敌敌畏、对硫磷、马拉硫磷、1059、1065 等。

有机磷农药性质极不稳定，易分解，对光、热不稳定，在碱性环境中易水解。有机磷农药渗入作物或土壤中，经过一段时间，能在自然条件下被分解为毒性较小的无机磷。各种有机磷农药毒性差异较大，可分为剧毒、中等毒性、低毒性三类。有机磷农药经皮肤、呼吸和胃肠中毒，特别是脂溶性溶液经皮肤吸收更快。对人、畜毒性主要表现为血液中胆碱酯酶受抑，活力下降，使分解乙酰胆碱的能力丧失，从而引起一系列的中毒表现，如出汗、肌肉颤动、心跳加快、瞳孔缩小等，严重的可导致中枢神经系统功能失常。长期摄入有机磷农药可表现出一系列病理变化，如肝功能下降、血糖升高、白细胞吞噬功能减退等，并具有致畸、致癌、致突变作用。

有机磷农药残留量的检测操作流程如表 8-19 所示。

表 8-19　有机磷农药残留量的检测操作流程

序号	步骤	操作内容
1	称取试样	经 20 目筛制成粮食试样，称取 25.00g 试样
2	提取	加入 50mL 水和 100mL 丙酮
3	净化	丙酮与二氯甲烷提取净化，后加二氯甲烷定容
4	色谱分析	色谱柱：填充柱

任务实施

一、准备工作

1. 仪器和用具

（1）组织捣碎机。

（2）粉碎机。

（3）旋转蒸发仪。

（4）气相色谱仪：附有火焰光度检测器（FPD）。

2. 试剂

（1）丙酮。

（2）二氯甲烷。

（3）氯化钠。

（4）无水硫酸钠。

（5）助滤剂 Celite 545。

（6）农药标准品：

①敌敌畏（DDVP）：纯度≥99%。

②速灭磷（Mevinphos）：顺式纯度≥60%，反式纯度≥40%。

③久效磷（Monocrotophos）：纯度≥99%。

④甲拌磷（Phorate）：纯度≥98%。

⑤巴胺磷（Propetumphos）：纯度≥99%。

⑥二嗪农（Diazinon）：纯度≥98%。

⑦乙嘧硫磷（Etrimfos）：纯度≥97%。

⑧甲基嘧啶硫磷（Pirimiphos-methyl）：纯度≥99%。

⑨甲基对硫磷（Parathion-methyl）：纯度≥99%。

⑩稻瘟净（Kitazine）：纯度≥99%。
⑪水胺硫磷（Isocarbophos）：纯度≥99%。
⑫氧化喹硫磷（Po-quinalphos）：纯度≥99%。
⑬稻丰散（Phenthoate）：纯度≥99.6%。
⑭甲喹硫磷（Methdathion）：纯度≥99.6%。
⑮克线磷（Phenamiphos）：纯度≥99.9%。
⑯乙硫磷（Ethion）：纯度≥95%。
⑰乐果（Dimethoate）：纯度≥99.0%。
⑱喹硫磷（Quinaphos）：纯度≥98.2%。
⑲对硫磷（Parathion）：纯度≥99.0%。
⑳杀螟硫磷（Fenitrothion）：纯度≥98.5%。

（7）农药标准溶液的配制：分别准确称取上述标准品，用二氯甲烷为溶剂，分别配制成1.0mg/mL的标准储备液，贮于冰箱（4℃）中，使用时用二氯甲烷稀释配成单一品种的标准使用液（1.0μg/mL）。再根据各农药品种的食品相应值或最小检测限，吸取不同量的标准储备液，用二氯甲烷稀释成混合标准使用液。

（8）中性氧化铝：层析用，经300℃活化4h后备用。

（9）活性炭：称取20g活性炭用盐酸（3mol/L）浸泡过夜，抽滤后，用水洗至无氯离子，在120℃烘干备用。

（10）硫酸钠溶液（50g/L）。

二、试样制备

1. 样品处理

取粮食样品经粉碎机粉碎，过20目筛制成粮食试样。

2. 提取与净化

（1）谷物：称取25.00g试样，置于300mL烧杯中，加入50mL水和100mL丙酮（提取液总体积为150mL），用组织捣碎机提取1~2min。匀浆液经铺有两层滤纸和约10g Celite 545的布氏漏斗减压抽滤。从滤液中分取100mL移至500mL分液漏斗中。向提取所得的滤液中加入10~15g氯化钠使溶液处于饱和状态。猛烈振摇2~3min，静置10min，使丙酮从水相中盐析出来，水相用50mL二氯甲烷振摇2min，再静置分层。

将丙酮与二氯甲烷提取液合并，经装有20~30g无水硫酸钠的玻璃漏斗脱水滤入250mL圆底烧瓶中，再以约40mL二氯甲烷分数次洗涤容器和无水硫酸钠。洗涤液也并入烧瓶中，用旋转蒸发器浓缩至约2mL，浓缩液定量转移至5~25mL容量瓶中，加二氯甲烷定容至刻度。

（2）稻谷：脱壳、磨粉、过20目筛、混匀，称取10.00g，置于具塞锥形瓶中，加入0.5g中性氧化铝及20mL二氯甲烷，振摇0.5h，过滤，滤液直接进样；如农药残留量过低，则加30mL二氯甲烷，振摇过滤，量取15mL滤液浓缩并定容至2.0mL进样。

（3）小麦、玉米：将样品磨碎过20目筛、混匀，称取10.00g置于具塞锥形瓶中，加入0.5g中性氧化铝、0.2g活性炭及20mL二氯甲烷，振摇0.5h，过滤，滤液直接进样；如农药残留量过低，则加30mL二氯甲烷，振摇过滤，量取15mL滤液浓缩，并定容至2mL进样。

（4）植物油：称取5.0g混匀的样品，用50mL丙酮分次溶解并洗入分液漏斗中，摇匀后加10mL水，轻轻旋转振摇1min，静置1h以上，弃去下面析出的油层，上层溶液自分液漏斗上口倾入另一分液漏斗中，当心尽量不使剩余的油滴倒入（如乳化严重，分层不清，则放入50mL离心管中，以2500r/min离心0.5h，用滴管吸出上层溶液）。加30mL二氯甲烷、100mL硫酸钠溶液（50g/L），振摇1min。静置分层后，将二氯甲烷提取液移至蒸发皿中。丙酮水溶液再用10mL二氯甲烷提取一次，分层后，合并至蒸发皿中。自然挥发后，如无水，可用二氯甲烷少量多次研洗蒸发皿中残液移入具塞量筒中，并定容至5mL。加2g无水硫酸钠振摇脱水，再加1g中性氧化铝、0.2g活性炭（毛油可加0.5g）振摇脱油和脱色，过滤，滤液直接进样。二氯甲烷提取液自然挥发后如有少量水，可用5mL二氯甲烷分次将挥发后的残液洗入小分液漏斗内，提取1min，静置分层后将二氯甲烷层分入具塞量筒内，再以5mL二氯甲烷提取一次，合并入具塞量筒内，定容至10mL，加5g无水硫酸钠，振摇脱水，再加1g中性氧化铝、0.2g活性炭，振摇脱油和脱色，过滤，滤液直接进样。或将二氯甲烷和水一起倒入具塞量筒中，用二氯甲烷少量多次研洗蒸发皿，洗液并入具塞量筒中，以二氯甲烷层为准定容至5mL，加3g无水硫酸钠，然后如上加中性氧化铝和活性炭依法操作。

三、操作步骤

1. 气相色谱参考条件

色谱柱：①玻璃柱2.6m×3mm（i.d），填装涂有4.5%（m/m）DC-200+2.5%（m/m）OV-17的Chromosorb W/AW/DMCS（80~100目）的担体；②玻璃柱2.6m×3mm（i.d），填装涂有1.5%（m/m）DCOE-1的Chromosorb W/AW/DMCS（60~80目）。

气体速度：氮气（N_2）50mL/min、氢气（H_2）100mL/min、空气50mL/min。

温度：柱箱240℃、汽化室260℃、检测器270℃。

2. 测定

吸取2~5μL混合标准液及样品净化液注入色谱仪中，以保留时间定性。以试样的峰高或峰面积与标准比较定量。

四、注意事项

（1）根据GB/T 5009.1—2003《食品卫生检验方法　理化部分　总则》中4.2条款规定，标准方法中根据适用范围设几个并列方法时，要依据适用范围选择适宜的分析方法。GB/T 5009.20—2003《食品中有机磷农药残留量的测定》中由于方法的适用范围不同，第一法与其他方法属并列关系（不是仲裁方法）。

（2）有机磷农药经色谱分离后，在火焰光度检测器中的富氢焰上燃烧，被打成HPO碎片，发射出526nm的特征光，经相应的滤光片（526nm）选择后，由光电倍增管接收，转换成电信号，经微电流放大器放大后，被记录下来。此检测器对磷的灵敏度可达11×10^{-12}g/s，检测限比碳氢化合物高10000倍，即选择性高达104，因此排除了大量溶剂和其他碳氢化合物的干扰，有利于痕迹量磷化物的分析。

（3）提取净化，国际惯用乙腈作为农药残留分析的提取液分配溶剂，但乙腈毒性大，价格昂贵，因此改用二氯甲烷提取，并在提取时加适量的中性氧化铝和活性炭，基本上一次完成提取净化的目的。

（4）油样的提取净化为加5：1的丙酮水，使油脂中的有机磷农药溶于丙酮内，而油样自然析出，下沉到下层。分出油层后，加大5%硫酸钠溶液用量，用二氯甲烷提取，使农药尽量转移到二氯甲烷层中，而除去大量的水和部分丙酮，以及水溶性杂质。二氯甲烷提取液经无水硫酸钠、中性氧化铝和活性炭脱水并除去色素和油脂，滤液便可直接进样。

（5）在有机磷农药残留量的气相色谱分析中，由于同时要分离多种有机磷农药，使用单一固定相的柱子，往往分离效果不佳，通常选择一套极性不同的柱子。

（6）样品经净化、浓缩后，如果采用内涂有BP5或OV-101石英弹性毛细管柱，可同时测定16种有机磷农药和4种氨基甲酸酯类农药多种残留，参见GB/T 5009.145—2003。

（7）由于有机磷种类多，在溶解性、稳定性等方面差异较大，国家标准中对辛硫磷、甲胺磷和乙酰甲胺磷、二嗪磷、甲基异柳磷等有机磷农药残留量测定方法也分别进行了规定，所采用的原理与上述方法相似，仅是在提取、净化、浓缩操作，以及色谱条件上有一定差异。需要时可参照有关方法进行。

五、数据记录与处理

1. 结果计算

各有机磷农药组分的含量按式（8-7）进行计算。

$$X_i = \frac{A_i \times V_1 \times V_3 \times E_{si} \times 1000}{A_{si} \times V_2 \times V_4 \times m \times 100} \tag{8-7}$$

式中 X_i——i组分有机磷农药的含量，mg/kg；

A_i——试样中i组分的峰面积，积分单位；

A_{si}——混合标准液中i组分的峰面积，积分单位；

V_1——试样提取液的总体积，mL；

V_2——净化用提取液的总体积，mL；

V_3——浓缩后的定容体积，mL；

V_4——进样体积，mL；

E_{si}——注入色谱仪中的i标准组分的质量，ng；

m——样品的质量，g。

结果报告算术平均值的两位有效数数，相对相差≤15%。

2. 数据处理

有机磷农药残留量的检测原始记录表见表 8-20。

表 8-20　　有机磷农药残留量的检测原始记录表

<table>
<tr><th colspan="2" rowspan="2">样品名称</th><th rowspan="2">样品状态</th><th rowspan="2">检测方法依据</th><th colspan="2">检测仪器</th><th rowspan="2">环境状况</th><th rowspan="2">检测地点</th><th rowspan="2">检测日期</th><th rowspan="2">备注</th></tr>
<tr><th>名称</th><th>编号</th></tr>
<tr><td colspan="2"></td><td></td><td></td><td></td><td></td><td>温度：____℃
相对湿度：____%</td><td></td><td>____年
__月__日</td><td></td></tr>
<tr><th>样品编号</th><th>实验次数</th><th>样品质量/g</th><th>标准曲线</th><th colspan="2">样品测定</th><th>平均值</th><th>修约值</th><th>平行允差</th><th>实测差</th></tr>
<tr><td rowspan="2"></td><td></td><td></td><td></td><td colspan="2"></td><td rowspan="2"></td><td rowspan="2"></td><td rowspan="2"></td><td rowspan="2"></td></tr>
<tr><td></td><td></td><td></td><td colspan="2"></td></tr>
<tr><td rowspan="2"></td><td></td><td></td><td></td><td colspan="2"></td><td rowspan="2"></td><td rowspan="2"></td><td rowspan="2"></td><td rowspan="2"></td></tr>
<tr><td></td><td></td><td></td><td colspan="2"></td></tr>
<tr><td rowspan="2"></td><td></td><td></td><td></td><td colspan="2"></td><td rowspan="2"></td><td rowspan="2"></td><td rowspan="2"></td><td rowspan="2"></td></tr>
<tr><td></td><td></td><td></td><td colspan="2"></td></tr>
</table>

检测：　　　　　　　　　　　　　　　　　　　　校核：

任务评价

有机磷农药残留量的检测评分标准见表 8-21。

表 8-21　　有机磷农药残留量的检测评分标准

检测内容	评价标准	评分标准/分	评分记录
标准液配备	能够准确移取、无撒漏，移液准确，配备准确	20	
样品的制备	样品的提取和净化，进行样品的前处理	20	
色谱条件选择	根据实验和文献进行色谱条件的选择	10	
色谱分析	准确进样	10	
标准曲线绘制	能正确绘制标准曲线	20	
色谱测定	能够准确测定样品并测定	20	

有机磷农药残留量检测的评价表见表 8-22。

表 8-22　有机磷农药残留量检测的评价表

<table>
<tr><td rowspan="13">评价</td><td>自我评价</td><td colspan="10"></td><td colspan="2">评分
（满分 10）</td></tr>
<tr><td rowspan="4">组内互评</td><td colspan="2">学号</td><td colspan="2">姓名</td><td colspan="2">评分
（满分 20）</td><td colspan="2">学号</td><td colspan="2">姓名</td><td colspan="2">评分
（满分 20）</td></tr>
<tr><td colspan="2">1 号</td><td colspan="2"></td><td colspan="2"></td><td colspan="2">2 号</td><td colspan="2"></td><td colspan="2"></td></tr>
<tr><td colspan="2">3 号</td><td colspan="2"></td><td colspan="2"></td><td colspan="2">4 号</td><td colspan="2"></td><td colspan="2"></td></tr>
<tr><td colspan="2">5 号</td><td colspan="2"></td><td colspan="2"></td><td colspan="2"></td><td colspan="2"></td><td colspan="2"></td></tr>
<tr><td rowspan="3">小组互评
（除自己组以外）</td><td colspan="3">组号</td><td colspan="3">评分
（满分 20）</td><td colspan="3">组号</td><td colspan="3">评分
（满分 20）</td></tr>
<tr><td colspan="3">________组</td><td colspan="3"></td><td colspan="3">________组</td><td colspan="3"></td></tr>
<tr><td colspan="3">________组</td><td colspan="3"></td><td colspan="3">________组</td><td colspan="3"></td></tr>
<tr><td rowspan="2">教师评价</td><td colspan="10" rowspan="2"></td><td colspan="2">评分
（满分 50）</td></tr>
<tr><td colspan="2"></td></tr>
</table>

问题思考

1. 本任务采用二氯甲烷作为提取试剂，国际上多用乙腈作为有磷农药的提取试剂，为什么？

2. 有机磷农药样品分离的方法有哪些？

思政案例：为百姓守护粮食安全

项目九 粮油食品中金属元素的检测

任务一 粮油食品中钙含量的检测

学习目标

❖ 知识目标

1. 熟悉乙二胺四乙酸（EDTA）滴定检测钙元素的原理和方法。
2. 了解粮食流通环节涉及的重金属检测的最新发展动态。
3. 了解重金属检测的相关国家卫生标准限量。

❖ 能力目标

1. 掌握 EDTA 滴定法检测粮油及其制品中钙含量的操作技能。
2. 熟悉粮油食品有害重金属的前处理、样品分析的方法和技能，能够正确进行结果处理。
3. 掌握原子吸收分光光度计的使用，相关重金属的测定以及仪器的维护保养。

❖ 素质目标

1. 树立“实践是检验真理的唯一标准”思想，实验结果出来后，可对照理论内容进行验证，并强调运用“辩证的观点看问题”分析实验结果。
2. 树立正确的人生观、价值观，成为一名有高尚品德、人格健全、思想成熟、对社会国家负责的专业人才。

任务描述

熟悉原子吸收分光光度法和 EDTA 滴定法测定钙元素的原理，掌握原子吸收分光光度法和 EDTA 滴定法测定粮油及其制品中钙含量的操作技能，并能够正确进行结果处理。

知识准备

钙（Ca）是人体必需的营养元素，成人体内钙总量850~1200g，占体重的1.5%~2%。其中，99%集中于骨骼和牙齿中。其余1%的钙主要以离子的形式存在于软组织、细胞外液及血液中，除了与骨骼钙维持着动态平衡外，对血液凝固、心肌及骨骼肌收缩、神经细胞调节、维持生物膜结构都具有重要作用。在各类食物中，最理想的钙源是乳及乳制品，乳不但含量丰富，而且吸收率高，特别适用于婴幼儿补充钙。豆类、蔬菜、坚果等植物性食物的钙含量也较高，特别是黄豆及其制品也是很好的钙源。

粮油及食品中钙的测定方法，既有经典的容量法、重量法，也有原子吸收光谱法、电感耦合等离子体发射光谱法、电感耦合等离子体质谱法等仪器分析方法。在我国GB 5009.92—2016《食品安全国家标准　食品中钙的测定》中，规定原子吸收光谱法、EDTA络合滴定法、电感耦合等离子体发射光谱法和电感耦合等离子体质谱法可用于各类食品中钙含量的测定。

检测原理：在适当的pH范围内，试样溶液中钙离子与EDTA（乙二胺四乙酸二钠）形成配位螯合物。当用EDTA滴定至等当点时，溶液呈现游离指示剂的颜色。根据EDTA滴定钙标准溶液的滴定度与滴定样液消耗的EDTA体积，计算试样中钙含量。

粮油食品中钙含量的检测操作流程如表9-1所示。

表9-1　粮油食品中钙含量的检测操作流程

序号	步骤	操作内容
1	试样制备	制备成均匀样品待测
2	试样消解	采用湿法消解（加入10mL硝酸、0.5mL高氯酸）
3	滴定度的测定	加1滴硫化钠溶液（10g/L）、0.1mL柠檬酸钠溶液（0.05mol/L）、1.5mL氢氧化钾溶液（1.25mol/L）、3滴钙红指示剂，立即以稀释10倍的EDTA溶液滴定，直至指示剂由紫红色变蓝色为止
4	试样及空白测定	0.100~1.00mL（根据钙含量而定）试样测定
5	计算	根据公式计算试样中钙含量

任务实施

一、准备工作

湿法消解测钙含量视频

仪器和用具准备如下。

（1）所有玻璃器皿均需硝酸溶液（体积比1∶5）浸泡过夜，用自来水反复冲洗，最后用水冲洗干净。

（2）分析天平：感量为1mg和0.1mg。

（3）可调式电热炉。
（4）可调式电热板。
（5）马弗炉。

二、试样制备

1. 试样处理

粮食、豆类样品：样品去除杂物后粉碎，储于塑料瓶中。

2. 试样消解

湿法消解。称取 0.2~3g（精确至 0.001g）固体试样或准确移取 0.500~5.00mL 液体试样于带刻度消化管中，加入 10mL 硝酸、0.5mL 高氯酸，在可调式电热炉上消解（参考条件：120℃/0.5h~120℃/1h、升至 180℃/2h~180℃/4h、升至 200~220℃）。若消化液呈棕褐色，再加硝酸，消解至冒白烟，消化液呈无色透明或略带黄色。取出消化管，冷却后用水定容至 25mL。根据实际测定需要稀释消解液，并在稀释液中加入一定体积的镧溶液（20g/L），使其在最终稀释液中的浓度为 1g/L，混匀备用，此为试样待测液。同时，做试剂空白实验。湿法消解亦可采用锥形瓶进行，于可调式电热板上，按上述操作方法进行消解。

三、操作步骤

1. 滴定度（T）测定

吸取 0.500mL 钙标准储备溶液（100.0mg/L）于试管中，加 1 滴硫化钠溶液（10g/L）、0.1mL 柠檬酸钠溶液（0.05mol/L）、1.5mL 氢氧化钾溶液（1.25mol/L）、3 滴钙红指示剂，立即以稀释 10 倍的 EDTA 溶液滴定，直至指示剂由紫红色变蓝色为止，记录所消耗的稀释 10 倍的 EDTA 溶液体积。根据滴定结果计算出每毫升稀释 10 倍的 EDTA 溶液相当于钙的毫克数，即滴定度（T）。

2. 试样及空白滴定

分别吸取 0.100~1.00mL（根据钙含量而定）试样消化液和空白液于试管中，加 1 滴硫化钠溶液（10g/L）、0.1mL 柠檬酸钠溶液（0.05mol/L）、1.5mL 氢氧化钾溶液（1.25mol/L）、3 滴钙红指示剂，立即以稀释 10 倍的 EDTA 溶液滴定，直至指示剂由紫红色变蓝色为止，记录所消耗的稀释 10 倍的 EDTA 溶液体积。

四、注意事项

（1）EDTA 是一种广谱金属离子络合剂，调节溶液的 pH、利用掩蔽剂掩蔽共存离子的干扰，可以提高 EDTA 络合反应的选择性。EDTA 是一种四元酸，在溶液中分四级电离。当溶液 pH>12 时，几乎全部以 $[Y]^{4-}$ 形式存在，与金属离子形成的络合物单一、稳定性最高。而且，滴定至等当点附近时，金属离子浓度突跃显著（滴定曲线突跃范围大），指示剂颜色变化敏锐。但是，溶液的 pH 太高，金属离子容易水解产生沉淀或生成羟基络合物。因此，掩蔽剂必须能适用于高 pH 溶液，既能掩蔽共存离子对络合反应的干扰，还能避免金属离子水解产生大量沉淀。

（2）与食品中常见金属离子比较，钙离子与 EDTA 的络合物稳定常数较小（Na^+ < Mg^{2+} < Ca^{2+} < Mn^{2+} < Fe^{2+} < Al^{3+} < Co^{2+} < Zn^{2+} < Pb^{2+} < Ni^{2+} < Hg^{2+} < Fe^{3+}）。因此，采用 EDTA 络合滴定法测定钙时，络合反应适宜的 pH 为 12~13。

（3）在强碱性条件下测定钙，氰化钾三乙醇胺、柠檬酸钠、酒石酸钾钠是比较理想的络合掩蔽剂，既能消除 Mn^{2+}、Fe^{2+}、Al^{3+}、Co^{2+}、Zn^{2+}、Cu^{2+}、Bi^{3+} 等干扰离子与 EDTA 络合消耗滴定剂，也能消除这些金属离子水解沉淀干扰。其中，氰化钾是络合滴定中使用最广泛的络合掩蔽剂，可用于各种重金属的掩蔽。但是，氰化钾对人及环境能产生潜在的危害，目前已限制使用。对于 Co^{2+}、Zn^{2+}、Cu^{2+}、Pb^{2+}、Ni^{2+}、Hg^{2+} 等离子，硫化钠的沉淀掩蔽比络合剂的掩蔽效果更好。但是，这些离子浓度大时，加入硫化钠溶液出现明显的硫化物沉淀，可能吸附 Ca^{2+} 和指示剂，而产生新的干扰。

（4）EDTA 络合滴定法测定钙时，常用的指示剂有铬黑 T（BT）和钙指示剂［2-羟基-1-（2-羟基-4-磺基-1-萘基偶氮）-3-萘甲酸，NN］。BT 的最适酸度范围是 pH 9~10，NN 的最适酸度范围是 pH 12~14，而且终点变色较 BT 敏锐。

（5）NN 的水溶液或乙醇溶液不稳定，常用干燥的 NaCl、KNO_3、K_2SO_4 按 1：100 或 1：200 混合成固体指示剂，称为钙红指示剂。pH12~13 时，游离状态呈蓝色，与 Ca^{2+} 络合呈酒红色。Fe^{3+}、Al^{3+}、Cu^{2+}、Ni^{2+}、Co^{2+} 等能封闭指示剂，使滴定终点延迟、颜色不易观察。有少量镁离子存在时，滴定终点颜色变化非常敏锐。

（6）在用 EDTA 滴定前，一定要按规定的顺序操作：吸取钙标准溶液或试液，加硫化钠溶液→加柠檬酸钠溶液→加氢氧化钾溶液→加钙红指示剂。否则，产生沉淀、水解等干扰及指示剂被干扰离子络合（封闭指示剂）。

（7）以称样量 4g（或 4mL），定容至 25mL，吸取 1.00mL 试样消化液测定时，本方法定量限为 100mg/kg（或 100mg/L）。

五、数据记录与处理

1. 钙含量计算

试样中钙含量，按式（9-1）计算。

$$X = \frac{T \times (V_1 - V_0) \times V_2 \times 1000}{m \times V_3} \tag{9-1}$$

式中 X——试样中钙含量，mg/kg 或 mg/L；

T——EDTA 滴定度，mg/mL；

V_1——滴定试样溶液时所消耗的稀释 10 倍的 EDTA 溶液体积，mL；

V_0——滴定空白溶液时所消耗的稀释 10 倍的 EDTA 溶液体积，mL；

V_2——试样消化液定容体积，mL；

1000——换算系数；

m——试样质量或移取体积，g 或 mL；

V_3——滴定用试样待测液消耗的体积，mL。

计算结果保留三位有效数字。

在重复性条件下获得的两次独立检测结果的绝对差值，不得超过算术平均值的10%。

2. 数据处理

粮油食品中钙含量的检测原始记录表见表9-2。

表9-2　　粮油食品中钙含量的检测原始记录表

共　页第　页

<table>
<tr><td rowspan="2">样品名称</td><td rowspan="2">元素名称</td><td rowspan="2">样品状态</td><td rowspan="2">检测方法依据</td><td colspan="3">检测仪器</td><td rowspan="2">环境状况</td><td rowspan="2">检测地点</td><td rowspan="2">检测日期</td><td rowspan="2">备注</td></tr>
<tr><td>名称</td><td>编号</td><td>有效期</td></tr>
<tr><td></td><td></td><td></td><td></td><td></td><td></td><td></td><td>温度：
℃
相对湿度：
%</td><td></td><td>年
月　日</td><td></td></tr>
<tr><td>样品编号</td><td>实验次数</td><td>样品质量/g</td><td>定容体积/mL</td><td>稀释倍数</td><td>从标准曲线得元素含量/(mg/kg)</td><td>元素含量/(mg/kg)</td><td>平均值/(mg/kg)</td><td>修约值/(mg/kg)</td><td>相对相差/%</td><td>实测差/%</td></tr>
<tr><td rowspan="2"></td><td></td><td></td><td></td><td></td><td></td><td></td><td rowspan="2"></td><td rowspan="2"></td><td rowspan="2"></td><td rowspan="2"></td></tr>
<tr><td></td><td></td><td></td><td></td><td></td><td></td></tr>
<tr><td rowspan="2"></td><td></td><td></td><td></td><td></td><td></td><td></td><td rowspan="2"></td><td rowspan="2"></td><td rowspan="2"></td><td rowspan="2"></td></tr>
<tr><td></td><td></td><td></td><td></td><td></td><td></td></tr>
<tr><td rowspan="2"></td><td></td><td></td><td></td><td></td><td></td><td></td><td rowspan="2"></td><td rowspan="2"></td><td rowspan="2"></td><td rowspan="2"></td></tr>
<tr><td></td><td></td><td></td><td></td><td></td><td></td></tr>
<tr><td rowspan="2"></td><td></td><td></td><td></td><td></td><td></td><td></td><td rowspan="2"></td><td rowspan="2"></td><td rowspan="2"></td><td rowspan="2"></td></tr>
<tr><td></td><td></td><td></td><td></td><td></td><td></td></tr>
<tr><td rowspan="2"></td><td></td><td></td><td></td><td></td><td></td><td></td><td rowspan="2"></td><td rowspan="2"></td><td rowspan="2"></td><td rowspan="2"></td></tr>
<tr><td></td><td></td><td></td><td></td><td></td><td></td></tr>
<tr><td rowspan="2"></td><td></td><td></td><td></td><td></td><td></td><td></td><td rowspan="2"></td><td rowspan="2"></td><td rowspan="2"></td><td rowspan="2"></td></tr>
<tr><td></td><td></td><td></td><td></td><td></td><td></td></tr>
<tr><td colspan="11">公式：</td></tr>
</table>

校核：　　　　　　　　　　　　　　　　检测：

任务评价

粮油食品中钙含量的检测评分标准见表9-3。

表 9-3　　粮油食品中钙含量的检测评分标准

检测内容	评价标准	评分标准/分	评分记录
消化	能够移液准确，完成样品消解，根据实际测定需要稀释消解液，并加入镧溶液，并做空白实验	30	
滴定度	按照测定要求，准确测定滴定度	20	
标准曲线制作	钙标准系列溶液分吸光度值的测定，制作标准曲线，曲线符合测定要求	20	
试样溶液测定	试剂空白溶液和试样待测液，测定相应的吸光度值，与标准系列比较定量	20	
结果计算	能够准确计算试样中钙含量	10	

粮油食品中钙含量的检测评价表见表 9-4。

表 9-4　　粮油食品中钙含量的检测评价表

<table>
<tr><td rowspan="10">评价</td><td>自我评价</td><td colspan="5"></td><td>评分
（满分 10）</td></tr>
<tr><td rowspan="4">组内互评</td><td>学号</td><td>姓名</td><td>评分
（满分 20）</td><td>学号</td><td>姓名</td><td>评分
（满分 20）</td></tr>
<tr><td>1 号</td><td></td><td></td><td>2 号</td><td></td><td></td></tr>
<tr><td>3 号</td><td></td><td></td><td>4 号</td><td></td><td></td></tr>
<tr><td>5 号</td><td></td><td></td><td></td><td></td><td></td></tr>
<tr><td rowspan="3">小组互评
（除自己组以外）</td><td colspan="2">组号</td><td>评分
（满分 20）</td><td colspan="2">组号</td><td>评分
（满分 20）</td></tr>
<tr><td colspan="2">______组</td><td></td><td colspan="2">______组</td><td></td></tr>
<tr><td colspan="2">______组</td><td></td><td colspan="2">______组</td><td></td></tr>
<tr><td rowspan="2">教师评价</td><td colspan="5" rowspan="2"></td><td>评分
（满分 50）</td></tr>
<tr><td></td></tr>
</table>

问题思考

1. 为什么样品测定的时候要在试液中加入高浓度镧或锶溶液？
2. 使用高氯酸消解试样有爆炸危险，补加硝酸时注意事项？
3. 消化方法与样品测定准确度有没有影响？

思政案例：
从荒无人烟的“烂泥湾”
到陕北“好江南”

任务二 粮油食品中镁含量的检测

学习目标

❖ 知识目标

1. 熟悉原子吸收分光光度法检测镁元素的原理和方法。
2. 了解粮食流通环节涉及的重金属检测的快速检测方法。
3. 了解食品中的镁检测的相关国家卫生标准限量。

❖ 能力目标

1. 掌握原子吸收分光光度法检测粮油及其制品中镁含量的操作技能。
2. 掌握原子吸收分光光度计的使用，仪器的维护保养，样品分析的方法和技能，能够正确进行结果处理。

❖ 素质目标

1. 能够在食品中镁含量检测中学会团队合作，面对“异常”现象敢于提出自己的见解。养成奉献社会、爱岗敬业、克勤律己、开拓创新的道德情操，并在工作中自觉遵守职业道德规范。
2. 树立以严谨求实的科学态度，探索未知世界、崇尚真理的意识，树立粮以质为安的观念。

任务描述

熟悉原子吸收分光光度法测定镁元素的原理，掌握原子吸收分光光度法和检测粮油及其制品中镁含量的操作技能，并能够正确进行结果处理。

知识准备

镁（Mg）是人体的营养元素，成人体内含镁 20～30g。其中，约 70% 以磷酸盐和碳酸盐的形式参与骨骼和牙齿的形成；约 25% 存在于软组织中，与蛋白质形成络合物。在细胞内，镁是许多酶催化作用所必需的激活剂。在细胞外液中，镁与钙、钾、钠共同维护神经、肌肉的兴奋性。镁也是维持心肌结构与功能所必需的，机体内缺乏镁，可引起心肌坏死。在我国膳食营养供给量标准中，镁还没有供给量标准。

镁广泛存在于各种食品中，小麦、大麦、燕麦、小米以及大豆、肉类的总镁含量都很丰富，乳类食品中镁含量较低。在 GB 14880—2012《食品安全国家标准　食品营养强化剂使用标准》中，规定各类食品的镁强化剂使用量为：调制乳粉（儿童用乳粉和孕产妇用乳粉除外）300～1100mg/kg；调制乳粉（仅限儿童用乳粉）300～2800mg/kg；调制乳粉（仅限孕产妇用乳粉）300～2300mg/kg；饮料类 30～60mg/kg；固体饮料类 1300～2100mg/kg。

在 GB 5009. 241—2017《食品安全国家标准　食品中镁的测定》中，规定原子吸收光谱法、电感耦合等离子体发射光谱法和电感耦合等离子体质谱法可用于各类食品中镁含量的测定。

镁的检测原理：试样经湿法消解或干法灰化后，使用火焰原子吸收分光光度计，于 285.2nm 处测定吸光度。在一定浓度范围内，试液中镁含量与其吸光度值成正比，标准曲线法定量。

粮油食品中镁含量的检测操作流程如表 9-5 所示。

表 9-5　粮油食品中镁含量的检测操作流程

序号	步骤	操作内容
1	试样制备	制备成均匀样品待测
2	试样消解	采用干法消解，马弗炉中 550℃
3	仪器测定条件优化	测定波长、狭缝、灯电流、燃烧头高度、空气流量、乙炔流量的选择
4	原子吸收测定	镁空心阴极灯
5	计算	根据公式计算试样中镁含量

任务实施

一、准备工作

仪器和用具如下。

所有玻璃器皿及聚四氟乙烯消解内罐均需硝酸溶液（体积比 1∶5）浸泡过夜，用自来水反复冲洗，最后用水冲洗干净。

（1）原子吸收光谱仪：配火焰原子化器，镁空心阴极灯。

（2）分析天平：感量 0.1mg 和 1mg。

二、试样制备

1. 试样处理

粮食、豆类样品：样品去除杂物，粉碎，储于塑料瓶中。

2. 试样消解

在马弗炉中冷却后取出，冷却至室温，用 2.5mL 硝酸溶液（体积比 1∶1）溶解，并用少量水洗涤坩埚 2~3 次，合并洗涤液于容量瓶中并定容至 25mL，混匀备用。同时，做试剂空白实验。

三、操作步骤

1. 仪器参考条件

测定波长 285.2nm，狭缝 0.2nm，灯电流 5~15mA，空气-乙炔火焰。在测定之前，根据各自仪器性能调至最佳状态。

2. 标准曲线的制作

按浓度由低到高的顺序，将镁标准系列溶液分别导入火焰原子化器中，测其吸光度值。以镁标准系列溶液的质量浓度为横坐标，吸光度值为纵坐标，制作标准曲线。

3. 试样溶液的测定

在与标准系列溶液测定相同的实验条件下，测定试液。

四、注意事项

（1）一般情况下，按规定方法制备的试液中，K^+、Na^+、Zn^{2+}、Cu^{2+}不干扰镁测定；PO_4^{3-}、SO_4^{2-}、Ca^{2+}、Al^{3+}、Fe^{2+}、Fe^{3+}可能干扰镁测定。试液中加入释放剂镧溶液、锶溶液，可消除PO_4^{3-}、SO_4^{2-}、Ca^{2+}、Al^{3+}的干扰；加入保护剂EDTA，可消除Fe^{2+}、Fe^{3+}的干扰；加入钼酸铵或用偏钒酸铵，可消除硅酸盐的干扰。

（2）采用火焰原子化法测定镁时，原子化器的燃烧头高度对检测灵敏度影响较大，除对火焰气体流量及比例（参考值：空气流量5~6L/min、乙炔流量1.0~1.3L/min）优化外，特别注意调整原子化燃烧头高度（参考值：6~8mm）。

（3）在配制标准系列溶液时，可根据仪器的灵敏度、样品中镁的实际含量，确定镁标准系列溶液质量浓度范围，制作的标准曲线应呈直线关系。

（4）使用标准曲线法定量时，应确保在标准曲线线性范围内试液测定无任何干扰。必要时，用标准加入法考查试液中是否存在干扰。

（5）当称样量为1g（或1mL）、定容体积为25mL时，本方法的检出限为0.6mg/kg（或0.6mg/L）、定量限为2.0mg/kg（或2.0mg/L）。

五、数据记录与处理

1. 镁含量计算

试样中镁的含量按式（9-2）计算。

$$X = \frac{(\rho - \rho_0) \times V}{m} \qquad (9\text{-}2)$$

式中 X——试样中镁含量，mg/kg或mg/L；

ρ——试样溶液中镁的质量浓度，mg/L；

ρ_0——空白溶液中镁的质量浓度，mg/L；

V——试样消化液的定容体积，mL；

m——试样称样量或移取体积，g或mL。

当镁含量大于或等于10.0mg/kg或10.0mg/L时，计算结果保留三位有效数字，当镁含量小于10.0mg/kg或10.0mg/L时，计算结果保留两位有效数字。

在重复性条件下获得的两次独立测定结果的绝对差值，不得超过算术平均值的10%。

2. 数据处理

粮油食品中镁含量的检测原始记录表见表 9-6。

表 9-6　　粮油食品中镁含量的检测原始记录

共　页　第　页

样品名称	元素名称	样品状态	检测方法依据	检测仪器			环境状况	检测地点	检测日期	备注
				名称	编号	有效期				
							温度： ℃ 相对湿度： %		年 月　日	

样品编号	实验次数	样品质量（g）	定容体积/mL	稀释倍数	从标准曲线得元素含量/（mg/kg）	元素含量/（mg/kg）	平均值/（mg/kg）	修约值/（mg/kg）	相对相差/%	实测差/%
公式：										

校核：　　　　　　　　　　　　　　　　检测：

任务评价

粮油食品中镁含量的检测评分标准见表 9-7。

表 9–7　　粮油食品中镁含量的检测评分标准

检测内容	评价标准	评分标准/分	评分记录
消化	能够移液准确，完成样品消解，并做空白实验	30	
仪器参考条件	按照测定要求，设定参数条件	20	
标准曲线制作	镁标准系列溶液分吸光度值的测定，制作标准曲线，曲线符合测定要求	20	
试样溶液测定	试剂空白溶液和试样待测液，测定相应的吸光度值，与标准系列比较定量	20	
结果计算	能够准确计算试样中镁含量	10	

粮油食品中镁含量的检测评价表见表 9–8。

表 9–8　　粮油食品中镁含量的检测评价表

<table>
<tr><td rowspan="10">评价</td><td>自我评价</td><td colspan="5"></td><td>评分
（满分 10）</td></tr>
<tr><td rowspan="4">组内互评</td><td>学号</td><td>姓名</td><td>评分
（满分 20）</td><td>学号</td><td>姓名</td><td>评分
（满分 20）</td></tr>
<tr><td>1 号</td><td></td><td></td><td>2 号</td><td></td><td></td></tr>
<tr><td>3 号</td><td></td><td></td><td>4 号</td><td></td><td></td></tr>
<tr><td>5 号</td><td></td><td></td><td></td><td></td><td></td></tr>
<tr><td rowspan="3">小组互评
（除自己组以外）</td><td colspan="2">组号</td><td>评分
（满分 20）</td><td colspan="2">组号</td><td>评分
（满分 20）</td></tr>
<tr><td colspan="2">________组</td><td></td><td colspan="2">________组</td><td></td></tr>
<tr><td colspan="2">________组</td><td></td><td colspan="2">________组</td><td></td></tr>
<tr><td rowspan="2">教师评价</td><td colspan="5" rowspan="2"></td><td>评分
（满分 50）</td></tr>
<tr><td></td></tr>
</table>

问题思考

1. 干扰镁测定的金属元素有哪些？
2. 火焰原子化法测定镁时，原子化器的燃烧头高度要求？

思政案例：我国粮食产后减损模式

任务三 粮油食品中铁含量的检测

学习目标

❖ 知识目标

1. 了解粮食流通环节涉及的铁含量检测的最新发展动态。

2. 了解食品中铁的安全使用准则及相关国家卫生标准限量。

❖ 能力目标

1. 掌握原子吸收分光光度计的使用和维护。

2. 掌握原子吸收分光光度法检测粮油及其制品中食品中铁含量检测的原理及操作技能。

3. 测定样品中食品中铁检测的方法和技能的方法原理和操作技能，能够正确进行结果处理。

❖ 素质目标

1. 党的二十大报告中提出“增进民生福祉，提高人民生活品质”，要树立人民至上、生命至上的理念，食品安全无小事，守护“舌尖上的安全”。

2. 以精益求精的工匠精神，追求卓越的创造精神，保障粮食安全。

任务描述

熟悉火焰原子吸收光谱法测定铁的原理，掌握火焰原子吸收光谱法测定粮油及其制品中铁含量的操作技能，并能够正确进行结果处理。

知识准备

铁（Fe）是人体必需的微量元素，成人体内含铁4~5g，主要存在于血红蛋白、肌红蛋白、酶系统、运铁蛋白、铁蛋白及含铁血黄素中。在人体内代谢过程中，铁排出体外的损失量很少，成年男人每日损失1mg或更低，女子平均每日损失0.8mg，但月经损失较多。如果长期铁摄入量不足，会引起缺铁性贫血。如果摄入过量，也会对人体健康造成危害。中国营养学会推荐每日铁供给量为：初生婴儿~10岁儿童10mg，13~18岁少年男子15mg、女子20mg，成年男子12mg，成年女子18mg，孕妇和乳母28mg。

一般情况下，普通膳食中铁的供给量完全可以满足人体的需要。动物肝脏、全血、肉类、鱼类、禽蛋、豆类等食品中铁含量较高，而且吸收率较高。蔬菜、水果、谷物等植物性食品中铁含量较低，而且吸收率低，多在10%以下。在我国，以植物性食品为主的饮食方式，使缺铁性贫血发病率较高。因此，铁营养强化食品得到广泛重视。任意使用铁添加剂、过度开发铁营养强化食品，也会造成食品的铁污染。在GB 14880—2012《食品安全国家标准　食品营养强化剂使用标准》中，规定各类食品的钙强化剂使用量为：小麦粉及其制品、面包、杂粮粉及其制品、大米及其制品14~26mg/kg；包括碾轧燕麦（片）的即食谷物35~80mg/kg；饼干40~80mg/kg；其他焙烤食品50~200mg/kg；调制乳10~20mg/kg；调制乳粉（仅限儿童用乳粉）25~135mg/kg。

GB 5009.90—2016《食品安全国家标准　食品中铁的测定》中，规定原子吸收光谱法、电感耦合等离子体发射光谱法和电感耦合等离子体质谱法可用于各类食品中铁含量的测定。

检测原理：试样湿法消解或干法灰化后，使用火焰原子吸收分光光度计，于248.3nm处测定吸光度值。在一定浓度范围内，样液中铁含量与其吸光度值成正比，与铁标准系列比较定量。

粮油食品中铁含量的检测操作流程如表9-9所示。

表9-9　粮油食品中铁含量的检测操作流程

序号	步骤	操作内容
1	试样制备	制备成均匀样品待测
2	试样消解	采用微波消解
3	仪器测定条件优化	测定波长、狭缝、灯电流、燃烧头高度、空气流量、乙炔流量的选择
4	原子吸收测定	铁空心阴极灯
5	计算	根据公式计算试样中铁含量

任务实施

一、准备工作

仪器和用具准备如下。

所有玻璃器皿及聚四氟乙烯消解内罐均需硝酸溶液（体积比1∶5）浸泡过夜，用自来水反复冲洗，最后用水冲洗干净。

（1）原子吸收光谱仪：配火焰原子化器，铁空心阴极灯。

（2）分析天平：感量0.1mg和1mg。

（3）微波消解仪：配聚四氟乙烯消解内罐。

二、试样制备

1. 试样处理

粮食、豆类样品：样品去除杂物后，粉碎，储于塑料瓶中。

2. 试样消解

称取0.2~0.8g（精确至0.001g）固体试样或准确移取1.00~3.00mL液体试样于微波消解罐中，加入5mL硝酸，按照微波消解的操作步骤消解试样（参考条件：5min升温至120℃并维持5min、5min升温至160℃并维持10min、5min升温至180℃并维持10min）。冷却后取出消解罐，在电热板上于140~160℃赶酸至1.0mL左右。冷却后将消化液转移至25mL容量瓶中，用少量水洗涤内罐和内盖2~3次，合并洗涤液于容量瓶中，用水定容至刻度，混匀备用。同时，做试样空白实验。

三、操作步骤

1. 仪器测试参考条件

测定波长 248.3nm；狭缝 0.2nm；灯电流 5～15mA；燃烧头高度 3mm；空气流量 9L/min；乙炔流量 2L/min。在测定之前，根据各自仪器性能调至最佳状态。

2. 标准曲线制作

按质量浓度由低到高的顺序，将标准系列工作液分别导入火焰原子化器，测定其吸光度值。以铁标准系列溶液中铁的质量浓度为横坐标，以相应的吸光度值为纵坐标，制作标准曲线。

3. 样品的测定

在与测定标准系列溶液相同的实验条件下，将空白溶液和样品溶液分别导入原子化器，测定吸光度值，与标准系列比较定量。

四、注意事项

（1）对于一般的食品，大多数共存离子不干扰铁含量测定。在一些特殊的食品中，少量的硅酸盐对铁测定有负干扰（痕量不干扰），试液中加适量偏钒酸铵能消除干扰。大量的锂存在会产生干扰（少量锂不干扰），加适量硝酸镧和偏硼酸钠均能消干扰。

（2）在配制标准系列溶液时，可根据仪器的灵敏度、样品中铁的实际含量，确定铁标准系列溶液的质量浓度范围，制作的标准曲线应呈直线关系。

（3）使用标准曲线法定量时，应确保在标准曲线线性范围内试液测定无任何干扰。必要时，用标准加入法考查试液中是否存在干扰。

（4）当称样量为 0.5g（或 0.5mL），定容体积为 25mL 时，本方法检出限为 0.75mg/kg（或 0.75mg/L），定量限为 2.5mg/kg（或 2.5mg/L）。

五、数据记录与处理

1. 铁含量计算

试样中铁的含量按式（9-3）计算。

$$X = \frac{(\rho - \rho_0) \times V}{m} \tag{9-3}$$

式中 X——试样中铁的含量，mg/kg 或 mg/L；

ρ——测定样液中铁的质量浓度，mg/L；

ρ_0——空白液中铁的质量浓度，mg/L；

V——试样消化液的定容体积，mL；

m——试样称样量或移取体积，g 或 mL。

当铁含量大于或等于 10.0mg/kg 或 10.0mg/L 时，计算结果保留三位有效数字；当铁含量小于 10.0mg/kg 或 10.0mg/L 时，计算结果保留两位有效数字。

在重复性条件下获得的两次独立检测结果的绝对差值，不得超过算术平均值的 10%。

2. 数据处理

粮油食品中铁含量的检测原始记录表见表 9-10。

表 9-10　　粮油食品中铁含量的检测原始记录

共　页　第　页

<table>
<tr><th rowspan="2">样品名称</th><th rowspan="2">元素名称</th><th rowspan="2">样品状态</th><th rowspan="2" colspan="2">检测方法依据</th><th colspan="3">检测仪器</th><th rowspan="2">环境状况</th><th rowspan="2">检测地点</th><th rowspan="2">检测日期</th><th rowspan="2">备注</th></tr>
<tr><th>名称</th><th>编号</th><th>有效期</th></tr>
<tr><td></td><td></td><td></td><td colspan="2"></td><td></td><td></td><td></td><td>温度：
℃
相对湿度：
%</td><td></td><td>年
月　日</td><td></td></tr>
<tr><th>样品编号</th><th>实验次数</th><th>样品质量/g</th><th>定容体积/mL</th><th>稀释倍数</th><th>从标准曲线得元素含量/(mg/kg)</th><th colspan="2">元素含量/(mg/kg)</th><th>平均值/(mg/kg)</th><th>修约值/(mg/kg)</th><th>相对相差/%</th><th>实测差/%</th></tr>
<tr><td rowspan="2"></td><td></td><td></td><td></td><td></td><td></td><td colspan="2"></td><td rowspan="2"></td><td rowspan="2"></td><td rowspan="2"></td><td rowspan="2"></td></tr>
<tr><td></td><td></td><td></td><td></td><td></td><td colspan="2"></td></tr>
<tr><td rowspan="2"></td><td></td><td></td><td></td><td></td><td></td><td colspan="2"></td><td rowspan="2"></td><td rowspan="2"></td><td rowspan="2"></td><td rowspan="2"></td></tr>
<tr><td></td><td></td><td></td><td></td><td></td><td colspan="2"></td></tr>
<tr><td rowspan="2"></td><td></td><td></td><td></td><td></td><td></td><td colspan="2"></td><td rowspan="2"></td><td rowspan="2"></td><td rowspan="2"></td><td rowspan="2"></td></tr>
<tr><td></td><td></td><td></td><td></td><td></td><td colspan="2"></td></tr>
<tr><td rowspan="2"></td><td></td><td></td><td></td><td></td><td></td><td colspan="2"></td><td rowspan="2"></td><td rowspan="2"></td><td rowspan="2"></td><td rowspan="2"></td></tr>
<tr><td></td><td></td><td></td><td></td><td></td><td colspan="2"></td></tr>
<tr><td rowspan="2"></td><td></td><td></td><td></td><td></td><td></td><td colspan="2"></td><td rowspan="2"></td><td rowspan="2"></td><td rowspan="2"></td><td rowspan="2"></td></tr>
<tr><td></td><td></td><td></td><td></td><td></td><td colspan="2"></td></tr>
<tr><td colspan="12">公式：</td></tr>
</table>

校核：　　　　　　　　　　　　　　　　　　　　　　　　检测：

任务评价

粮油食品中铁含量的检测评分标准见表 9-11。

表 9-11　　粮油食品中铁含量的检测评分标准

检测内容	评价标准	评分标准/分	评分记录
消化	能够移液准确，完成样品消解，并做空白实验	30	
仪器参考条件	按照测定要求，设定参数条件	20	
标准曲线制作	铁标准系列溶液分吸光度值的测定，制作标准曲线，曲线符合测定要求	20	
试样溶液测定	试剂空白溶液和试样待测液，测定相应的吸光度值，与标准系列比较定量	20	
结果计算	能够准确计算试样中铁含量	10	

粮油食品中铁含量的检测评价表见表 9-12。

表 9-12　　粮油食品中铁含量的检测评价表

<table>
<tr><td rowspan="10">评价</td><td>自我评价</td><td colspan="10"></td><td colspan="2">评分
（满分 10）</td></tr>
<tr><td rowspan="4">组内互评</td><td colspan="2">学号</td><td colspan="2">姓名</td><td colspan="2">评分
（满分 20）</td><td colspan="2">学号</td><td colspan="2">姓名</td><td colspan="2">评分
（满分 20）</td></tr>
<tr><td colspan="2">1 号</td><td colspan="2"></td><td colspan="2"></td><td colspan="2">2 号</td><td colspan="2"></td><td colspan="2"></td></tr>
<tr><td colspan="2">3 号</td><td colspan="2"></td><td colspan="2"></td><td colspan="2">4 号</td><td colspan="2"></td><td colspan="2"></td></tr>
<tr><td colspan="2">5 号</td><td colspan="2"></td><td colspan="2"></td><td colspan="2"></td><td colspan="2"></td><td colspan="2"></td></tr>
<tr><td rowspan="3">小组互评
（除自己组以外）</td><td colspan="3">组号</td><td colspan="3">评分
（满分 20）</td><td colspan="3">组号</td><td colspan="3">评分
（满分 20）</td></tr>
<tr><td colspan="3">________组</td><td colspan="3"></td><td colspan="3">________组</td><td colspan="3"></td></tr>
<tr><td colspan="3">________组</td><td colspan="3"></td><td colspan="3">________组</td><td colspan="3"></td></tr>
<tr><td rowspan="2">教师评价</td><td colspan="10" rowspan="2"></td><td colspan="2">评分
（满分 50）</td></tr>
<tr><td colspan="2"></td></tr>
</table>

问题思考

1. 铁检测中有少量的硅酸盐和大量的锂存在会产生干扰，加入哪些物质能消干扰？

2. 标准曲线法定量时，应确保在标准曲线线性范围内试液检测无任何干扰，可以采用什么方法考查试液中是否存在干扰？

思政案例：现代粮仓中的控温黑科技

任务四 粮油食品中镉含量的快速检测

学习目标

❖ 知识目标

1. 了解重金属镉含量检测的新技术和新方法。
2. 了解重金属镉检测的相关标准。

❖ 能力目标

1. 掌握重金属快速检测仪器的使用和维护方法。
2. 能够利用重金属快速检测仪独立完成稻谷中镉的检测。

❖ 素质目标

1. 转变观念，树立大农业观、大食物观，要具备创新理念向耕地草原森林海洋、向植物动物微生物要热量、要蛋白，全方位多途径开发食物资源。

2. 吃苦耐劳、踔厉奋发、勇毅前行，守护国家食品安全。树立起强烈的社会责任意识，勇于承担自己的责任，具备良好职业道德和法制观念。

任务描述

随着工农业的迅猛发展，化学产品与日剧增，重金属元素经过各种途径沉积在天然水体和土壤中，同时重金属污染在世界许多地方已构成重要的粮食安全问题。GB 2762—2022《食品安全国家标准　食品中污染物限量》规定，稻谷、糙米、大米（粉）中镉的限量指标为0.2mg/kg。与国际组织及其他主要贸易国家或地区的标准相比，我国大米中镉的限量值与欧盟、韩国、新加坡及我国香港地区相同（0.2mg/kg），严于法国、日本及我国台湾地区（0.4mg/kg），较澳大利亚和新加坡宽松（0.1mg/kg）。稻谷中重金属分析检测方法包括石墨炉原子吸收法、电感耦合等离子体质谱法（ICP-MS）、胶体金免疫层析法、阳极溶出伏安法、X射线荧光光谱法等。本任务要求根据胶体金免疫层析法测定稻谷中重金属镉，此方法样品处理简单，30min内就可以看到检测结果。

知识准备

水稻中发生镉超标的原因主要有：土壤本身含有镉，土壤本身已经是镉超标，已造成耕地重金属污染；施用含镉磷肥、排放采矿冶炼产生的废水与废气等因素，便容易造成耕地镉污染，随后种植的作物便容易出现镉超标的现象。

镉对生物机体的毒性像大多数其他重金属那样通常与抑制酶系功能有关。人体的镉中毒主要是通过消化道与呼吸道摄取被镉污染的水、食物和空气而引起的。镉在人体内的半减期长达10~30年，对人体组织和器官的毒害是多方面的，能引起肺气肿、高血压、神经痛、骨质松软、骨折、肾炎和内分泌失调等病症。

重金属镉检测的原理方法以及操作步骤：试样提取液中的镉离子，通过与螯合剂螯合后，与胶体金微粒发生呈色反应，颜色深浅与试样中的镉含量相关。用读数仪测定试纸条上的检测线和质控线颜色深浅，根据颜色深浅和内置于读数仪的曲线自动计算出试样中镉的含量。这个方法适用于HMG001系列快速检测及监测分析系统胶体金快速定量法检测，检出限为20μg/kg。食品中镉含量的快速检测操作流程如表9-13所示。

表9-13 粮油食品中镉含量的快速检测操作流程

序号	步骤	操作内容
1	准备	全封闭式孵育器设置40℃，保持恒温、读数仪开机预热5min以上，试剂回温1h以上
2	称量	2.00g±0.02g样品
3	提取	7mL样品提取液，剧烈振荡1min
4	离心	4000r/min，离心3min
5	加液	100μL上清液+1000μL试剂A+100μL试剂B
6	反应	移取200μL待检液于微孔中吹打混匀，孵育3min，然后插入试纸条，反应5min
7	读数	1min之内读数

任务实施

一、准备工作

1. 仪器和用具

（1）天平：分度值0.01g。

（2）粉碎机：可使试样粉碎后全部通过20目筛。

（3）离心机：转速不低于4000r/min。

（4）涡旋振荡器。

（5）孵育器：可进行40℃恒温孵育，具有时间调整功能。

（6）读数仪：可测定并显示胶体金定量检测试纸条的测定结果。

（7）重金属镉胶体金快速定量检测检测条：需2~8℃冷藏保存。

（8）样品提取液、试剂A、试剂B：需2~8℃冷藏保存。

2. 检测仪准备

打开全封闭式孵育器，调节温度至40℃，并保持恒温。打开胶体金读数仪，预热5min。点击曲线管理，取曲线二维码，靠近仪器指示位置，成功读取曲线后点击返回，然后点击单机定量，依次点击并选择产品名称、批次号、检测样本等内容。

二、试样的制备

（1）粉碎：将要检测的稻谷样品倒入粉碎机，每次粉碎样品量大于20g并小于粉碎机内容量的2/3，盖上粉碎机上盖并扣固定，打开开关，开始粉碎，为防止粉碎机过热工作，每次粉碎30s后需暂停10s再次启动，粉碎4~6次，保证样品达到规定过20目筛的细度，将粉碎好的稻谷样品全部转移到标记好的样品袋中。

（2）称量：先将样品进行充分混匀，打开电子天平，放上称量纸，去皮清零，用干净的不锈钢称量勺将准备好的稻谷样品放在称量纸上，称取 2g（误差≤0.02g），转移到做好标记的 50mL 离心管中。

（3）提取：用 10mL 移液管或 10mL 量筒移取 7mL 样品提取液加入到盛有样品的离心管中，盖紧离心管盖，反复摇晃，疏松开离心管底部的样品结块，然后在振荡器上充分振荡 1min，振荡时样品与提取液应充分接触，无粘在离心管壁上或底部的积块，确保提取充分。

（4）离心：取用两个 2mL 离心管，做好标记，将振荡后的液体转移到一个对应的 2mL 离心管中，再取等重的任意液体转移到另外一个做好标记的 2mL 离心管中，将离心管配平放入迷你离心机中，4000r/min 离心 3min，完成后，小心取出离心管，放在离心管架上。

若使用实验室大型离心机，则无需转移，直接配平离心即可。

（5）加液：取一个 7mL 离心管，做好标记。用 100~1000μL 移液器取 1000μL 摇匀的试剂 A 至 7mL 离心管中，用 20~200μL 移液器分别取 100μL 试剂 B 和 100μL 离心后得到的上清液，加入到装有样品稀释液的离心管中，枪头插到液面下 2~3mm 处，轻轻吸打 3~5 次，盖紧离心管盖，使用振荡器充分混匀后，放在离心管架上，待检。

三、操作步骤

取出所需数量的试纸条，做好标记，并将所需数量的微孔试剂放在 40℃ 全封闭式孵育器上。

（1）加液：用 20~200μL 移液器取 200μL 待检液于微孔试剂中，采用半枪吸打方式，吸打 6~8 次并伴随搅拌，使微孔试剂充分溶解，并防止产生气泡。

（2）孵育：紧闭孵育器上盖，按下计时器，孵育 3min。

（3）插条反应：将试纸条印有标志的一端手柄向上，另一端向下并充分浸入到微孔溶液中，紧闭孵育器上盖，按下计时器，40℃ 条件下反应 5min。

（4）读数：去掉试纸条下端的样品垫，装入专用试纸条卡槽，保证两条色带在卡壳视窗中间，注意不要触碰或损坏试纸条中部的检测区域。将样品卡壳视窗面向上，插入读数仪中，按下“TEST”按钮或单击屏幕“检测”键，读取结果，如需打印，单击“打印”键即可。检测结果应在反应结束后 1min 内读取。

四、注意事项

（1）检测试纸条请在有效期内使用，使用前将试纸条和待检样本恢复至室温。

（2）检测过程中请勿触碰试纸条中央的白色膜面，如不小心接触后请遗弃。

（3）枪头与离心管等耗材不可混用，以免交叉污染。

（4）样品要与微孔中试剂充分混合均匀，避免产生泡沫。

（5）试剂使用前，均需摇匀。试剂 A 会有沉淀出现，但不影响检测结果。

（6）孵育后，务必立即去掉试纸条下端的样品垫，并在 1min 内读取结果，因为试纸条干燥后颜色深度会有变化，影响最后的结果。

（7）仪器读取结果必须使用配套读数仪和样品卡槽。

（8）试剂从试剂桶取出后，请立即盖好试剂桶盖，如果一次用不完 8 个微孔，可用微孔孔盖盖住剩余微孔，并立即放回到装有干燥剂的试剂桶中密封保存。请小心开启微孔盖，以保证全部试剂保留在微孔中。

（9）如发现阳性检测结果，检测结果需要使用法定的确证方法进行确证。

（10）GB 2762—2022《食品安全国家标准　食品中污染物限量》中规定了稻谷及其制品中镉的限量指标是 0.2mg/kg，参考本实验的重复要求（≤20%），当重金属镉含量≥0.16mg/kg 时，处于可疑的临界超标水平，可参照 GB 5009.15—2023 中规定的方法进行结果确认。

五、数据记录与处理

粮油食品中镉含量的快速检测原始记录表见表 9-14。

表 9-14　　粮油食品中镉含量的快速检测原始记录表

样品名称		样品状态	检测方法依据	检测仪器		环境状况	检测地点	检测日期	备注
				名称	编号				
						温度：____℃ 相对湿度：____%		____年 __月__日	
样品编号	实验次数	样品质量/g	稀释倍数	仪器显示读数测定结果/(mg/kg)		平均值/(mg/kg)	修约值/(mg/kg)	平行允差/(mg/kg)	实测差/(mg/kg)

检测：　　　　　　　　　　　　　　　　　　　　　　　　校核：

任务评价

粮油食品中镉含量的快速检测评分标准见表 9-15。

表 9-15　　粮油食品中镉含量的快速检测评分标准

检测内容	评价标准	评分标准/分	评分记录
准备	能够准确稀释、无撒漏，移液准确	10	
称量	样品混匀，能够准确称量无撒漏	10	

续表

检测内容	评价标准	评分标准/分	评分记录
提取	提取时间准确，提取之前样品完全混匀	20	
离心	离心机操作正确，离心样液转移准确	10	
加液	能利用移液枪准确吸取样液	20	
反应	孵育时间正确，试纸条放置准确	20	
读数	能够准确快速将试纸条放入读数仪中准确读数	10	

粮油食品中镉含量的快速检测评价表见表 9-16。

表 9-16　　粮油食品中镉含量的快速检测评价表

<table>
<tr><td rowspan="13">评价</td><td>自我评价</td><td colspan="5"></td><td>评分
（满分 10）</td></tr>
<tr><td rowspan="4">组内互评</td><td>学号</td><td>姓名</td><td>评分
（满分 20）</td><td>学号</td><td>姓名</td><td>评分
（满分 20）</td></tr>
<tr><td>1 号</td><td></td><td></td><td>2 号</td><td></td><td></td></tr>
<tr><td>3 号</td><td></td><td></td><td>4 号</td><td></td><td></td></tr>
<tr><td>5 号</td><td></td><td></td><td></td><td></td><td></td></tr>
<tr><td rowspan="3">小组互评
（除自己组以外）</td><td colspan="2">组号</td><td>评分
（满分 20）</td><td colspan="2">组号</td><td>评分
（满分 20）</td></tr>
<tr><td colspan="2">________组</td><td></td><td colspan="2">________组</td><td></td></tr>
<tr><td colspan="2">________组</td><td></td><td colspan="2">________组</td><td></td></tr>
<tr><td rowspan="2">教师评价</td><td colspan="5" rowspan="2"></td><td>评分
（满分 50）</td></tr>
<tr><td></td></tr>
</table>

问题思考

1. 为什么重金属镉不使用乙醇进行提取？
2. 实验误差的来源主要有哪几个方面？
3. 稻谷中重金属镉超标的危害有哪些？

思政案例：中国特色粮食安全之路

参考文献

[1] 张水华，徐树来，王永华．食品感官分析与实验［M］．北京：化学工业出版社，2006.
[2] 张晓鸣．食品感官评定［M］．北京：中国轻工业出版社，2006.
[3] 武汉大学化学系．仪器分析［M］．北京：高等教育出版社，2001.
[4] 朱明华．仪器分析［M］．北京：高等教育出版社，2000.
[5] 国娜．粮油质量检验［M］．北京：化学工业出版社，2011.
[6] 国家粮食局．粮油质量检验员［M］．北京：中国轻工业出版社，2017.
[7] 国家粮食局职业技能鉴定指导中心．农产品食品检验员［M］．北京：中国社会出版社，2020.
[8] 张玉荣．粮油品质检验与分析［M］．北京：中国轻工业出版社，2016.
[9] 王肇慈．粮油食品品质分析［M］．北京：中国轻工业出版社，2000.
[10] 罗红霞，邓毛程．粮农食品安全评价职业技能等级证书培训考评手册［M］．北京：中国轻工业出版社，2021.